LES POUVOIRS DE L'ODEUR

ANNICK LE GUÉRER

LES POUVOIRS DE L'ODEUR

essai

ÉDITIONS FRANÇOIS BOURIN
27, rue Saint-André-des-Arts
75006 Paris

Document de couverture : photo Bibliothèque nationale, Paris.
© 1988, Éditions François Bourin.

Introduction

« Ainsi tout a sa part et de souffle et d'odeurs[1] », constatait Empédocle cinq siècles avant Jésus-Christ. Mais une telle affirmation a-t-elle encore un sens aujourd'hui ? Savons-nous toujours utiliser notre odorat ou bien vivons-nous dans un monde « odoriphobe » surtout attentif à « donner de petites claques aux mauvaises odeurs » ?

La publicité n'évoque que l'attirance exercée par telle ou telle fragrance ou le dégoût suscité par les effluves d'aisselles mal lavées, de poubelle ou de tabac refroidi. Il s'agit essentiellement de vendre les bonnes senteurs pour leur séduction ou pour neutraliser les mauvaises. C'est en ce qui concerne la fétidité que le consensus semble le plus fort : le remugle des matières en décomposition, les relents biologiques sont unanimement rejetés. La répression des émanations qualifiées de nauséabondes va de pair avec une utilisation généralisée des parfums qui, du domaine traditionnel des produits de toilette et de beauté, ont envahi celui de l'entretien ménager et parfois même l'atmosphère des lieux ouverts au public. Par son caractère insistant, le message publicitaire contribue à amplifier les réactions de rejet et à encourager l'éviction des odeurs condamnées. Sous un aspect excessif et simplificateur, ne renvoie-t-il pas cependant une image significative de la façon dont les odeurs sont perçues dans les sociétés industrielles et des pouvoirs limités qui leur sont conférés ?

Œnologues et parfumeurs dénoncent depuis quelques années la perte de sensibilité olfactive, l' « anosmie » ambiante. Selon Max Léglise, directeur honoraire de la station œnologique de Bourgogne, le goût et l'odorat, sacrifiés aux conditionnements des mœurs et des produits alimentaires, ont subi « une telle régression... qu'ils ont besoin d'une longue réanimation pour fonctionner au plein rendement de leur capacité[2] ». Or, de ces deux sens, c'est l'odorat qui joue sans conteste le premier rôle dans la dégustation. Pour Brillat-Savarin, ils travaillent d'ailleurs en osmose : « Je suis non seulement persuadé que, sans la participation de l'odorat, il n'y a point de dégustation complète, mais encore je suis tenté de croire que l'odorat et le goût ne forment qu'un seul sens, dont la bouche est le laboratoire, et le nez la cheminée... On ne mange rien sans le sentir avec plus ou moins de réflexion ; et, pour les aliments inconnus, le nez fait toujours fonction de sentinelle avancée, qui crie : qui va là[3] ? » La langue ne perçoit en effet que les saveurs sucrées, salées, acides, amères, et ce sont les cellules sensorielles des fosses nasales qui informent véritablement sur le goût. Président de l'Académie du vin et fondateur de l'Institut français du goût, Jacques Puisais s'alarme lui aussi d'une ignorance olfactive consternante : sur dix odeurs types, les enfants en distinguent en moyenne cinq ou six et les adultes deux seulement. Les explications avancées sont multiples : privations de la guerre et l'après-guerre, accroissement du rôle du sucre, de la consommation d'alcools en apéritif, de l'usage du tabac qui a considérablement « appauvri le nez[4] ». Tous ces facteurs auraient provoqué un véritable traumatisme qui, renforcé par l'arrivée d'une génération élevée au lait non maternel et aux petits pots tout préparés où le sucre masque les arômes, aboutit à une uniformisation saisissante des profils sensoriels. Pour essayer d'enrayer cette évolution, des travaux pratiques d' « éveil sensoriel » sont organisés depuis quelques années dans plusieurs lycées. Entre deux cours de mathématiques et de français, les élèves apprennent à discerner les odeurs. Ces préoccupations éducatives se manifestent également par l'apparition de jeux odorants destinés à enseigner aux enfants et aux adultes à reconnaître les parfums des fruits et des fleurs, et la création de coffrets permettant aux œnophiles de s'exercer à distinguer les arômes enfermés dans des flacons.

Il est donc possible d'améliorer l'acuité, la qualité du sens et même de développer, par des exercices réguliers, la mémoire olfactive. C'est d'ailleurs en se fondant sur cette perfectibilité que les créateurs de parfums réclament la revalorisation intellectuelle et esthétique de l'odorat. Edmond Roudnitska, par exemple, affirme son esthéticité et son aptitude à soutenir un art. Un grand parfum serait une œuvre au même titre qu'une sonate de Beethoven, un tableau de Goya ou une sculpture de Rodin, prétention qui débouche tout naturellement sur la revendication de la protection légale des créations de l'esprit. Mais cette consécration de l'odorat en tant que sens créateur et des odeurs comme objet de la création se heurte à un obstacle majeur qui réside dans la difficulté d'objectivation des sensations olfactives. D'où la demande pressante des « compositeurs » de parfums aux scientifiques de découvrir une théorie de l'odeur et un système de codage quantitatif et qualitatif des impressions olfactives.

Tout se passe en effet aujourd'hui comme si l'olfaction ne pouvait acquérir ses lettres de noblesse qu'à la condition de sortir de sa subjectivité, de devenir scientifiquement observable et d'avoir un langage qui lui soit propre. Or, l'identification quantitative (le pouvoir odorant ou l'intensité) et, surtout, qualitative (la nature de l'odeur individualisant la molécule) soulève de nombreux problèmes. Si les caractères qualitatifs de l'odeur sont bien perçus et mémorisés, ils échappent en revanche à une classification objective. Alors qu'il existe des saveurs fondamentales permettant de définir chaque sensation gustative par son taux d'appartenance aux catégories amère, sucrée, salée et acide, les odeurs ne peuvent être rapportées à des catégories pures et indépendantes. Nombreux sont cependant ceux qui, depuis Aristote, ont tenté une classification. Les parfumeurs distinguent quelques séries (hespéridée, anisée, musquée, verdurée, animale...). Les œnologues classent les arômes de façon analogique (arômes de fleurs, de fruits, d'épices, de torréfaction...). Quant aux scientifiques, depuis la répartition en sept groupes proposés par Linné en 1756, ils ont multiplié les classements. Toutes ces tentatives sont restées vaines. Elles demeurent empreintes de subjectivité comme d'ailleurs la terminologie utilisée.

L'extraordinaire diversité des odeurs tient en échec le vocabulaire. On les reconnaît, en effet, plus aisément qu'on ne les caractérise car aucune des références spatiales applicables aux autres informations sensorielles ne les concerne : « Seule, la source d'une odeur est véritablement appréhendée comme un objet, à telle enseigne que nous ne savons nommer celle-ci que d'après celle-là. Dès que nous voulons aller plus loin dans la description, un langage rigoureux nous fait défaut et nous devons recourir aux métaphores[5]. » N'adhérant pas à des lieux précis, possédant, selon l'expression de Cassirer, « une élasticité caoutchouteuse[6] », les odeurs sont exclues du champ sémantique. Autant d'éléments qui s'opposent à une appréciation objective. En dépit des recherches effectuées, les neurophysiologistes doivent admettre que la connaissance des mécanismes qui permettent aux neurorécepteurs olfactifs d'élaborer leur message à partir de signaux chimiques demeure conjecturelle. Finalement, si de nombreuses disciplines scientifiques (psychologie, physiologie, biochimie, chimie, physico-chimie) se sont penchées sur les mécanismes liés à la perception des odeurs, aucune véritable science de l'olfaction et des molécules odorantes n'a résulté de ces différents travaux et aucune théorie générale des odeurs n'a vraiment été proposée. Bilan décevant qui, pour certains spécialistes, n'exclut pas cependant une évolution favorable.

Un vaste programme lancé récemment par le Centre national de la recherche scientifique en accord avec les professionnels de la parfumerie va dans ce sens. Il vise à la création de la première banque de données des parfums du monde. L'entreprise consiste tout d'abord à répertorier les quelque dix milles molécules odorantes actuellement connues. Chacune étant décrite par une vingtaine de caractéristiques, il est possible d'établir une sorte de lexique des essences débarrassé de toute subjectivité et dont chaque mot ne vaudra que comme moyen d'exprimer l'image odorante d'une substance de référence. L'un des objectifs poursuivis est de « permettre au parfumeur de visualiser sur un écran le parfum qu'il veut créer[7] ». Sa réalisation suppose une étude approfondie des différentes combinaisons moléculaires car, pour les odeurs, l'élément clé n'est pas uniquement la nature des atomes mais leur disposition dans l'espace. Ainsi les « compositeurs » pourraient-ils humer les parfums à l'instar des musiciens qui « entendent » la musique à la simple lecture d'une partition. La réussite de ce projet donnerait aux parfumeurs un outil pour inventer des associations de substances sans avoir à les tester réellement, d'où un gain de temps considérable.

Bien loin de ces préoccupations scientifiques, historiens et sociologues évoquent fréquemment un passé où la sensibilité et l'environnement olfactifs auraient été infiniment plus riches qu'à l'époque actuelle. Ainsi Piero Camporesi dépeint-il une « ancienne société » baignant matériellement et mentalement dans les odeurs où « la sensibilité diffuse pour l'odorant, le piquant, le balsamique et l'aromatique portait à une culture d'effluves [8] ». L'olfactif y jouait naturellement un rôle plus important, en particulier dans la relation sociale : « Jamais autant que dans la vieille société, où chaque corporation, chaque métier, chaque profession étaient placés dans son cocon aromatique particulier, le nez et l'odorat n'ont été les instruments infaillibles de l'identification sociale et de la reconnaissance professionnelle [9]. » Cette description est caractéristique des cultures que les sociologues qualifient d' « odoriphiles » par opposition aux « odoriphobes » qui, comme la nôtre, « s'occupent moins d'interpréter le signe olfactif que de le dominer, le domestiquer et l'éliminer [10] ». L'emploi intensif des désodorisants fait des États-Unis un pays olfactivement neutre et uniforme, mais la plupart des pays occidentaux industrialisés tendent vers ce modèle et s'enveloppent d'un « silence olfactif » dont Alain Corbin situe l'origine dans une « hyperesthésie collective [11] » qui a pris naissance dès le milieu du XVIIIe siècle.

Introduction

L'opposition entre aujourd'hui et autrefois peut être prolongée quant au statut cognitif de l'odorat et des odeurs. De nombreuses sociétés traditionnelles, selon les ethnologues, valorisent encore l'odorat comme « source importante de connaissances systématiques [12] ». Pour certains historiens, il en a été de même en Europe : « L'importance exceptionnelle qu'attribuait l'ancienne société au nez et au sens qui lui est lié, l'odorat, leur donnait un prestige qui est aujourd'hui tombé à des niveaux très bas, dans une hiérarchie des sens qui s'est profondément transformée, et mise en crise par la conviction que les voies de la connaissance sensorielle sont trop précaires, incertaines et trompeuses pour être utilisées par une culture qui prétend connaître le monde par le seul recours à des techniques cognitives, abstraites et purement intellectuelles [13]. »

Ainsi des analyses d'origines très diverses décrivent un passé en complète rupture avec notre société contemporaine à tous points de vue « désodorisée ». Qu'il s'agisse de la sensibilité et de l'environnement olfactifs, du rôle de l'odorat et des odeurs et même de leur faculté théorique, notre univers ne conserverait en somme, au terme d'une constante dégradation, que les vestiges d'un âge d'or olfactif révolu. Cette vision est-elle totalement exacte ou relève-t-elle en partie d'un imaginaire prompt à exalter la dimension d'éléments disparus ou en voie de disparition et ce avec d'autant plus de facilité qu'ils sont censés participer du « parfum du passé » ?

L'existence d'un environnement olfactif jadis plus dense est incontestable. Le processus de désodorisation qui accompagne l'accession de sociétés encore marquées d'un certain archaïsme au niveau technique des plus modernes en est une confirmation : « L'Europe, Air-Wick, Dior ont répandu encens convenable dans le temple espagnol et l'huile d'olive, la malheureuse, est désormais... raffinée. Pour le coup, l'Espagne sent beaucoup moins qu'autrefois[14]. » Des réserves semblent en revanche s'imposer en ce qui concerne la réalité d'une acuité beaucoup plus grande et d'un statut supérieur de l'odorat. Une plus grande finesse olfactive a sans doute été l'apanage de l'homme primitif, mais peut-on assurer que dans le passé le civilisé ait continué à bénéficier pleinement de cet avantage ? Tout au plus est-il possible d'envisager que, soumis à des sollicitations plus fortes et plus constantes, il sentait plus et que cet exercice imposé l'amenait à sentir mieux que l'homme contemporain.

Pour ce qui est des pouvoirs de l'odeur, il est au moins un domaine dans lequel ils ont été sollicités avec constance : celui de la littérature et de la poésie. Puissance incantatoire, aptitude à susciter les souvenirs sont mis à contribution aussi bien par Charles d'Orléans que par Charles Cros ou Colette. Pour Baudelaire, « le parfum provoque la pensée et le souvenir correspondant[15] ». Ainsi, de l'odeur d'un sein, « surgit un port rempli de voiles et de mâts[16] », et de celle d'une chevelure, « tout un monde lointain, absent, presque défunt[17] ». Habile dans la science du flair, la plus négligée de toutes, passé maître dans la grammaire et la syntaxe des odeurs, Des Esseintes, le héros de Huysmans, compose de savants mélanges qui le bercent d'accords parfumés, ressuscitent les siècles écoulés et lui procurent des spectacles divers et contrastés. Les exhalaisons qui s'échappent de ses vaporisateurs font naître falbalas, robes à panier, « Vénus » roses et dodues, paysages campagnards, femmes poudrées et fardées, usines aux immenses cheminées, pré fleuri « éventé par les lilas et les tilleuls[18] ». Chez Proust, cette force évocatrice prend tout son sens puisqu'elle est

Introduction

à l'origine de son œuvre : asthmatique et allergique aux odeurs, c'est paradoxalement surtout à partir de sensations olfactives et gustatives qu'il a édifié son esthétique.

La supériorité des sensations olfactives sur les autres impressions sensorielles tiendrait à ce que, mieux préservées contre la décomposition de l'analyse intellectuelle, elles agissent à la manière de signes propres à chacun. Elles font resurgir ainsi miraculeusement le passé dans toute sa fraîcheur et permettent de retrouver des souvenirs que l'on ne savait plus posséder, « comme un prestidigitateur qui sort une longue chaîne de mouchoirs multicolores d'un chapeau claque que l'on avait cru vide [19] ». L'absence de champ sémantique des odeurs et les rapports particuliers qu'elles entretiennent avec la mémoire seraient à l'origine de cette extraordinaire capacité qui en fait des « symboles par excellence [20] ».

Pouvoirs d'évocation, de suggestion, doivent également être mis en relation avec les réactions immédiates et extrêmes suscitées par l'odeur dont *A la recherche du temps perdu* offre de nombreux exemples. « Je revenais toujours avec une convoitise inavouée m'engluer dans l'odeur médiane, poisseuse, fade, indigeste, fruitée du couvre-lit à fleurs. » Mais les exhalaisons captivantes de la maison de Combray contrastent avec celles qu'évoque en termes crus le baron de Charlus : « Ce qui m'empêcherait de l'interroger sur ces époques passionnantes, c'est la sensibilité de mon appareil olfactif. La proximité de la dame suffit. Je me dis tout d'un coup : " Oh ! mon Dieu, on a crevé ma fosse d'aisances ", c'est simplement la marquise qui, dans quelque but d'invitation, vient d'ouvrir la bouche [21]. »

Quittons le domaine particulier de la création littéraire. Une plongée dans le passé de nos civilisations confirme sans aucun doute l'étendue des pouvoirs attribués à l'odeur, en même temps que s'impose une distinction. Certains d'entre eux apparaissent toujours présents dans les sociétés occidentales contemporaines, sous une forme souvent affaiblie; d'autres, en revanche, semblent en avoir totalement disparu. De la première catégorie relèvent les pouvoirs qui se rattachent directement aux réactions instinctives et primaires suscitées par l'odeur : attraction et répulsion. Attirante, l'odeur saisit, enserre, est instrument de chasse, de magie. Elle permet aussi de distinguer parmi les choses et les êtres ceux qui seront élus parce qu'ils correspondent à un certain goût, à une certaine norme olfactive. Repoussante ou simplement désagréable, l'odeur incite en revanche à la mise à distance, au refus. Aujourd'hui comme jadis, elle est le support de comportements sociaux et raciaux d'acceptation ou de rejet. Aujourd'hui comme jadis, elle peut être instrument de capture et de séduction.

La seconde catégorie est constituée par des pouvoirs qui n'ont laissé que des traces infimes dans notre société actuelle. Pourtant, ils étaient naguère largement reconnus. Il s'agit de pouvoirs mortifères et curatifs. Jusqu'à la fin du xixe siècle, des liens étroits ont été établis entre l'odeur, la vie et la mort. Pour en mesurer l'ampleur, deux démarches étaient concevables. Ou bien, envisager de façon générale les rapports de l'odeur et de la maladie. Ou bien, centrer l'examen sur une maladie présentant un caractère exemplaire. C'est le parti qui a été adopté ici avec le choix d'un fléau majeur qui dès l'Antiquité causa d'énormes ravages : la peste. Son analyse permet de démontrer que les rapports déjà ponctuellement signalés par divers auteurs, notamment en ce qui concerne les traitements médicaux, s'inscrivent dans une conception olfactive qui englobe l'épidémie dans tous ses aspects : étiologie, propagation et thérapeutique.

D'où l'odeur tenait-elle ses pouvoirs considérables ? Quelles ont pu être les racines de sa puissance mortelle ou vitale ? Chose étrange, les thèmes publicitaires développés aujourd'hui à propos des parfums renvoient l'écho de ces interrogations. Ils évoquent le mystère (« Mystère » de Rochas), la magie (« Magie noire » de Lancôme, « Sortilège » de Le Galion), la pureté (« Cristal » de Chanel), le divin (« Kouros » d'Yves Saint Laurent, « le parfum des dieux vivants »), la vie (« Vivre » de Molyneux), la mort (« Poison » de Christian Dior). Ce décalage avec leur fonction actuelle de séduction intrigue. Faut-il ne voir là que les excès habituels du langage publicitaire, simples arguments de vente au service de préoccupations mercantiles, ou ce vocabulaire refléterait-il inconsciemment des représentations anciennes ? L'histoire des parfums et les mythes qui s'y rattachent le suggèrent.

L'origine des diverses gommes aromatiques demeura, dans les civilisations antiques qui en firent grand usage, empreinte d'un certain mystère. Leurs variétés, les lieux et les conditions de leur exploitation n'étaient connus que d'une manière imprécise. Pour les Égyptiens, les aromates rares et exotiques provenaient du « Pays du dieu et de Pount » qui correspondait approximativement aux terres bordant la mer Rouge. Hérodote, quant à lui, situait leur berceau en Arabie, « seul pays du monde qui produise l'encens, la myrrhe, la cassia, le cinnamome et le ladanum [22] ». Les naturalistes grecs assignaient même volontiers une origine commune à des plantes aromatiques provenant de lieux différents, allant parfois jusqu'à imaginer que l'encens et la myrrhe puissent être produits par un même arbre [23].

Ce halo mystérieux a certainement été favorable à l'élaboration d'un certain nombre de représentations mythiques. Ainsi la légende du « Naufragé », transmise par le papyrus de Saint-Pétersbourg, donne-t-elle une idée de la façon dont les Égyptiens du Moyen Empire imaginaient la terre des parfums. Un puissant navire vogue vers les mines du roi lorsque survient une tempête. Tout l'équipage périt, à l'exception du narrateur qui échoue sur une île luxuriante. Soudain apparaît, dans un bruit de tonnerre, un serpent gigantesque : « Il avait trente coudées de longueur et sa barbe avait plus de deux coudées de long. Son corps était couvert d'or et ses sourcils étaient faits de lapis-lazuli véritable. » Épargné par le reptile, le rescapé reconnaissant s'engage à lui offrir des sacrifices et des huiles parfumées « au moyen desquelles on réjouit les dieux ». Mais le serpent se met à rire : « Je suis le souverain de Pount, et c'est à moi qu'appartient la myrrhe. Cette huile Heken, que tu veux me faire apporter, c'est le produit le plus abondant dans cette île[24]. »

Les récits grecs sont, eux aussi, fortement mêlés de merveilleux. Pline l'Ancien et Théophraste insistent sur le caractère sacré de l'exploitation de l'encens. D'après Hérodote, la récolte de la cassie et du cinnamome est une aventure. Ceux qui la pratiquent doivent affronter des animaux ailés, qui menacent leurs yeux, ou user de ruse pour parvenir à leurs fins. C'est aussi de cette contrée que vient le phénix, l'oiseau merveilleux qui renaît de ses cendres, dont Marcel Detienne a pu dire qu'il y a entre lui et les aromates une « consubstantialité[25] ». Le phénix, selon Hérodote, se nourrit de sucs aromatiques, construit un nid qui lui servira de bûcher et vient en Égypte, tous les cinq cents ans, déposer les restes de son père enrobés de myrrhe et d'encens.

De ces légendes se dégagent plusieurs thèmes : les

Introduction 19

parfums proviennent de lieux secrets, cachés, difficiles d'accès, et bien des embûches attendent ceux qui y parviennent. L'arbre qui porte l'encens est « gardé par des serpents volants petits et bigarrés ». Les aromates naissent, croissent, sont recueillis dans un contexte divin. Le serpent-roi qui terrorise le naufragé égyptien est aussi un dieu apparaissant avec toutes les manifestations de sa puissance : grondement de tonnerre, tremblement de terre. L'Égypte pharaonique identifie d'ailleurs les résines aromatiques aux dieux appelés les « parfumés », les « oints ». Les collecteurs d'encens minoens sont considérés comme sacrés. C'est au temple du Soleil que les Arabes portent leur récolte d'aromates sur laquelle le prêtre prélève le tribut du Dieu. Parfois même, le soleil s'empare directement de la part qui lui est réservée en la consumant instantanément. Quant au phénix, symbole de la régénération, s'il quitte l'Arabie, c'est seulement pour gagner le sanctuaire du Soleil. « Que ceci suffise sur les parfums, peut conclure Hérodote, toute l'Arabie en répand comme une odeur divine[26]. »

Mystérieux dans ses origines, d'autant plus précieux qu'il est davantage conquis que récolté, l'aromate présente des caractères qui le relient au surnaturel, au sacré et au principe même de la vie. Ainsi se trouvent indiquées quelques pistes qui peuvent conduire aux origines des pouvoirs extraordinaires dont furent investies les odeurs.

Mais il ne suffit pas d'évaluer et d'expliquer l'importance de cette puissance passée pour apprécier ce que fut autrefois le statut de l'olfactif. La place accordée à l'odorat et aux odeurs par la pensée philosophique en est un élément essentiel. Il faut donc rechercher également comment ils furent appréciés d'un point de vue théorique, esthétique et même éthique. Ainsi pourra-t-on espérer mieux mesurer la distance séparant un monde dans lequel « tout passait à travers l'odorat », où « le sacré et les catégories morales avaient, tout comme les aspects impalpables de l'impossible, leur propre odeur[27] », et notre monde aseptisé où, comme dans les maisons bourgeoises « analysées » par Bachelard, « l'on converse loin des odeurs de cuisine » et qui ne permet plus de rêver[28].

PREMIÈRE PARTIE

De la panthère parfumée à la bromidrose de l'Allemand : pouvoirs attractifs et répulsifs de l'odeur

1

L'odeur et la capture

« Il y a trois ans que tu es parti. Le parfum
Que tu laissas hante ma solitude.
Le parfum est pour toujours répandu en moi
[mais
Où es-tu bien-aimé ? »

Li Po, *Le Bien-aimé absent.*

« Les parfums... apaisent encore, et tranquillisent tous les esprits, et les attirent comme l'aimant attire le fer. »

H. C. Agrippa, *La Philosophie occulte*, 1531.

L'odeur, la chasse et la pêche

Pêche et chasse font à l'odeur une place importante, plus sans doute dans les sociétés primitives que dans les sociétés industrialisées où la technique a fait, sinon disparaître, du moins sensiblement reculer l'art de l'approche et celui du piégeage.

L'odeur du gibier a d'abord guidé le chasseur. Puis l'homme s'est servi du chien dont la finesse olfactive était supérieure à la sienne, essayant même de développer les qualités naturelles de cet auxiliaire. Lévy-Bruhl rapporte qu'en Nouvelle-Guinée, les chiens dressés pour la chasse au sanglier sont rendus plus ardents par l'odeur de l'oignon insufflée dans leurs narines [1]. Il est d'ailleurs remarquable que, pour certains auteurs, la domestication de ces animaux se rattache à leur goût marqué pour les relents des déjections humaines. La scatophagie subséquente, fréquemment observée, ne serait-elle pas alors à l'origine d'un processus d'autodomestication [2] ?

Outre les techniques qui visent à favoriser l'approche de l'animal, il en est d'autres qui consistent à l'attirer au moyen de l'odeur. Nombreuses sont les méthodes de piégeage faisant appel à ce principe. Souvent, c'est un appât constitué par sa nourriture favorite qui cause sa perte mais, parfois, c'est le piège lui-même qui, judicieusement parfumé, est l'élément attractif. A Nauru, petite île de Micronésie où, selon Solange Petit-Skinner, l'odorat a un rôle considérable, la pêche se fait en fonction de la sensibilité olfactive du poisson. Les Nauruans, qui ont une connaissance très précise des différentes espèces aquatiques, choisissent des appâts adaptés à chacune d'entre elles. Mais, en outre, lorsqu'ils pratiquent la pêche à la nasse, ils savent parfumer celle-ci de façon définitive de telle sorte qu'elle pourra ensuite être utilisée sans appât [3]. En Nouvelle-Guinée, des fumigations de bois aromatiques sont pratiquées au-dessus de fosses pour y conduire le gibier qui, selon les indigènes, ne peut alors manquer de venir.

Mais, si l'odeur de sa proie sert le chasseur, il peut être trahi par la sienne. Aussi va-t-il essayer de la camoufler sous d'autres senteurs. En Mélanésie, les indigènes prélèvent, sèchent et conservent les glandes nidoriennes des marsupiaux dont émane un parfum fort et tenace. Avant de partir à la chasse, ils les réhumidifient et s'en oignent. L'odeur humaine se trouve dissimulée sous une autre plus puissante, plus animale, et le gibier, trompé par cette ruse, se laisse mieux approcher[4]. De plus, les Mélanésiens passent sur le corps des jeunes initiés un onguent destiné à attirer sur eux la « générosité » des « esprits gardiens du gibier ». Lorsque les Pygmées Ngbaka vont tendre leurs pièges dans la forêt, ils se soumettent préalablement à une préparation destinée à leur conférer une odeur particulière. Celle-ci s'acquiert en respectant tout d'abord certains interdits (ne pas se laver ni porter de vêtements propres) et en se frottant avec des écorces odorantes que leur procure le devin guérisseur. Ils s'enduisent aussi d'une poudre aromatique particulière et ceignent une ceinture d'écorce aromatique. Ce parfum complexe et difficile à obtenir a le pouvoir de capturer les génies de la forêt, les « mimbo », qui guideront, à leur tour, le gibier dans les pièges. Avant de retourner au village, les chasseurs laissent derrière eux l'odeur qui a servi à cette double capture car elle deviendrait néfaste au campement. Ils se flagellent de la tête aux pieds avec des branchages pour permettre aux génies de la forêt de rester dans leur domaine. Ainsi l'odeur délimite deux espaces qui ne peuvent communiquer sans danger pour les hommes[5]. Sans doute est-il difficile de discerner dans ces pratiques les éléments qui relèvent de la technique de chasse proprement dite (éviter que le gibier ne sente le chasseur) et ceux qui se rattachent aux croyances des sociétés primitives. Mais l'utilisation des odeurs prend ici un aspect rituel qui atteste de liens étroits avec le sacré et la magie.

ODEUR, MAGIE, POSSESSION ET PROTECTION

Les textes relatifs à la magie et à la sorcellerie se réfèrent constamment au pouvoir attractif, captateur de l'odeur. Dès l'Antiquité, les parfums et les onguents figurent dans l'arsenal des sorcières. Lucien et Apulée rapportent les superstitions grecques et romaines concernant ces manipulations d'odeurs. Pour se transformer en oiseau, la magicienne devait se mettre entièrement nue devant une lampe sur laquelle elle avait placé un peu d'encens et prononcer quelques formules. Elle s'enduisait ensuite des pieds à la tête d'un onguent favorisant sa métamorphose et son envol[6]. Mais ce baume de lévitation pouvait jouer bien des tours aux curieux qui voulaient en percer le mystère. Transformé en âne à cause d'une funeste erreur de flacon, Lucius est condamné à montrer aux badauds ses talents d'animal savant jusqu'à ce qu'il trouve le remède miracle : « Dans ce moment, un homme qui portait des fleurs vint à passer ; parmi ces fleurs, j'aperçois des feuilles de roses fraîchement cueillies ; aussitôt, sans balancer un instant, je saute à bas du lit : on s'imagine que je me lève pour danser ; mais, parcourant promptement les bouquets, je choisis les roses au milieu d'autres fleurs et je les dévore. Alors, au grand étonnement des spectateurs, la figure de l'animal tombe et s'évanouit, l'âne disparaît, et il ne reste que Lucius, debout et complètement nu[7]. »

Le pouvoir envoûtant de l'odeur apparaît également dans les affaires de possession. Le célèbre procès qui se déroula dans la ville de Loudun au XVIIe siècle et qui aboutit à l'exécution du prêtre Urbain Grandier est, de ce point de vue, exemplaire. L'arôme des roses muscades servit de support à la fureur hystérique d'envoûtées et d'exorcistes qui se donnèrent la réplique pour le plus grand plaisir de la population accourue au spectacle. Moins heureuses que l'âne d'Apulée, les religieuses se prétendirent ensorcelées après avoir respiré un bouquet maléfique : « Le jour même que la sœur Agnès, novice ursuline, fit profession (11 octobre 1632), elle fut possédée du diable, ainsi que la mère prieure me l'a dit à moi-même. Le charme fut un bouquet de roses muscades qui se trouva sur un degré du dortoir. La mère prieure, l'ayant ramassé, le fleura, ce que firent quelques autres après elle, qui furent incontinent toutes possédées[8]. » Sortilège qui s'empare du corps et de l'esprit, le parfum se révèle ici instrument diabolique.

Si la sorcellerie recourt alternativement aux pouvoirs des bonnes et des mauvaises odeurs, ses agents répandent des émanations nauséabondes qui soulignent leur caractère satanique. Suppôt du diable qui utilise ses talents de parfumeur pour ravir les corps et les âmes, la sorcière, au XVIe et au XVIIe siècle, obéit à une logique de l'imaginaire réglée par la puanteur. De son sang mélancolique et de ses humeurs troublées par la colère et la cupidité, s'élèvent des vapeurs venimeuses qui infectent bêtes et gens. Son alimentation à base de légumineuses, d'oignons et de choux, ses copulations avec le « bouc immonde[9] », achèvent de lui conférer une odeur véritablement meurtrière dont elle se sert comme d'une arme. Les enfants « tendrelets[10] » et les organismes débiles sont les premières victimes de sa méchante haleine mais son souffle est à même de terrasser les plus robustes[11]. Dans sa tanière sombre et misérable, mijotent d'infâmes brouets lui permettant de répandre la peste, de se transformer en loup[12] ou d'emprunter la voie des airs sur un balai, pour se rendre plus vite au sabbat.

Outre des simples, des plantes vénéneuses (ciguë), narcotiques et hallucinogènes (belladone, jusquiame), de la graisse d'enfant, du sang humain et de chauves-souris, de la cervelle de chat, des reptiles, de la poix, des excréments de crapaud et de corbeau, ces mixtures comportent fréquemment de la mandragore. Issue de terres grasses et malodorantes, fécondées par la graisse et le sperme des pendus, cette racine qui reproduit vaguement une figure humaine possède, entre autres pouvoirs peu communs, celui de renforcer le liquide séminal défaillant et de remédier à l'impuissance. N'étant « autre chose que sperme viril, digéré, cuit et élaboré dans la terre par la seule opération de la nature, cette racine ne manquera pas, affirme l'apothicaire Laurent Catelan, de s'associer, se commixtionner et se joindre avec le sperme naturel de celuy qui l'aura prise par la bouche... de parvenir à la matrice, et ensuite d'engendrer et produire l'un avec l'autre homme [13] ».

La collecte d'ingrédients obligeant à fouiller les tombes et hanter les gibets confère à l'enchanteresse un fumet répugnant dont il ne faut, affirme Pierre de Lancre, « s'émerveiller [14] » et qui n'est pas sans rappeler les effluves du diable et de la peste, autres « modalités de l'infect, du corrompu et du putride [15] ». C'est pourquoi, lorsque Jean Bodin enregistre la plainte d'Abel de la Ruë, « ouvrier de vieil cuir », contre l'une de ces créatures démoniaques, c'est tout naturellement une odeur de « souphre et poudre à canon et chair puante meslees ensemble [16] » qu'il consigne pour la postérité.

Variant avec les jours, la conjonction des planètes et les signes zodiacaux, les formules destinées à captiver esprits et démons révèlent la même ambivalence olfactive. Une « mauvaise opération » comme celle qui consiste à attirer sur quelqu'un la haine et le malheur exige, selon Agrippa, un parfum « impur, de mauvaise odeur et de vil prix [17] ». Une « bonne œuvre », visant à obtenir la bienveillance et l'amour, appeler la chance et écarter le « mauvais œil », recourt, en revanche, aux ingrédients précieux et de bonne odeur. Les ouvrages actuels de magie astrale font aussi une large place aux parfums. Dues à une volatilisation de particules matérielles, les odeurs, selon Georges Mucherey, émettent des vibrations qui agissent de façon profonde sur le comportement et sur le double astral de tous les êtres vivants. Un parfum adapté au signe astral doit tendre, par les réactions inconscientes qu'il provoque sur l'organisme, à maintenir l'équilibre humoral natif et les réflexes d'autodéfense. Il agit ainsi comme un véritable talisman permettant à l'individu de développer ses qualités et d'éviter les déséquilibres. A chaque signe zodiacal et à chaque jour du mois correspondent des arômes favorisant la réussite [18].

C'est ce même souci qui inspire, aujourd'hui encore, dans des sociétés très diverses, un grand nombre de pratiques attachées aux étapes importantes de la vie. La naissance, moment fragile de l'existence humaine, s'entoure de la protection d'exhalaisons : sachets parfumés en Aquitaine comme en Chine, gousse d'ail pendue au cou du nouveau-né au Mexique [19]. En Afrique du Nord, le bébé est protégé des « djinns » par des fumigations odorantes et des onctions d'huile de safran et de henné. De même, le mariage, rite de passage important pour la femme, s'accompagne de diverses précautions aromatiques. Avant la cérémonie, la jeune fille, en butte à un djinn jaloux, se soumet à toute une série de purifications et de parfumages. Celui de la chevelure s'étend sur plusieurs jours. La mariée se préserve en outre par des fumigations et des bijoux odoriférants, notamment un collier de petites boules noires composées de safran, d'iris, de musc, de benjoin. Cette utilisation de parures parfumées pour se concilier les esprits est très répandue, en particulier en Afrique noire et en Asie.

L'ODEUR ET LA SÉDUCTION

Odeurs corporelles et sexualité

Les émanations qui jouent un rôle dans l'activité sexuelle animale proviennent de glandes sébacées, anales et génitales. Certaines espèces, comme la civette, le chevrotin porte-musc, le rat musqué, le castor, sont d'ailleurs recherchées pour l'abondance de leurs sécrétions, recueillies et exploitées en parfumerie. Chez les fourmis, elles sont produites par des glandes céphaliques et, chez les papillons, par des organes placés au bord des ailes des mâles et à la pointe de l'abdomen des femelles. Le grand naturaliste Fabre a démontré l'importance de la sensibilité olfactive chez ces derniers insectes. La femelle du papillon, maintenue captive, attire, grâce à une substance odorante qu'elle exhale, un très grand nombre de mâles à des kilomètres de distance. Enfermée sous une cloche de verre, elle ne présente plus aucun intérêt pour eux, ce qui montre bien le rôle essentiel de l'odeur dans le rapprochement sexuel. Maintes études faites à partir de l'expérience de Fabre ont confirmé le caractère olfactif du stimulus sexuel chez les papillons[20] et nombreux sont les travaux qui, depuis lors, ont donné lieu à des constatations semblables chez les espèces animales les plus variées.

La découverte, il y a une quinzaine d'années, des « phéromones[21] » a permis de mieux comprendre l'importance de l'odeur dans les communications et les comportements des animaux. Substances odoriférantes sécrétées à l'extérieur du corps, elles n'agissent pas sur le porteur lui-même mais sur ses congénères et déterminent des conduites sexuelles, parentales et sociales. Chez les vertébrés, ces signaux chimiques qui interviennent dans la communication à proximité et à distance, directement ou en différé, par marquage, sont perçus soit par l'odorat soit par l'organe voméronasal. Découvert en 1809 chez les mammifères par le Danois Ludwig Levin Jacobson, ce dernier qui existe chez le fœtus humain mais qui disparaît, sauf cas exceptionnels, dès les premiers mois de la vie fœtale, ne commence à être vraiment connu que depuis une douzaine d'années. Situé à la base du septum nasal et constitué par une paire de sacs longs et étroits tapissés d'un épithélium analogue à celui de l'appareil olfactif, il est plus petit que celui-ci et a longtemps été considéré, à tort, comme un organe olfactif rudimentaire et accessoire[22].

Les phéromones qui déclenchent l'attraction sexuelle sont connues chez les insectes, les crustacés, les poissons, les salamandres, les serpents. Chez les mammifères, elles n'ont pas encore toutes été identifiées en raison de leur complexité mais elles interviennent également dans la reproduction et le comportement. C'est ainsi, par exemple, que l'odeur de la chienne en œstrus excite les mâles à trois kilomètres alentour et que l'haleine du verrat joue un rôle attractif sur la truie en chaleur. Les vétérinaires se servent aujourd'hui de l'odeur du verrat pour détecter les truies pouvant être inséminées artificiellement. Dans ce but, ils utilisent des aérosols contenant de l'androstérone qui donne à la viande du porc non castré cette odeur de musc et d'urine caractéristique, nécessaire aux attitudes de copulation chez la femelle en œstrus [23]. Comme les phéromones du bouc et du bélier qui ont une action sur la puberté de leur progéniture, l'odeur du porc mâle accélère aussi notablement celle des porcelets [24]. Dans les sociétés de mammifères, il est fréquent, affirme Yveline Leroy, que les mâles les plus odoriférants produisent la castration physiologique de leurs rivaux par le biais des phéromones. Les dominants ne sont pas les plus forts, ce sont ceux qui émettent le plus de signaux odorants. Ainsi, lorsque les makis s'affrontent, ils « n'échangent pas tant des coups ou des morsures que des " bouffées d'odeur ", chaque mâle frappant sa queue contre sa tête rythmiquement, chaque coup libérant un nuage de substances odorantes comme un tapis un nuage de poussière à chaque coup de tapette. L'enjeu est de taille puisque l'impact de l'odeur du rival a nécessairement, c'est-à-dire physiologiquement, un effet castrateur [25] ».

Plus étonnant encore : des phéromones sexuelles identiques à celles du porc ont été trouvées dans l'urine de l'homme et la sueur de ses aisselles [26]. On a isolé aussi dans les sécrétions vaginales du singe des phéromones induisant l'accouplement. Il s'agit d'acides gras à chaîne courte qui stimulent les centres olfactifs. Or ces mêmes produits ont été découverts dans les sécrétions vaginales de la femme. « Appliqués sur les organes génitaux d'un Singe femelle ovariectomisé, ils provoquent l'accouplement chez le mâle [27]. » Une question fondamentale surgit alors : existe-t-il chez l'homme des phéromones sexuelles ? Certains chercheurs le pensent. Ainsi l'une des phéromones sexuelles du verrat, l'an-α, présente également dans la sueur axillaire masculine, serait aussi une phéromone sexuelle humaine. Selon P. Langley-Danysz, cette intuition est corroborée par diverses observations. Dans certains pays méditerranéens, lors de danses folkloriques, les danseurs stimulent l'ardeur de leurs partenaires en agitant sous leur nez un mouchoir trempé de sueur axillaire. Une expérience faite en 1978 à l'université de Birmingham, au département de psychologie, irait aussi dans ce sens. Pour vérifier si l'an-α était une phéromone sexuelle humaine, l'on a demandé à des volontaires à qui l'on faisait respirer des vapeurs d'an-α de donner une « note de beauté » à des femmes représentées sur des photographies. Les notes attribuées par les sujets de l'expérience étaient beaucoup plus élevées que celles du groupe témoin[28]. Des biologistes comme Ernest Schoffeniels avancent que « tout comme chez les autres mammifères, la communication chimique doit régir pas mal de nos comportements[29] » et regrettent que ces problèmes n'aient pas encore retenu l'attention des psychiatres et des psychologues.

Mais, bien avant la découverte des phéromones, des liens avaient été établis entre les comportements sexuels humains et les exhalaisons corporelles. En 1886, Auguste Galopin, reprenant les thèses du biologiste Gustav Jaeger selon lesquelles l'odeur participe à la sexualité, écrit : « L'union la plus pure qui puisse être contractée entre un homme et une femme est celle engendrée par l'olfaction et sanctionnée par l'assimilation ordinaire dans le cerveau de molécules animées produites par la sécrétion et l'évaporation de deux corps en contact et en sympathie[30]. » Quelques années plus tard, Wilhelm Fliess affirme l'existence de rapports étroits et réciproques entre le nez et l'appareil génital. Des altérations nasales apparaissent pendant la menstruation, l'acte de reproduction et la grossesse, sur les cornets inférieurs du nez et aux « tuberculum septi » qu'il nomme « localisations génitales ». Tuméfaction, sensibilité accrue, saignements de nez, se produisent à ces moments précis. Plus encore : « Le saignement de nez vicariant ressemble à la menstruation, non seulement parce qu'il se produit au moment où devrait apparaître le saignement utérin, mais aussi parce qu'il peut ne pas se produire, dans les mêmes circonstances où le saignement utérin menstruel normal cesse également, à savoir au moment de la grossesse[31]. » La relation entre le nez et les organes génitaux serait donc particulièrement nette chez la femme. Les corps érectiles des « points génitaux », de construction caverneuse, sont comparables à ceux du clitoris et en relation avec le système sympathique. Fliess appuie ses thèses sur des observations gynécologiques à l'occasion d'interventions chirurgicales sur le nez ou de cocaïnisations. Il soigne la dysménorrhée et intervient sur la durée du cycle menstruel par la thérapie nasale, la poussant même très loin puisqu'il n'hésite pas à détruire totalement certaines zones olfactives. Les résultats obtenus le confortent dans ses conclusions : l'importance du nez ne tient pas seulement à sa fonction respiratoire et olfactive mais aussi à ses liens avec l'appareil génital. Dépassant cette simple correspondance, Collet en 1904[32], Jouet en 1912[33] et Freud en 1929 établissent une association intime entre l'odorat et la sexualité. Pour Freud, il y a concomitance du refoulement de l'odorat et de la répression de la sexualité. Il constate d'ailleurs que « malgré l'indéniable dépréciation des sensations de l'odorat, il existe, même en Europe, des peuples qui apprécient hautement la forte odeur des organes génitaux à titre d'excitant sexuel, et ne veulent pas y renoncer[34] ».

Tous ces précurseurs ont frayé la voie aux recherches modernes sur l'intervention de l'odorat dans la vie sexuelle et, notamment, à des études qui, comme celles de Jacques Le Magnen, ont mis en évidence des corrélations fonctionnelles entre l'appareil olfactif et le système hormonal sexuel[35].

S'il est, aujourd'hui, scientifiquement établi que les odeurs corporelles agissent sur la sexualité, il n'en est pas moins évident que toutes ne constituent pas un stimulus sexuel. Certaines pourront avoir un effet incitatif, d'autres un effet répulsif. Swann est enivré par celle de Mme de Surgis : « Ses narines, que le parfum de la femme grisait, palpitèrent comme un papillon prêt à aller se poser sur la fleur entrevue[36]. » Mais, lorsque Encolpe, recueilli par Circé après son naufrage, la déçoit dans son attente, elle l'interpelle en ces termes : « Est-ce que mon haleine est rancie par le jeûne ? Est-ce que, sous mes bras, demeure quelque trace de transpiration[37] ? » Le mythe grec des Lemniennes illustre cette ambivalence : affligées d'une odeur repoussante pour avoir négligé Aphrodite, les femmes de Lemnos se voient délaissées par leurs maris qui prennent pour concubines des esclaves. Folles de rage, les épouses abandonnées se séparent définitivement de leurs conjoints en les égorgeant. Devenues des guerrières malodorantes et sauvages, elles ne se débarrassent de leur fétidité qu'en établissant avec les Argonautes des relations marquées par le désir. La faveur d'Aphrodite retrouvée, elles sont à nouveau des épouses parfumées[38].

Parfums et séduction

Entre les parfums et le désir, existe un lien constant. Lorsque Circé veut reconquérir Ulysse, elle utilise de puissants philtres aromatiques. Quand la reine de Saba se rend à Jérusalem, les gommes précieuses qui font la renommée de l'Arabie et dont elle s'est munie à profusion l'aident à gagner le cœur de Salomon[39]. Dans ce rapport des parfums à la sexualité et à la séduction, on discerne deux fonctions qui concourent à un même résultat : favoriser la conjonction des sexes.

Les bonnes senteurs permettent, tout d'abord, de neutraliser les odeurs corporelles ou d'atténuer ce qu'elles ont d'excessif tout en exaltant certains de leurs composants. C'est le rôle que joue, par exemple, la sarghine chez les Bédouins de Tunisie : « On brûle la sarghine pour son odeur douce et fugitive ; parfum de l'intimité chez les Bédouins de la chaumière ou de la tente. Les époux s'enfument en portant le brûle-parfum sous le vêtement, la chemise ou la melhafa, lorsqu'ils doivent dormir côte à côte. La fumée de la sarghine a pour propriété de neutraliser les principes qui, dans l'odeur des sexes et, surtout, du sexe féminin, sont de nature à provoquer l'éloignement ou à s'opposer à la pleine expression du désir. Ainsi, les tiédeurs du lit ne portent plus vers les narines que les émanations les plus légères et, parmi les éthers que distillent les chairs, la portion à la fois la moins brutale et la plus provocante[40]. »

Par ailleurs, les arômes sont susceptibles, par l'attrait propre qu'ils exercent, d'une action plus spécifique. Ils ne sont plus, alors, utilisés comme de simples filtres mais tendent à devenir les agents essentiels de la capture amoureuse. Avant d'affronter Assuérus, Esther se fit masser « pendant six mois avec de l'huile de myrrhe, puis pendant six mois avec des baumes et des crèmes de beauté féminines[41] ». Judith, pour séduire Holopherne, oignit son corps d'huile précieuse[42] et, allant à la rencontre d'Antoine, Cléopâtre, si l'on en croit Shakespeare, ne lésina pas sur les parfums : « La nef où elle se tenait, comme un trône bruni, brûlait sur les eaux ; la poupe était d'or battu ; pourpres les voiles, et si parfumées que les vents en défaillaient d'amour[43]. »

Dans certaines sociétés traditionnelles, la démarche de séduction passe de façon quasi rituelle par une utilisation intense et raffinée des parfums. Ainsi les femmes de l'île de Nauru usent-elles à la fois d'un parfumage interne et externe. Les Nauruanes prennent des bains de vapeur embaumés, s'enduisent le corps et la chevelure d'huiles de fleurs et de lait de coco, mais se servent aussi de mixtures de feuilles odorantes et de potions aromatiques pour se « parfumer de l'intérieur ». Ces dernières préparations sont réputées avoir un effet foudroyant : « Tous les hommes viendront à toi, disent les Nauruanes, seront attirés par toi, il en viendra tant que tu seras épuisée[44]. » Plusieurs de ces pratiques, tel le bain de vapeur de dakaré[45], s'accompagnent d'interdits alimentaires et ont lieu à l'écart du village, dans le secret, mettant ainsi en évidence les rapports du parfum avec la magie. A Nauru, les parfums sont aussi de véritables philtres d'amour.

Le mythe de la panthère parfumée

Les rapports de l'odeur et de la capture se cristallisent dans la tradition grecque de la panthère parfumée. De tous les animaux, la panthère est le seul, d'après cette tradition, qui, pour une raison mystérieuse, sent naturellement bon. « D'où vient-il, s'interroge Aristote, qu'aucun animal n'a une odeur plaisante sauf la panthère, qui est agréable aux bêtes elles-mêmes car on dit que les bêtes sauvages la reniflent avec plaisir[46] ? » Or, cette bonne odeur implique, tout à la fois, la chasse, la magie et la séduction amoureuse et, par une curieuse transmutation, elle va même devenir, dans le symbolisme chrétien, l'image d'une capture mystique, celle qu'opère la parole du Christ sur les âmes.

Selon les Grecs, la panthère se sert de son parfum pour attirer et saisir ses proies. « La panthère exhale une odeur qui est agréable à toutes les autres bêtes, c'est pourquoi elle chasse en se tenant cachée et en attirant les bêtes vers elle grâce à son parfum », affirme Théophraste[47]. Plutarque et Elien précisent que ce sont surtout les singes qui sont sensibles à ses effluves. La panthère, animal à part, chasseur et non chassé, hormis par l'homme qui sait utiliser les mêmes armes qu'elle et la piéger avec l'arôme du vin dont elle est friande[48], possède les vertus de prudence et d'intelligence. Elle sait procéder par ruse. Son piège, c'est son odeur délicieuse, instrument de séduction mortifère : « La panthère, à ce qu'on dit, a en privilège de répandre un parfum admirable, auquel d'ailleurs nous ne sommes pas sensibles, et elle connaît ce privilège. Aussi bien les autres bêtes le connaissent-elles en même temps que la panthère, et elles sont prises de la façon suivante. Quand la panthère a besoin de nourriture, elle se cache dans un fourré profond ou sous un épais feuillage ; on ne peut la découvrir, elle se borne à respirer. Alors les faons, les gazelles, les chèvres sauvages et ces sortes d'animaux sont attirés par cette bonne odeur comme par une sorte d'iunx et ils s'approchent. La panthère alors bondit hors de sa cachette et se saisit de sa proie[49]. » Cette référence à l'« iunx » est remarquable car elle introduit dans le mythe une nouvelle dimension : celle de la magie.

Petite roue percée, attachée à une cordelette, l'iunx est, en effet, un instrument qui produit un vrombissement étrange et exerce un pouvoir de fascination[50]. Le rapprochement avec l'odeur de la panthère apparaît d'autant plus significatif que cet objet est surtout utilisé dans la magie érotique. Marcel Detienne a montré, de façon magistrale, les liens qui existent entre l'iunx, l'érotisme, la magie et l'appel du parfum[51]. Pour les Grecs, la panthère symbolise la belle courtisane, le même mot, « párdalis », servant à désigner le félin et l'hétaïre. C'est aux sortilèges aromatiques de celle-ci, eux aussi comparés à la rouelle magique, que renvoie la bonne odeur de la panthère qui devient, ainsi, le symbole de toutes les captures et de toutes les séductions.

Le christianisme va s'emparer de cette croyance et, par une transformation hardie, en faire un élément de sa symbolique. La panthère parfumée devient l'image même du Christ. Cette récupération semble d'ailleurs s'être réalisée en plusieurs étapes. C'est, en particulier, à travers les différentes versions du *Physiologus* parvenues jusqu'à nous que l'on peut suivre cette évolution[52]. La première version éditée par Sbordone établit un parallèle entre le cri de la panthère au sortir d'un sommeil de trois jours, cri aromatique qui charme les autres bêtes, et celui du Christ, trois jours après sa mort, qui parfume les hommes de façon exquise : « Quand elle a mangé et s'est repue, elle dort dans son repaire, puis s'éveille du sommeil le troisième jour, et crie d'une voix forte, et les bêtes, attirées à la suite de ce parfum du cri, viennent auprès de la panthère. Tout de même, Notre Seigneur Jésus-Christ, ressuscité des morts le troisième jour, a crié : " Aujourd'hui salut pour le monde, aussi bien le visible que l'invisible ", et il nous est venu à tous une totale bonne odeur, à ceux de loin et à ceux de près, et paix, comme dit l'Apôtre[53]. »

Dans la troisième version publiée par Sbordone, la comparaison se précise et l'haleine parfumée de la panthère symbolise la parole du Christ qui entraîne et réconforte : « La panthère prend le masque et l'image de Notre Seigneur Jésus-Christ. Car une fois que fut venu du Père N.S. J.-C. et qu'il se fut montré comme homme dans le monde, de l'enseignement de sa bouche s'exhala une bonne odeur et, en vertu des parfums de sa bouche, accoururent vers lui les prophètes, les apôtres et les martyrs, et tout le chœur des saints, et ils s'en retournèrent tous en joie dans leurs demeures propres[54]. » Cette identification provoque une métamorphose du félin qui, de redouté, solitaire et féroce, devient sociable et bon : « Il y a un animal nommé panthère. Le *Physiologus* a dit de lui qu'il est de loin le plus beau et digne d'être chéri de toutes les bêtes. Lorsqu'il dort, il sort de sa bouche un parfum et, en vertu de cette bonne odeur, toutes les autres bêtes font cercle autour de la panthère et en tirent du plaisir et, quand elles se sont réjouies, chacune d'elles, elles s'en vont en joie et en liesse dans les fourrés et les champs[55]. » Inversion complète : son parfum n'est plus un piège mortel mais un présent généreusement offert aux autres bêtes. Le fauve n'apporte plus la mort mais le bien-être.

Mais ce sont les bestiaires du Moyen Âge, intégrant maints éléments tirés du *Physiologus*, qui offrent les formes les plus achevées de cette symbolique. Dans le *Bestiaire Ashmole*[56], par exemple, elle se développe sur trois points essentiels.

La beauté du félin incarne la splendeur divine et les

mouchetures de sa robe, semblables à des « yeux d'or », représentent les multiples facettes de cette perfection : « Le pelage bigarré de la panthère symbolise ce que dit Salomon de Notre Seigneur Jésus-Christ, qui est Sagesse de Dieu le Père, Esprit d'Intelligence, Unique, Multiple, Vrai, Doux, Parfait, Clément, Ferme, Stable, Sûr, Esprit qui peut toute chose, qui voit toute chose. » La panthère est belle et David de dire de Jésus-Christ : « Il est le plus beau entre tous les fils des hommes[57]. » Sa douceur est l'image de la bonté divine. La panthère est douce et Isaïe de dire : « Réjouis-toi et que ton cœur s'emplisse de liesse, ô fille de Sion, et proclame, ô fille de Jérusalem, que ton roi vienne à toi le cœur plein de douceur[58]. »

L'identification de son haleine parfumée à la parole du Christ s'affirme, mais l'accent est mis sur leur attrait irrésistible et instinctuel : « Ainsi, au doux parfum qu'exhale la bouche de la panthère, toutes les bêtes, tant des alentours que des contrées lointaines, accourent toutes à la fois et se mettent à la suivre : ainsi, tant les Juifs qui, parfois, avaient l'instinct des animaux et qui se trouvaient proches par la religion qu'ils observaient, que les Gentils qui se trouvaient loin, parce que dépourvus de religion, entendirent la parole du Christ et le suivirent en disant : " Que tes paroles sont douces à mes lèvres, plus douces encore que le miel ; la grâce est répandue sur tes lèvres ; c'est pourquoi Dieu t'a béni pour toujours[59]. " »

Enfin, la panthère, comme le Christ, triomphe des forces du mal. Son odeur fait fuir le dragon comme la parole du Christ fait reculer Satan : « ... le dragon se met à trembler de peur et court se terrer dans son antre souterrain ; incapable de supporter le parfum de la panthère, il sombre et s'engourdit dans sa propre torpeur et reste ainsi dans son trou, inerte, comme s'il était mort. Ainsi, Notre Seigneur Jésus-Christ, la vraie panthère, est descendu du ciel pour nous soustraire à l'emprise du Diable[60]. » Comme en un triptyque, la panthère parfumée des bestiaires médiévaux illustre à la fois la splendeur du Christ et les deux aspects de sa mission terrestre : attirer les hommes vers la lumière de la vérité et les libérer de l'esprit des ténèbres.

2

L'odeur et la discrimination

> « L'homme est un parfum délicat qui imprègne la conduite entière. »
>
> HEGEL, *Leçons sur la philosophie de la religion.*

> « Moi, chanter en vers quand je vis au milieu des hordes chevelues, assourdi par les sons de la langue germanique, obligé d'avoir l'air de louer quelquefois ce que chante, quand il est bien repu, le Burgonde aux cheveux graissés d'un beurre rance. Heureux tes yeux, heureuses tes oreilles, heureux même ton nez ! Car il ne sent pas dix fois le matin l'odeur empestée de l'ail ou de l'oignon. »
>
> SIDOINE APOLLINAIRE, *Lettres.*

Le langage familier rend compte des aversions et répulsions en termes olfactifs. Ne dit-on pas : « avoir quelqu'un dans le nez », « ne pas pouvoir sentir », « blairer », « piffer » quelqu'un ; d'une personne dont la vanité irrite : qu'elle est « puante » ? L'homme parfume de façon caractéristique la couche d'air qui l'entoure et ce, en fonction de son alimentation, de sa santé, de son âge, de son sexe, de son activité, de sa race. Et l'odeur est sans doute, en raison de la physiologie de l'appareil olfactif, la perception la plus directe et la plus profonde que nous puissions avoir d'autrui. En effet, elle pénètre directement dans la partie la plus archaïque du cerveau, le rhinencéphale, que les Grecs appelaient le « cerveau olfactif », sans passer par le relais du thalamus[1]. Elle nous envahit et nous procure, bon gré, mal gré, plaisir ou répulsion. « L'odeur d'un corps, c'est ce corps lui-même que nous aspirons par la bouche et le nez, que nous possédons d'un seul coup, comme sa substance la plus secrète et, pour tout dire, sa nature. L'odeur en moi, c'est la fusion du corps de l'autre à mon corps. Mais c'est ce corps désincarné, vaporisé, resté, certes, tout entier lui-même, mais devenu esprit volatil », écrit Sartre[2]. Son intrusion provoque une réaction spontanée, instinctuelle, qui sera positive ou négative, acceptation ou rejet. D'emblée, la sensation olfactive se présente comme un moyen de discrimination entre l'agréable et le désagréable, le connu et l'inconnu. Elle identifie l'interlocuteur de façon immédiate et l'appréciation qualitative qu'elle suscite peut être le support ou le prétexte d'une reconnaissance ou d'un refus.

L'ODEUR ET LA RECONNAISSANCE
DE L'AUTRE

De nombreux travaux ont mis en évidence l'importance des repères olfactifs dans le comportement maternel et dans les relations existant entre le bébé et sa mère. Les expériences réalisées par Beach sur des rats montrent que les mères identifient leurs petits à l'odeur et qu'elles discriminent celle d'une portée étrangère[3]. En revanche, leur odeur retient les petits près d'elles, les préservant ainsi du danger. De même, il est maintenant établi que les nouveau-nés humains reconnaissent l'odeur de leur mère, ce qui pourrait s'expliquer par l'expérience gustative et olfactive intra-utérine du fœtus au contact du liquide amniotique[4].

Ce rôle d'identification que tient l'odeur dans la relation mère/enfant est assuré également dans celle de l'individu et du groupe, qu'il s'agisse de sociétés animales ou humaines. Chez les abeilles, par exemple, les odeurs biologiques émanant de glandes réparties sur tout le corps et, en particulier, sur l'abdomen, permettent la reconnaissance des congénères et le refoulement des étrangères[5]. Les observations d'Henri Piéron sur les fourmis confirment l'intervention de l'odeur dans les relations pacifiques ou hostiles. Si l'on plonge une fourmi dans un broyat d'individus d'une autre espèce, ses congénères ne la reconnaissent plus et l'attaquent. A l'inverse, si l'on enduit une fourmi étrangère de l'odeur de l'espèce, elle est considérée comme lui appartenant. Lorsqu'une fourmi sent une ennemie, elle entre en fureur et mord le sol. Mais, lorsqu'elle est amputée de ses antennes, elle devient anosmique et agresse indifféremment congénères et étrangères[6].

Des comportements analogues se rencontrent dans les groupes humains. A la fin du siècle dernier, Herbert Spencer a décrit les façons de saluer de certaines ethnies comme les Esquimaux, les Samoans, les Maoris, les Philippins, qui privilégient l'odorat. Ils se frottent le nez ou se reniflent le visage pour faire connaissance[7]. La coutume arabe qui veut que l'on souffle au visage de l'interlocuteur — ignorer l'haleine de l'autre apparaissant comme une insulte — relève du même principe[8].

Le mode de vie, l'alimentation, l'activité, l'hygiène, agissent sur le corps et ses émanations. Celles-ci, variant d'une culture ou d'un groupe humain à l'autre, offrent des points de repère aux individus.

Au-delà de sa fonction identificatrice, l'odeur peut même déterminer certains comportements sociaux. Auguste Galopin allait jusqu'à faire des émanations socioprofessionnelles un élément essentiel du choix du conjoint : « ... Les mariages d'ouvriers se font le plus souvent entre deux personnes de la même profession. Il y a là une cause majeure, le parfum de la femme s'harmonisant avec celui de l'homme; le coiffeur aime les parfumeuses et le calicot recherche les employées du Louvre. Les égoutiers, tanneurs, crémiers, bouchers, charcutiers, fondeurs de suif, etc. se marient souvent avec les jeunes filles de leurs confrères. Les bonnes, les servantes, épousent des domestiques ou des gens d'écurie qui sentent le cheval et le purin. La Marseillaise respire avec volupté son mari qui sent l'ail et l'oignon; les ouvriers en phosphore épousent presque toujours des ouvrières de la même profession qu'eux. On nous dira peut-être : cela tient au contact journalier de ces industriels; cela est possible, mais cela tient aussi à autre chose : au parfum de ces femmes qui plaît à leurs compagnons de travail et qui fait fuir les amoureux étrangers. Tout le monde n'adore pas l'odeur du phosphore, de l'oignon, de l'ail et de la toile écrue[9]! »

Ainsi les « affinités électives » se ramèneraient-elles à des affinités olfactives...

L'ODEUR ET LE REFUS DE L'AUTRE

La même odeur, qui marque l'appartenance d'un individu à un groupe dont elle favorise la cohésion, signale cet individu comme étranger à d'autres groupes et dresse entre eux et lui une barrière. Elle devient, alors, l'instrument, la justification ou simplement le signe d'un rejet racial, social, voire moral.

Les émanations sécrétées par la peau, véhiculées par l'haleine, sont fréquemment l'occasion de comportements racistes. Dans son roman *Lalka*, B. Prus montre comment, en Pologne, l'ail peut être le support de l'antisémitisme : « Le nouvel employé se mit immédiatement au travail et, une demi-heure plus tard, M. Lisiecki murmura à M. Klein : " Qu'est-ce qui pue donc l'ail ici ? " Et il ajouta au bout d'un quart d'heure : " Quand je pense que la racaille juive gagne maintenant les faubourgs de Cracovie ! Ces satanés Juifs, ne peuvent-ils donc pas rester à Nalewski ou rue Saint-Georges ? " Schlangbaum ne dit rien, mais ses yeux rougis tremblèrent [10]. »

Le rapprochement entre les races se heurte, écrivait en 1912 G. Simmel, à une intolérance de l'olfaction : « La réception des nègres dans la haute société de l'Amérique du Nord semble déjà être impossible à cause de leur odeur corporelle et l'on a attribué à la même cause la fréquente et profonde aversion mutuelle des Germains et des Juifs [11]. » En ce domaine, les haines et les mépris s'expriment en termes de fétidité. A la prétendue puanteur du Juif, Ernest Bloch oppose celle du nazi : « Ce n'est pas seulement l'odeur du sang qu'exhale le nazi : il dégage aussi une odeur d'urine dans son pot de chambre géant, pot puant de ses mœurs, de son horreur, de ses crimes, de son idéologie, c'est un infernal salaud... A l'odeur du sang des bestialités passées, manquait encore cette sournoise odeur de renfermé, cette odeur typiquement nazie de lits mal aérés, justement ce supplément d'odeur d'urine [12]. »

Cet opprobre olfactif jeté sur l'adversaire n'était pas nouveau. Déjà en 1915, le docteur Bérillon mettait toute sa science au service d'une explication « rationnelle » de la bromidrose de l'Allemand : « Le coefficient urotoxique est chez les Allemands au moins d'un quart plus élevé que chez les Français. Cela veut dire que, si 45 centimètres cubes d'urine française sont nécessaires pour tuer un kilogramme de cobaye, le même résultat sera obtenu avec environ 30 centimètres cubes d'urine allemande... La principale particularité organique de l'Allemand actuel c'est qu'impuissant à amener par sa fonction rénale surmenée l'élimination des éléments uriques, il y ajoute la région plantaire. Cette conception peut s'exprimer en disant que l'Allemand urine par les pieds [13]. »

Le soldat germanique a des pieds si malodorants qu'à Metz, en 1870, lors de la capitulation, tout le monde se bouchait le nez lorsqu'un régiment passait, affirme à la même époque le docteur Deschamps. Seul remède au supplice que la promiscuité de la chambrée leur inflige quotidiennement, beaucoup d'Alsaciens-Lorrains sont amenés à déserter et à se réfugier en France. L'origine de la puanteur de la race allemande, puanteur qui s'étend même aux animaux, doit être cherchée dans la « goinfrerie endémique et chronique [14] » de ce peuple. A Pouilly en Côte-d'Or, l'autopsie d'un fantassin, mort d'un supposé empoisonnement, met en évidence l'aberrante boulimie du Teuton. « Distendue et gonflée jusqu'à la mort » par onze livres de lard cru, la paroi abdominale avait explosé ! « Et dire que s'il n'avait pas avalé tout ça sans mâcher, il l'aurait peut-être digéré », observe Deschamps, horrifié. A ces excès alimentaires qui obligent la peau à fonctionner comme un troisième rein et à exhaler toutes sortes d'émanations repoussantes, correspond « une production excrémentielle vraiment prodigieuse [15] ». Il fallut à une équipe d'ouvriers une semaine de travail pour évacuer les matières fécales de cinq cents cavaliers allemands qui avaient occupé pendant trois semaines les usines des papeteries de Chenevières en Meurthe-et-Moselle : il y en avait trente tonnes ! L'énormité des déjections intestinales laissées par les troupes allemandes est confirmée par le docteur Pétrowitch, délégué à l'Office international d'hygiène en Serbie : « En certains endroits les couloirs des maisons, les cours, les ruelles, les maisons elles-mêmes, en étaient remplis jusqu'à un mètre de hauteur [16]. » Ni l'odeur acide de l'Anglais, ni celles rance du « nègre », fade et vireuse du « jaune », ne parviendront jamais à égaler en force et désagrément l'insoutenable fumet de l'Allemand. En 1916, le *Bulletin de la Société de médecine de Paris* lui décerne sans hésiter le record mondial de la fétidité...!

Obstacles dressés entre les races et les peuples, les odeurs le sont également entre les catégories sociales. Les exhalaisons dues à la pratique de certaines professions ont parfois été la cause d'une mise à l'écart. Ainsi en a-t-il été, en particulier, dans l'ancienne France, des tanneurs, corroyeurs, peaussiers et chandeliers, tous corps de métier voués à des tâches malodorantes. Mais la condamnation peut s'étendre à toute la classe populaire. Rejoignant la critique kantienne, Georg Simmel qualifie l'odorat de sens « désagrégeant ou antisocial par excellence » et affirme que la solidarité sociale ne résiste pas aux effluves du travailleur : « Il est certain que, si l'intérêt social l'exige, beaucoup de gens appartenant aux classes supérieures seront capables de faire des sacrifices considérables de leur confort personnel et de renoncer à beaucoup de privilèges en faveur des déshérités... Mais on s'imposerait mille fois plus volontiers toutes les privations et tous les sacrifices de ce genre qu'un contact direct avec le peuple qui répand la " sueur sacrée du travail ". La question sociale n'est pas seulement une question morale, c'est aussi une question d'odorat [17]. » Le développement de l'hygiène privée a même, dans un premier temps, souligné ce clivage. Tant que les installations sanitaires ne furent en usage que dans la bourgeoisie, elles contribuèrent à son renforcement. En 1930 encore, la douche matinale, selon Somerset Maugham, divise les hommes de façon plus efficace que la naissance, la richesse ou l'éducation. Son invention est davantage responsable de la haine de classe que le monopole du capital. Aussi sa généralisation apparaît-elle plus nécessaire à la démocratie que les institutions parlementaires !

Si les répugnances de l'odorat étayent les cloisonnements, elles s'assortissent aussi d'un blâme moral. L'idée de faute est associée à la puanteur : « Puni, coupé, est celui dont l'odeur est mauvaise [18] », dit-on dans l'Égypte pharaonique. De même, les relents de Job, qui éloignent de lui sa famille, apparaissent comme la manifestation d'une disgrâce divine [19]. Au Moyen Âge, les Juifs étaient tenus pour nauséabonds, tare qui disparaissait miraculeusement s'ils se convertissaient [20]. L'intolérance olfactive au Juif, à la prostituée, à l'homosexuel, voire, au XIXe siècle, au peuple tout entier [21], recouvre des enjeux sociaux : leur fétidité, signe de dégradation morale, sert à justifier les processus d'exclusion dont ils sont victimes.

Dans la mesure où les odeurs contribuent aux clivages raciaux ou sociaux, la désodorisation apparaît tout naturellement comme un moyen d'intégration. Pour que l'étranger puisse être accepté, il faut qu'il perde ou dissimule ce qui le désigne comme tel et se conforme à la norme olfactive. Cette démarche est à l'origine de certains rituels arabes d'aspersion qui visent à abolir symboliquement la différence véhiculée par l'étranger, appelé fréquemment « celui qui pue ». L'odeur de l' « autre » comporte des éléments inconnus, incontrôlables. Son intégration implique l'acquisition de celle du groupe : « Le mobilier de toutes les familles, riches ou pauvres, comporte obligatoirement un ou plusieurs aspersoirs destinés à répandre l'eau parfumée sur la tête, le visage et les mains des hôtes. Le goupillon de céramique bon marché et le mras d'orfèvrerie remplissent une fonction d'accueil et de purification en même temps : l'eau parfumée neutralise l'odeur — voire l'impureté — de l'étranger et le fait accéder au sein de la communauté[22]. »

Mais briser les barrières olfactives n'est pas toujours chose aisée. Pour échapper à la discrimination dont elles sont l'objet, les catégories les plus modestes auront tendance à acheter des produits parfumés bon marché, qualifiés de « vulgaires » par les classes supérieures qui usent, quant à elles, de coûteux parfums, symboles de leur statut privilégié. L'achat d'un produit odorant, comme celui d'un vêtement, n'est pas neutre. L'un et l'autre expriment l'appartenance sociale de celui qui les porte. J. Dollard relate[23] que, pour se soustraire au racisme, les Américains noirs eurent tendance à se parfumer abondamment, renforçant ainsi les préjugés des Blancs : si les Noirs se parfumaient tant, n'était-ce pas justement parce qu'ils sentaient mauvais ?

Selon W. Brink et L. Harris[24], l'un des stéréotypes

ayant cours chez les Blancs était que les Noirs américains qui cherchaient à s'élever dans l'échelle sociale n'hésitaient pas à prendre des pilules contre leur propre odeur. Pratiques réelles et supposées se conjuguent dans la stigmatisation de l'odeur raciale pour produire des effets profondément désintégrants sur ceux qui intériorisent la condamnation dont ils sont victimes. Refuser sa propre odeur, n'est-ce pas s'interdire d'exister ?

Ainsi les effluves corporels participent-ils activement à divers processus de discrimination en réglant le jeu subtil des goûts et des dégoûts. La charge d'affectivité qu'ils comportent en fait les plus sûres sentinelles des bastions sociaux et raciaux. Il arrive parfois, observe G. Simmel, que l'idéal moral de rapprochement des races et des classes « échoue simplement de par le dégoût invincible que produisent les impressions de l'odorat [25] ».

Dans certaines civilisations, celles-ci sont le critère d'une discrimination plus fondamentale encore. Les émanations désagréables sont pensées, en Afrique du Nord, comme « des maléfices ou des âmes errantes et sinistres [26] », exclues tout à la fois du séjour des vivants et de celui des défunts. Maints récits des Hébrides rapportent qu'un vivant ne peut pénétrer dans l'Hadès sans acquérir une « odeur de rance » grâce à un liquide putride qui lui permettra de circuler sans éveiller les soupçons. Réalités à la fois sensibles et mythiques, « odeur de vie et odeur de mort jouent un rôle de classification pour distinguer les humains qui vivent d'une vie positive et ceux qui continuent leur existence en un état négatif [27] ».

DEUXIÈME PARTIE

L'odeur de la peste

« L'odeur seule entre les choses sensibles peut ou occire ou recréer l'homme. »

JÉRÔME CARDAN, *De la subtilité,
et subtiles inventions, ensemble les causes
occultes et raisons d'icelles*, 1550.

Lèpre, choléra, rage ou tuberculose ont laissé dans les souvenirs et l'inconscient des peuples des traces durables. Mais la peste, en raison de sa très longue histoire, du caractère cyclique de ses résurgences et de l'impitoyable sélection qu'elle fit subir aux groupes sur lesquels elle s'abattit, apparaît véritablement comme l'archétype des grands maux qui désolèrent l'humanité. L'ampleur des ravages, la terreur et les désordres suscités par ses apparitions, font qu'on a pu parler de l' « Apocalypse des pestes [1] ».

Dans l'Antiquité, les termes « loïmos » en grec et « pestis » en latin désignaient un fléau en général. Ainsi la célèbre peste d'Athènes dont la véritable nature reste incertaine fut-elle peut-être une épidémie de typhus. Mais les théories développées à propos de ces diverses maladies épidémiques ou « communes » furent transposées tout naturellement aux épidémies à bubons, charbons et crachements de sang qui dévastèrent l'Occident et dont les plus terribles furent la peste de Justinien qui sévit de 541 à 580 et la grande « peste noire » qui frappa la France de plein fouet en 1348 et anéantit en quelques années le quart de la population européenne[2]. Synonyme d'une fin effroyable, ce fléau a laissé dans notre langue le verbe « empester » qui, aujourd'hui, ne renvoie plus à la mort mais seulement à la puanteur. Cet affadissement peut surprendre. Mais, en réalité, les deux sens apparaissent presque simultanément dès la fin du XVIe siècle et, à cette époque, le passage de la maladie à l'odeur ne traduit aucune rupture dans la signification du terme.

Jusqu'à la diffusion des recherches pasteuriennes sur les micro-organismes, vers 1880, les mauvaises odeurs sont considérées en Europe comme agissant directement sur la santé et la vie. Les exhalaisons nauséabondes émanant des cloaques, charniers, fosses d'aisances et marécages, sont accusées de provoquer de nombreuses maladies mortelles. Est-ce assez pour que le mot empester révèle, par une équivalence absolue entre la puanteur et la mort, que la peste ait été réellement conçue comme une odeur ? Une telle conception peut surprendre tant elle est éloignée de nos idées actuelles sur l'épidémie. Il faut toutefois se souvenir que la découverte du bacille pesteux et du rôle de la puce du rat dans sa propagation n'intervient qu'à l'extrême fin du XIXe siècle. Les travaux relatifs à l'épidémie abondent et ont apporté de multiples informations sur l'histoire des pestes et tous leurs aspects démographiques, économiques et sociologiques. Mais la relation de la peste avec l'odeur ne semble guère avoir retenu l'attention et, lorsqu'elle a été évoquée, c'est essentiellement à propos de certaines méthodes utilisées pour combattre le fléau[3]. Or, cette relation est beaucoup plus profonde. Pendant des siècles, elle a été au cœur des croyances populaires et a généré les différentes théories médicales concernant l'étiologie et la propagation de la peste. La préservation et la cure par les odeurs ne sont que la conséquence logique de ces représentations. Il en est de même pour toute une série de mesures de désodorisation complémentaires passant par un développement de l'hygiène publique et privée et certaines mises à l'écart sociales. Ainsi la peste apparaît-elle comme un révélateur privilégié des pouvoirs mortifères, prophylactiques et curatifs qui furent reconnus à l'odeur.

1

Les pouvoirs mortifères de l'odeur

L'ORIGINE DE LA PESTE

De l'Antiquité au XIXe siècle, la peste est imputée à un dérèglement provoqué par une série de ruptures : rupture spirituelle entre l'homme et la divinité, rupture de l'équilibre des éléments naturels et spécialement de l'air, rupture au sein même des corps. A ces désordres, sont associées les notions de corruption, de mort, de puanteur, de « pestilence ». C'est parce que les hommes corrompus offensent Dieu par l'odeur cadavéreuse de leur âme qu'ils s'attirent sa vengeance. C'est parce que l'atmosphère, à la suite de toute une série de perturbations, a perdu son intégrité, qu'elle s'altère et devient une source d'infection. C'est enfin parce que l'organisme, soumis aux engorgements, aux excès, aux passions, se gâte, qu'il peut contracter, voire engendrer, la peste.

Sur cette longue période, l'importance respective accordée à ces diverses causes a varié. La référence à une souillure morale, déjà présente dans la Bible, se rencontre encore lors de la peste de Moscou, en 1771. La notion de putréfaction corporelle emprunte des formes différentes mais apparaît constante. Celle de l'air — tout en connaissant, à partir du XVIe siècle, une contestation croissante — n'en demeurera pas moins dominante jusqu'au XIXe siècle.

Hippocrate et Galien

En chassant à l'aide de feux de bois aromatiques la « peste » qui ravage Athènes au Ve siècle avant J.-C., Acron d'Agrigente[1] met en pratique l'idée suivant laquelle l'épidémie naît de l'air. Élément vital mais aussi délétère, il influe, selon Hippocrate et ses disciples, sur la constitution physique et psychique des individus et détermine toutes les maladies. Si, par exemple, les Scythes sont gros, mous, gorgés d'humeurs et peu prolifiques, ils le doivent, en grande partie, à l'air épais et humide qu'ils respirent. L'humidité et l'atonie de leur corps les empêcheraient même de tirer à l'arc et de lancer le javelot s'ils ne remédiaient à la fluidité de leur complexion en cautérisant leurs membres. L'action bénéfique ou nocive de l'atmosphère, variable selon les climats, est essentiellement définie par ce qu'Aristote appellera les « qualités » élémentaires (température, consistance, sécheresse, humidité). Mais elle est liée aussi à la présence ou à l'absence d'émanations pathogènes qui la souillent. C'est ainsi que les odeurs exhalées par la fange et les marais engendrent des maladies et que les fièvres épidémiques ou pestilentielles viennent d'un air infecté d'exhalaisons morbifiques, de « miasmes » (de *miasma*, souillure[2]). Dès cette époque donc, l'origine du fléau se rattache à la corruption et à la fétidité.

Spectateur scrupuleux de l'épidémie d'Athènes dont il fut lui-même atteint, l'historien Thucydide rapporte les rumeurs contradictoires selon lesquelles elle serait venue d'Éthiopie ou proviendrait de l'empoisonnement des puits par les Péloponnésiens. Mais, décidé à s'en tenir uniquement à ce qu'il a vu, il n'émet aucune opinion personnelle sur la provenance et les causes du mal, laissant à chacun le soin de le faire. L'intérêt essentiel de son témoignage, outre le récit remarquable du déroulement et des effets physiques et sociaux de la maladie, réside dans le fait qu'il énonce, pour la première fois, son caractère contagieux.

Influencé par les théories atmosphériques d'Hippocrate et l'atomisme d'Épicure, Lucrèce attribue, un siècle après J.-C., l'origine de toutes les affections à des germes de maladie et de mort. Conçus comme des atomes, ils gâtent le ciel lorsque le hasard les rassemble. Et c'est quand nous respirons cet air contaminé que nous faisons « pénétrer en même temps dans notre corps ces principes pernicieux [3] ». Cette importance conférée à un climat vicié dans la genèse des épidémies le conduit à imputer le mal contagieux qui s'était abattu sur Athènes à « un souffle mortel » venu du fond de l'Égypte. Ainsi se trouve rempli le vide étiologique laissé à dessein par Thucydide.

La puanteur, signe de putridité et de venimosité — ces deux termes tendent d'ailleurs, en grec comme en latin, à se confondre —, est mortifère. Il y a dans la foudre, affirme Sénèque, un principe pestilentiel et venimeux, une odeur de soufre « naturellement vénéneuse », qui ruinent tout ce qu'elle effleure et rendent nauséabonds l'huile et les parfums [4]. Les entrailles de la terre recèlent des feux et des marais qui exhalent également des miasmes empoisonnés. Lorsque cet air corrompu parvient à s'échapper, lors de violents séismes notamment, il répand la maladie et la mort tant que la force du virus qu'il contient n'a pas été vaincue par les vents. Sénèque accuse ces émanations pernicieuses et souterraines d'avoir provoqué la mort d'un troupeau de six cents moutons qui paissaient paisiblement dans les pâturages de Campanie. En broutant, ils ont directement humé les funestes vapeurs parvenues jusqu'à la surface terrestre. Lorsque les oiseaux rencontrent ces exhalaisons qui se sont élevées dans le ciel, ils sont foudroyés en plein vol : « Leur corps devient livide et leur gosier se gonfle comme s'ils avaient été étranglés[5]. » Pour Rufus d'Éphèse, la mort de ces animaux, révélant la présence de miasmes dans l'atmosphère ou sur le sol, fait d'ailleurs partie des signes précurseurs de la peste[6].

L'altération de l'air, élément homogène mais instable, semble d'autant moins évitable à Philon d'Alexandrie que « sa nature, c'est d'être malade, de se corrompre, d'une certaine manière de mourir[7] ». L'origine de l'épidémie doit donc être recherchée dans sa dégradation puisque « la peste n'est autre chose que la mort de l'air qui répand sa propre maladie pour la corruption de tout ce qui a une parcelle de vie ».

Une évolution importante apparaît avec Galien qui reprend, au IIe siècle de notre ère, les conceptions médicales d'Hippocrate tout en les présentant sous une forme marquée par les concepts aristotéliciens. Selon lui, la peste ne peut, en effet, se déclarer que si, à la putridité et au dérèglement de l'air, viennent s'ajouter ceux de l'organisme. L'étiologie de la peste est donc double. Et c'est dans la nécessité de cette seconde cause, la « disposition » d'un corps malsain, que consiste tout l'apport original de Galien. L'infection de l'atmosphère ambiante par les odeurs de cadavres ou de marais, ou encore par un excès de chaleur et d'humidité, ne fait qu'accélérer le processus de corruption organique. Mais seules les personnes « pléthoriques », qui présentent une surabondance de sang et d'humeurs, due à un mauvais régime de vie (usage immodéré des plaisirs érotiques et de la table, oisiveté ou surcroît d'activité, troubles de l'âme), seront contaminées par l'air nocif. En revanche, toutes celles qui mènent une existence bien ordonnée demeureront absolument indemnes. Avec Galien apparaît donc l'idée qu'il faut nécessairement la conjonction de deux putréfactions, de deux déséquilibres pour que la peste frappe : à un air qui « s'éloigne à l'excès de la norme naturelle » doit correspondre un corps qui n'est plus guidé par la tempérance, la « juste mesure »[8]. La notion de désordre est présente dans l'un et l'autre cas. Rien d'étonnant, dès lors, à ce que les causes de perturbations atmosphérique et organique aient pu être pensées par la suite de façon analogique.

L'étiologie humorale de Galien vient donc compléter celle, topique, d'Hippocrate. Néanmoins, pour expliquer ce qui s'est passé à Athènes, Galien est obligé de recourir à un principe qui ne figure pas dans le corpus hippocratique : celui du passage d'un air corrompu d'un lieu à un autre. D'Éthiopie étaient arrivés en Grèce des miasmes à l'odeur putride qui, chez ceux dont le corps était prêt à subir quelque dommage, devaient provoquer des fièvres.

Le Moyen Age et la Renaissance

Les causes attribuées à la peste resteront empreintes des représentations antiques et, en particulier, galénistes durant plusieurs siècles. Elles passeront dans la médecine scolastique par l'intermédiaire des auteurs médicaux arabes. Le Moyen Âge ne fera que les développer. Pressé par le roi Philippe VI de se prononcer sur l'origine de la grande « peste noire » qui décime la population européenne en 1348, le collège de la faculté de médecine de Paris rédige une consultation qui exercera une très grande influence dans toute l'Europe. « La corruption meurtrière de l'air [9] » est due essentiellement à une conjonction astrale néfaste. A cette occasion, d'abondantes vapeurs empestées et empoisonnées se sont élevées de la terre et des eaux, infectant la substance même de l'air. Cette atmosphère viciée pénètre alors par la respiration et souille les organismes prédisposés à la putridité par la pléthore, l'intempérance, les passions, facteurs déjà retenus dans l'Antiquité, mais aussi par les bains chauds qui détendent et humectent le corps.

Une correspondance directe est d'ailleurs établie dans l'imaginaire social entre la putréfaction du corps et celle de l'air. Déjà présente chez Philon d'Alexandrie, l'idée d'un pourrissement physique, organique, de l'air s'exprime au Moyen Âge avec une force toute particulière. On alla même jusqu'à imputer la peste de 1348 à une vapeur de feu horriblement puante qui aurait infecté le ciel de la Chine d'où tombèrent des « formillières de petits serpentaux et autres insectes venimeux [10] ».

Encore très influencée par les théories galénistes sur la peste, la Renaissance voit cependant se développer quelques tentatives de renouvellement. Alors que certains savants continuent à subir tout le poids de la tradition, d'autres explorent des voies nouvelles. Ainsi Paracelse accorde-t-il un rôle fondamental à l'imagination dans la genèse du fléau tandis que Ficin et Fracastor proposent également des explications originales mais toujours imprégnées d'éléments olfactifs.

Pour Marsile Ficin, auteur d'un ouvrage daté de 1477-1478, appelé à un grand retentissement, l'air continue d'engendrer le fléau. Mais, contrairement à ce qu'affirmait l'école galéniste, ce n'est plus dans le dérèglement de ses qualités qu'il en faut chercher la raison mais dans la production par l'air d'une « vapeur venimeuse [11] ». Tout en se démarquant, grâce à cette notion, de l'étiologie classique, Marsile Ficin ne parvient pas à s'en dégager totalement. Et il s'inspire de la *Consultation sur l'épidémie* pour rendre compte de son apparition : « mauvaises constellations du ciel » si la peste est universelle et, si elle reste locale, exhalaisons malsaines provenant de lieux « où l'air est grossier, puant et nébuleux et là où il y a force marécages ». En outre, il se conforme à la tradition en déclarant que cette vapeur n'infecte que les corps qui s'y prêtent en raison de leur propre putridité. De toutes les humeurs, c'est la plus chaude et la plus humide, le sang, qui est la plus menacée. C'est pourquoi les sanguins sont plus exposés que les colériques, les flegmatiques et les mélancoliques.

Bien plus encore que Marsile Ficin, Jérôme Fracastor renouvelle en 1546 les conceptions sur l'origine de la peste. Retenant, comme ses prédécesseurs, deux causes principales : la corruption de l'air et celle du corps, il s'en distingue radicalement par l'affirmation du caractère spécifique de cette corruption. Seule une immense putréfaction, capable de donner naissance à certains germes, est susceptible de produire des fièvres pestilentes. En indiquant que ces dernières peuvent se former primitivement dans l'organisme, indépendamment de l'influence de l'air, Fracastor érige les deux sources étiologiques déjà reconnues en causes distinctes et autonomes et non plus nécessairement complémentaires comme auparavant [12]. Le facteur étiologique externe est particulièrement menaçant pour les personnes dont les pores sont largement ouverts, le facteur interne pour celles qui les ont étroits et resserrés. De cette façon, il conteste également l'indispensable fonction de l'atmosphère viciée. La voie est ouverte à un courant, certes marginal, mais qui ne cessera d'en minimiser le rôle dans l'apparition de la peste. En dépit de tous ces bouleversements conceptuels, le fléau garde ses liens avec la puanteur. La fétidité « spéciale » et les déjections particulièrement nauséabondes des malades sont révélatrices de l'énorme putridité qui le génère.

Contrairement à Marsile Ficin et à Jérôme Fracastor qui s'efforcent de tenir un discours rationnel, Ambroise Paré, en 1562, confère à l'épidémie une cause occulte. La corruption de l'air et des humeurs recèle une morbidité inconnue qui en fait la force : « La putréfaction de la peste est bien différente de toutes autres putréfactions pour ce qu'il y a une malignité cachée et indicible, de laquelle on ne peut donner raison [13]. » Si tous les relents de charognes, étangs, marécages, poissonneries, écorcheries, tanneries, hôpitaux, cimetières, cloaques et sentines étaient pestifères, le fléau serait permanent. Seuls les effluves provenant d'une « corruption extraordinaire et du tout estrange » sont donc accusés. Cette puanteur est capable de détruire tout ce qui vit car « comme l'eau troublée et puante ne laisse vivre le poisson qui est dedans, aussi l'air maling et pestiféré ne laisse vivre les hommes mais altère les esprits et corrompt les humeurs, et finalement les fait mourir, et mesmement les bestes et plantes ». Des exemples étonnants viennent à l'appui de cette théorie : à Padoue, une forte exhalaison putride, échappée d'un puits qui avait été longtemps recouvert, produisit une peste « merveilleuse » qui fit beaucoup de victimes ; à Paris, faubourg Saint-Honoré, les odeurs particulièrement nauséabondes de fiente de pourceaux, étouffées auparavant sous la terre, furent fatales à cinq hommes jeunes et forts qui curaient une fosse ; au château de Pene, en 1562, pendant les guerres de religion, une « vapeur puante et cadavéreuse », montant d'un puits profond dans lequel avaient été jetés de nombreux corps, répandit la peste dans toute la région d'Agen.

Quant à la seconde cause de l'épidémie, la putréfaction des humeurs qui dispose à recevoir l'air pestilent, elle obéit à une mauvaise « œconomie de toute l'habitude du corps » traditionnellement évoquée. Les recommandations concernant le régime alimentaire sont d'ailleurs révélatrices d'une hygiène publique calamiteuse. Il faudra en effet s'abstenir de boire des « eaux bourbeuses et marescageuses, dans lesquelles se dégorgent les esgouts puants » ou qui charrient des ordures et des excréments de pestiférés. En outre, une insistance nouvelle est mise sur les dangers de putridité interne que font encourir les bains en ouvrant les pores au mauvais air. Paré va même jusqu'à demander aux magistrats la fermeture des étuves.

Polémique sur le rôle de l'air

C'est encore à la putréfaction atmosphérique et humorale que la plupart des médecins attribuent au xviie siècle l'origine de la maladie. Élément pur et homogène, observe Du Françoys en 1631, l'air pourrit sous l'influence de mauvaises exhalaisons venues de la terre et devient un « mixte » destructeur. De la corruption des humeurs s'élèvent alors des vapeurs qui pénètrent par les artères et se mêlent aux esprits vitaux, allumant fièvres malignes et pestilentielles [14]. Le capucin Maurice de Toulon partage cette opinion et accuse, en 1662, « certains atomes et corpuscules qu'Hippocrate appelle souilleures morbifiques[15] » de s'unir à l'air et de s'insinuer dans le cœur.

Néanmoins, certains médecins cherchent à se libérer des théories aéristes. En 1668, Rainssant, par exemple, témoigne de cet effort en déclarant que la peste qui frappe Soissons et sa région n'est pas due à une infection de l'air. Et il remarque qu'aucun des signes qui révèlent habituellement sa corruption, comme le dérèglement des saisons, les tempêtes, les tremblements de terre, n'a pu être observé en la circonstance[16]. En 1685, Thomas Sydenham, l' « Hippocrate anglais », actualise l'étiologie traditionnelle. Tout en maintenant l'importance de la « constitution de l'air[17] » dans la formation de la maladie, il s'en démarque de façon très nette. Nul doute, selon lui, qu'il y ait dans l'atmosphère une « certaine température ou disposition » dont on ignore la nature, qui, « en divers temps, produit différentes maladies[18] ». Ainsi la peste qui a décimé la population londonienne durant l'année 1665-1666 est-elle apparue à la suite d'un hiver très froid et a-t-elle pris toute sa force vers l'équinoxe d'automne. Mais la constitution morbifique de l'atmosphère, conçue comme une cause générale, ne saurait, à elle seule, générer la peste. Elle ne peut qu'en favoriser l'apparition. Établissant un amalgame, promis à un bel avenir, entre origine et mode de propagation de la peste, Sydenham suppose l'existence d'une seconde cause « particulière » et qui réside dans la communication d'un « miasme », d'un « virus », venu d'un lieu infecté.

Au XVIIIe siècle, l'étiologie de la peste divise le corps médical. Le rôle joué par l'air corrompu dans la genèse du fléau tient une place centrale dans ce débat de doctrines où partisans et adversaires de la contagion, toutes tendances confondues, se trouvent profondément engagés. La polémique éclate lors de la peste de

Marseille en 1720 et se poursuit tout au long du siècle sans que les découvertes de la chimie pneumatique parviennent à y mettre fin.

Envoyée à Marseille sur l'ordre du Régent, la « délégation » dirigée par François Chicoyneau, chancelier de l'université de Montpellier et gendre de Chirac, médecin de Philippe d'Orléans, décèle une simple fièvre épidémique non contagieuse. Ce diagnostic a la faveur des autorités peu enclines aux mesures coercitives et qui redoutent la panique et les débordements populaires. Tout en affirmant que l'origine de la maladie qui règne à Marseille ne diffère en rien de celle des épidémies ordinaires, Chicoyneau est embarrassé. Incapable de déterminer la nature de la « cause commune », « primitive[19] », qui est à l'origine de cette peste, il préfère s'étendre sur ce qui en favorise l'action : mauvaise nourriture et, surtout, crainte et terreur.

« Ces observations que j'ai l'honneur, Monsieur, de vous exposer aussi exactement que l'étendue d'une lettre peut me le permettre, nous ont donné lieu de croire que les premiers faits qu'on allègue pour établir la Contagion dans la naissance de la Peste, ne sont ny certains ny décisifs, et que le peuple ne donne si aisément dans cette opinion et n'en paroît si prévenu que parce qu'il a de la peine à comprendre qu'un mal qui tue si subitement et fait périr un si grand nombre de personnes, surtout de celles qui approchent ou qui servent les malades, et qui enfin détruit des familles entières, ne soit pas contagieux. Mais cette véhémence, ce nombre, cette proximité et ce service, ne prouvent pas plus évidemment l'existence de la Contagion que celle d'une cause commune répandue dans les lieux où la Peste se déclare et qui produit ou peut produire ses effets indépendamment de la communication... Suivant ce Système qui est le même que celui qu'on admet pour expliquer la naissance et le progrès des maladies épidémiques, telles que sont les fièvres malignes et la petite vérole, on rend aisément raison de tous les faits qui arrivent en tems de Peste, au lieu que dans le Système de la Contagion on ne sçauroit expliquer pourquoi est-ce que la Peste ne se multiplie pas à l'infini, et ne se perpétue point[20]. »

Jeune médecin et manquant encore d'expérience, Jean Fournier, qui faisait partie de cette commission, n'était pas en mesure de s'élever contre des raisonnements qu'il jugeait spécieux. Plus tard, il dénoncera l'asservissement de ses confrères au « canal des grâces et des récompenses » dont disposait Chirac. « La postérité aura peine à croire, s'écriera-t-il, que trois médecins parmi les quatre envoyés de Montpellier, se soient obstinés à publier dans leurs écrits, que le dérangement des saisons, la disette, la terreur, ont été l'unique source de la peste de Marseille, tandis que ces différentes causes ont été démenties par le cri général et le témoignage universel de cette ville, de toute cette contrée[21]... »

Si, dès 1720, les contagionnistes rejettent unanimement une étiologie qui nie la transmission du fléau, ils ne parviennent pas, pour autant, à se mettre d'accord, en particulier sur le rôle de l'air dans la formation du mal. La critique la plus violente est développée par le médecin marseillais Jean-Baptiste Bertrand. Observateur attentif de la terrible maladie qui décime sa ville, il dénonce les manœuvres qui tendent à la faire passer pour une banale épidémie. En démontrant que le mal ne vient ni de l'air, ni des aliments, on exclut radicalement, selon lui, toute l'éventualité d'une origine épidémique non contagieuse. Son argumentation en faveur d'un venin contagieux apporté du Levant dans la cargaison du *Grand-Saint-Antoine* et dont il ne détermine toutefois ni les causes premières ni la nature, repose essentiellement sur le rejet des thèses aéristes. Il n'y a point dans Marseille et dans ses environs de marécage, de mine de métal, de charnier ni d'embrasement souterrain, susceptibles de produire de pernicieuses exhalaisons. Pas de mauvaises odeurs dans le port, pas d'immondices sur la voie publique, l'eau des fontaines qui se répand dans toute la ville lave les rues et les places. L'air de Marseille est des plus sains : parfumé par le thym, le romarin et les nombreuses plantes aromatiques qui poussent sur les collines, sa pureté le met au-dessus de tout soupçon. « A quoi donc attribuer cette infection de l'air et l'étrange maladie dont on veut le rendre coupable [22] ? » s'exclame-t-il. A des miasmes en provenance de pays lointains, transportés par quelque vent funeste ? Mais il faudrait auparavant prouver qu'ils ne sont pas dispersés au cours d'un si long trajet. Cette prétendue corruption atmosphérique ne saurait encore moins être rapportée à une quelconque constitution épidémique ou au sinistre passage d'une comète ou d'un météore.

Le Lyonnais Jean-Baptiste Goiffon estime, lui aussi, qu'à la différence des simples fièvres malignes, nées d'un air gâté par des effluves nauséabonds, la maladie épidémique et contagieuse qui règne à Marseille ne provient pas de la mauvaise « constitution [23] » de ce fluide. Toutefois, sans qu'aucune altération intervienne dans sa substance, il peut se charger d'une matière « animée » pestifère. L'originalité de la position de Goiffon se traduit également par le rejet de l'étiologie humorale. Le mal n'épargne personne et « ne dépend pas, comme les autres, d'un appareil de maladie, qui se forme dans nous [24] ».

Une étiologie exotique

Cependant, de nombreux contagionnistes sont loin de partager des vues aussi hardies. Si tous ne se contentent pas, comme le médecin du roi de Prusse, Manget, de recueillir « chez les meilleurs auteurs anciens et modernes [25] » un mélange hétéroclite de théories, certains d'entre eux, et non des moins influents, n'hésitent pas à recourir à l'étiologie aériste et humorale traditionnelle en la cantonnant, il est vrai, dans des zones géographiques bien déterminées.

Sous le ciel tempéré dont on jouit en Europe, il n'existe aucun genre de putréfaction susceptible d'acquérir l'efficacité requise pour donner naissance à la peste, déclare, en 1720, Richard Mead. Pour en « finir avec l'article de l'Air, il est certain que, dans nos climats septentrionaux, il ne peut jamais être vicié au point de produire, par lui-même, la peste [26] ». L'apparition du mal nécessite des « combinatoires » atmosphériques propres aux pays chauds. Il vient donc d'Afrique, l'Éthiopie et l'Égypte en étant, d'ailleurs, les « pépinières [27] » les plus fameuses. La corruption qui sévit dans ces deux régions bénéficie de l'intempérie des saisons. En Éthiopie, le climat torride et l'extrême humidité, due à quatre mois de pluies continuelles, s'allient à la décomposition d'une quantité monstrueuse de cadavres de sauterelles pour lui donner naissance. Au Caire, les ardeurs du soleil et le « silence des vents » renforcent la pourriture et la saleté qui alimentent la maladie.

Si, depuis longtemps déjà, la peste était conçue comme une maladie de la crasse et de la misère, l'exportation de ces facteurs morbifiques fait figure, par contre, de nouveauté. Le tableau que Mead brosse du

Caire cherche à convaincre. La ville, très peuplée, est parcourue par un grand canal qui reçoit ses eaux des débordements du Nil et où les habitants, miséreux et sales, jettent toutes sortes d'ordures. Il en « résulte un limon d'une puanteur extraordinaire et très nuisible à la santé [28] ». Plus avisés que leurs descendants, les Égyptiens de l'époque pharaonique avaient parfaitement compris les dangers mortels que recelait la matière putrescible. C'est pourquoi ils rendaient un culte à l'oiseau Ibis qui les débarrassait tant des serpents venimeux que des odeurs repoussantes exhalées par ces reptiles après leur mort.

C'est sous des climats torrides où l'air est naturellement détraqué que Philippe Hecquet localise également le berceau spécifique du fléau. Selon le doyen de la faculté de Paris, il surgit de régions où des feux souterrains exhalent des « corpuscules ignez [29] » qui modifient dangereusement les vibrations de l'air. Lorsque cette atmosphère viciée parvient à se mêler à celle de pays tempérés, elle lui communique une « élasticité étrangère » très nocive. C'est ce qui s'est passé à Marseille. Renfermé dans des ballots de marchandises en provenance de pays chauds, cet air altéré a causé en se déployant les plus grands ravages. Cette explication doit être mise en relation avec la théorie corpusculaire de l'Anglais Robert Boyle qui, en 1692, distinguait dans la composition de l'atmosphère trois sortes de particules dont les plus essentielles, constitutives de « l'air éternel [30] », étaient caractérisées par leur élasticité permanente.

« Quelle a pu être la cause de cette fièvre meurtrière, dans un temps où il n'y avait aucun dérangement de la température de l'air, aucun vice dans les aliments, aucune disette [31] ? » s'interroge Astruc. La réponse à cette question ne se trouve pas en Provence. Si toutes les épidémies naissent en Europe, l'origine des fièvres pestilentielles doit être cherchée sous d'autres latitudes. Néanmoins leurs causes sont les mêmes : il n'y a entre elles qu'une différence de degré. C'est parce qu'en Éthiopie, en Arabie, en Perse, aux Indes, en Chine, l'air corrompu comporte davantage d'exhalaisons composées de particules plus grossières et plus massives, que sa nocivité s'accroît.

A cette première cause « naturelle » s'en ajoute une autre, « naturelle » elle aussi : le sang chaud et vicié des autochtones. Non contents d'utiliser déjà des produits alimentaires qui, par leur exposition à une chaleur excessive, présentent un degré de coction délétère, ils en renforcent encore les effets néfastes par des mœurs alimentaires déréglées oscillant entre le « trop cuit » et le « trop cru » et qui entraînent des fermentations très violentes. Se référant à diverses relations de voyages, Astruc passe en revue ces mets pernicieux. Le « pilau », sorte de ragoût très gras, fort prisé des Orientaux, échauffe beaucoup. Le « magion » et le « muscavi », breuvages turcs, contiennent des drogues très excitantes. Le « beng » et le « tchorié », boissons apéritives et aphrodisiaques, dans la composition desquelles entrent des aromates comme le clou de girofle et le macis, mettent les Perses et les Indiens en fureur. Le « bétel », dont on fait une grande consommation aux Indes et auquel on ajoute un peu de chaux pour en corriger l'amertume, non seulement échauffe, mais gâte les dents. Le « hing », condiment indien très fort, servant à relever tous les plats, enflamme le sang. Le « harissé », mixture infâme faite avec quelque bête morte que l'on fait cuire jusqu'à ce qu'elle se réduise en bouillie, se vend en Perse aux pauvres travailleurs qui en sont particulièrement friands. Le poisson salé, nourriture de base dans le golfe Persique, sale le sang.

Les sorbets, dont les Orientaux raffolent, se transforment « facilement en pourriture dans l'estomac[32] ». Les concombres : le petit peuple asiatique les mange crus sans même les peler. Les melons : les Perses en consomment une quantité incroyable, jusqu'à 36 livres par jour ! Les tripes crues : les Africains se contentent seulement « d'en exprimer légèrement l'ordure ». L'éléphant cru, très apprécié en Afrique, provoque certainement de grandes corruptions puisque à sa mort, sa peau devient de la glu. Le bœuf cru se sert, en Éthiopie, à la table de l'empereur, arrosé du fiel de l'animal et saupoudré de poivre et d'épices. Chauves-souris, rats, lézards, fourmis blanches : les Indiens ne boudent pas ces nourritures répugnantes. Comment ne pas comprendre, dès lors, que les aborigènes de ces contrées lointaines aient le sang plus chaud (leur « lubricité extraordinaire » en est la preuve) et plus souillé que les Européens. Nul doute, par conséquent, qu'ils n'offrent à l'air pestilent un « terrain » exceptionnel. Les femmes cafres ont même le sang si chaud que si, par aventure, un Européen marche sur un filet d'urine qu'elles ont répandu « quand elles ont leurs mois », il risque de contracter la peste !

Découverte de la dégradation de l'air par la respiration

Le débat sur le rôle morbifique de l'air est encore alimenté par les découvertes des chimistes. Hales, Black et Priestley, après Boyle, attirent l'attention sur la dégradation résultant de la fonction respiratoire[33]. L'inquiétude toujours vive suscitée par l'excrément, le marais, le cadavre, se double désormais de celle qu'éveillent la transpiration et, surtout, la respiration. Les exhalaisons animales dépouillent l'air des qualités qui le rendent respirable. En 1743, Hales, reprenant la thèse du docteur Hoadley, expose : « Plus nous respirons un même air, plus aussi cet air sera, non seulement chargé de vapeurs qui en affaibliront le ressort, ainsi que l'expérience nous l'apprend ; mais plus encore il s'échauffera et approchera du degré de température de l'air intérieur des poumons, et plus il perdra par conséquent de ses propriétés, je veux dire le froid et l'élasticité[34]. » Obligés à de fréquentes et profondes inspirations pour pallier ce défaut par une plus grande quantité d'air, les poumons s'affaissent. « Un essoufflement et une fatigue des muscles de la poitrine qui ne sont point accoutumés à cet effort[35] » interviennent de surcroît. Systématisant les expériences de ses prédécesseurs, Lavoisier modifie profondément la vision des échanges respiratoires. En effet, s'ils ne détruisent pas l'élasticité ou le ressort de l'air, ils altèrent « l'air vital[36] » qui en est la seule partie respirable.

Mais la compréhension scientifique d'un phénomène ne détruit pas le fantasme, elle le nourrit même parfois. Selon Rouland, « la qualité nuisible de l'air respiré étant bien avérée, il est facile d'expliquer pourquoi le souffle des baleines, ainsi que celui d'un serpent énorme qui habite les bords de la rivière des Amazones, sont mortels pour les autres animaux qui en sont atteints. L'on conçoit que l'air respiré par ces très grands animaux doit être en quantité suffisante pour en envelopper de plus petits, les priver d'un air plus pur et produire son effet funeste. Si l'on objectait, après les expériences faites sur l'homme, que l'air qui a servi à une seule inspiration n'est point assez vicié pour détruire la vie, ne pourrait-on pas répondre que l'air, dans ces animaux gigantesques, étant exposé à une beaucoup plus grande surface du poumon, et peut-être pendant un temps plus long que dans l'homme, doit probablement souffrir un degré d'altération plus considérable et être plus complètement phlogistiqué[37] ». C'est encore le modèle respiratoire qui permet à Cadet de Vaux d'élucider l'action néfaste de certaines enceintes. A l'instar des êtres vivants, les murs respirent. Là où les hommes, malades ou sains, se réunissent, ils s'imprègnent d'exhalaisons infectes qu'ils restituent ensuite : « il y a vraiment aspiration et expiration[38] » et le phénomène persiste avec le temps. Ainsi, lorsque le donjon de Vincennes cessa d'être une prison d'État, un grand nombre de visiteurs qui y avaient séjourné « retrouvèrent la même odeur qui les avait frappés en y entrant pour la première fois ; cependant portes et fenêtres en étaient enlevées et l'élévation du donjon l'exposait à la libre action de l'air ».

La démonstration que le fluide atmosphérique n'est pas une substance élémentaire homogène mais un mélange de gaz composé d'une partie respirable et d'une autre méphitique[39] apportait dans la chimie une révolution qui, indirectement, aurait dû ébranler aussi les représentations étiologiques anciennes. Si seule la respiration, identifiée à une combustion, peut altérer l'air vital en milieu confiné, que penser en effet de la prétendue putréfaction du fluide aérien par le dérèglement des qualités de l'atmosphère ou les exhalaisons fétides des marais et des cadavres ? Or, loin de provoquer une remise en cause radicale de toutes ces théories, les travaux des chimistes ne font qu'ajouter aux peurs séculaires des angoisses nouvelles.

L'*Essai sur l'action de l'air dans les maladies contagieuses* de Ménuret de Chambaud, ouvrage couronné en 1781 par la Société royale de médecine, se fait l'écho de la confrontation des idées anciennes relatives aux épidémies et de la chimie moderne. Les efforts infructueux de certains savants pour traquer le miasme conduisent nombre d'entre eux à conclure en faveur de l' « inaltérabilité de l'air » : « Bien des chymistes qui ont assujetti l'air à des analyses aussi exactes que subtiles, ont prétendu que cet élément était inaltérable, qu'on avoit jamais pu retirer autre chose que l'air même[40]. » Malgré de multiples expérimentations, il n'a jamais été possible, déplore-t-il, d'y découvrir ces miasmes dont physiciens et praticiens avaient supposé l'existence. Pour sauver l'aérisme, Ménuret n'hésite pas à exhorter ses confrères à mépriser le « secours foible et incertain des expériences[41] » et à s'en rapporter aux faits consignés dans les écrits des observateurs! Lui-même donne immédiatement l'exemple, emboîtant le pas à Hippocrate. C'est avec raison que le père de la médecine a considéré l'air comme « le véritable auteur, l'unique propagateur » des maladies épidémiques et contagieuses. Ce fluide absorbe comme une « éponge » les molécules étrangères émanées d'exhalaisons meurtrières. Il se forme même, dans certaines parties de l'atmosphère, de véritables « magasins » de ces matières morbifiques destinées à la reproduction. Et, en plein siècle des Lumières, Ménuret de Chambaud ose même affirmer que le fléau est précédé de météores ignés très fétides.

Dans un autre ouvrage plus tardif, où il loue à nouveau la justesse de vues du « divin vieillard[42] », son « modèle » et son « guide », il tente, cette fois-ci, d'adapter la théorie miasmatique aux révélations des chimistes. Sans s'unir chimiquement à l'air, les matières qui s'exhalent des corps y demeurent mêlées plus ou moins longtemps, par « simple confusion ». Considérée autrefois comme l' « excipient » des miasmes végétaux et animaux, l'atmosphère apparaît aujourd'hui comme leur réceptacle. Hippocrate et Lavoisier ne sont pas inconciliables : la respiration, en altérant l'air vital, accroît la partie méphitique de l'atmosphère et ce processus est renforcé par toutes sortes d'émanations fétides. Ces arrangements habiles lui permettent de maintenir l'idée-force qu'il posait en 1781 : l'altération de l'air est le « principe essentiel de la peste [43] ».

Pourtant tenus par un contagionniste, ces propos suscitent un tollé chez d'autres partisans de la contagion qui condamnent l'amalgame : si l'air vicié peut entraîner certaines épidémies très contagieuses, il ne saurait en aucun cas produire la peste. « Qu'il se corrompe, à la bonne heure, j'en conviendrai volontiers, mais que cette corruption engendre la peste, c'est ce qui paraît, au premier coup d'œil, contre toute vérité [44] », proteste, en 1783, le médecin russe Samoïlowitz. La puanteur ne provoque que des fièvres de marais, de prisons, d'hôpitaux. Quant aux vieilles superstitions relatives aux phénomènes célestes, les malignes influences des astres et des comètes, elles relèvent d'un « délire astrologique ». Comment croire aujourd'hui Forestus qui vit le miasme pestilentiel formé du feu et des étoiles tomber sur les maisons ? Comment ajouter foi aux assertions de Schreiber, selon lesquelles, fuyant l'air corrompu, les oiseaux ne volent plus dans les régions pestiférées ? Dans son indignation, Samoïlowitz exclut radicalement ce fluide de la genèse de la peste : pas plus en Éthiopie qu'en Égypte, il n'est responsable du fléau. Il n'est même pas capable d'en accroître ou diminuer la force.

C'est une position au départ identique que défend, en 1784, Charles Mertens. Prétendre que l'atmosphère puisse engendrer la peste est une « doctrine qui se ressent des ténèbres du Moyen Âge [45] ». Il soutient qu'à Moscou, au plus fort de la peste, l'air était parfaitement sain. Mais le médecin français récuse l'affirmation de son confrère russe selon laquelle l'air ne participe aucunement à l'apparition de l'épidémie. Comme l'avait bien vu Sydenham, son rôle, limité mais réel, se borne à augmenter ou émousser la violence du miasme contagieux en fonction des différences de température et à préparer le corps à le recevoir.

Les concentrations humaines, foyers d'infection

Dans cette cacophonie d'opinions, Jean-Noël Hallé, membre de la Société royale de médecine, s'efforce, en 1785, de faire entendre un son nouveau. A propos de la « mitte » et du « plomb », maladies qui frappent les vidangeurs, il dénonce la confusion établie entre puanteur et nocivité. « Les fosses les plus infectes ne sont pas les plus dangereuses[46] », déclare-t-il, péremptoire. Toujours est-il que, ni cette distinction pénétrante, ni les découvertes sur la nature de l'air, ne parviendront à saper les représentations étiologiques traditionnelles. Certains rapports de l'Académie des sciences et de la Société royale de médecine, auxquels participera Lavoisier lui-même, attestent de leur maintien. Les espaces de concentration humaine : prisons, hôpitaux, casernes, navires, salles de spectacles qui, depuis près de quarante ans, « focalisent l'attention des hygiénistes[47] », sont sous la double menace de l'air expiré et des exhalaisons fétides.

Les prisons, où croupissent dans la fange des hommes mal tenus, fomentent quantité de maladies contagieuses qui déciment les villages, les villes et les armées et vont porter la désolation jusque dans les colonies. Puanteur des latrines, sols imbibés de crachats, d'urine et d'excréments, entassement, aération et hygiène défectueuses, vêtements imprégnés d'effluves putrides, concourent à rendre les geôles royales dangereuses pour l'humanité. Neutraliser l'infection devient impératif. Propositions de pavage, de fenêtres « en espagnolettes » permettant le renouvellement de l'air, de tuyaux en grès favorisant son ascension, de vêtements de toile bleue faisant écran aux miasmes, de lits individuels ou, du moins, à deux places, de désinfection et de bains, reflètent inquiétudes séculaires et modernes. Si la circulation de l'air et le désentassement deviennent des soucis majeurs, l'odeur excrémentielle n'a rien perdu de son pouvoir anxiogène. Un extraordinaire projet de sièges d'aisances en est la preuve. Pour éviter les émanations des matières fécales qui s'attachent habituellement aux parois des tuyaux d'évacuation et permettre leur chute directe, il faut que les cuvettes « forment des portions de cônes tronqués dont la base sera en bas... Ces ouvertures pourraient être faites en fonte de fer, mais elles doivent être assez épaisses et assez fortes pour ne pouvoir être brisées par les efforts des prisonniers[48] ».

Autre lieu clos, l'hôpital préoccupe les hygiénistes. L'Hôtel-Dieu, en particulier, soulève leur indignation. L'insalubrité effrayante qui y règne lui vaut le triste privilège de connaître le taux de mortalité le plus élevé d'Europe. Les ravages exercés par la puanteur sont décrits de façon saisissante. L'établissement tout entier n'est qu'un vaste cloaque : salles encombrées, lits souillés où sont empilés les malades, latrines trop petites et « salies dès l'entrée », planchers entachés du sang et du pus des blessés, odeurs repoussantes émanant de la salle d'opération et de la morgue, escaliers fétides, sans ouvertures, où s'élève un air vicié qu' « on ne respire qu'avec peine et avec dégoût », miasmes morbifiques exhalés par les corps et les matelas, vapeurs chaudes et nauséabondes, « sensibles à l'œil et que l'on peut diviser et écarter avec la main », s'échappant des draps des accouchées et qui passent dans la salle des femmes enceintes, relents meurtriers qui emportent les parturientes. « L'air qui circule à l'Hôtel-Dieu, d'une extrémité des salles à l'autre et du rez-de-chaussée au troisième ou au quatrième étage, n'est qu'une grande masse d'air corrompu [49]. » Les vices de construction des bâtiments et le nombre insuffisant de fenêtres, souvent assombries par le linge humide et mal lavé qui sèche, rendent l'aération difficile. L'air altéré doit faire de nombreux détours avant de trouver une issue. Celui du dehors a également un long chemin à faire : il ne parvient dans certaines salles qu'alourdi de la corruption de toutes les autres. Dès lors, comment l' « air vital », qui représente le quart de la masse entière de ce fluide, peut-il se renouveler pour entretenir la vie ? Foyer d'émanations immondes, d'où sortent des convois de cadavres, de paille et de plume infectes, placé en plein centre de Paris, l'Hôtel-Dieu est un lieu de perdition pour les nécessiteux qu'il accueille et un péril pour la population.

Ventilateurs et appareils divers sont chargés de neutraliser tous ces réservoirs d'infection. En 1796, Garros vante les mérites d'une « machine étonnante et extrêmement avantageuse », capable de rafraîchir ou de réchauffer l'air à volonté, de le purifier et de le charger de « principes salubres et végétatifs ». Mais il déplore qu'un « emportement de l'extravagance » ait détruit en même temps que le « pyroréfrigérent » la possibilité d'assainir vaisseaux, hôpitaux, salles de spectacles et « autres lieux publics que le méphitisme rend morbifiques et mortifères [50] », ainsi que l'espoir de conserver et rétablir la santé.

Paroxysme de l'entassement et de la corruption, la ville angoisse. Les gens qui ont la poitrine faible et délicate ne peuvent supporter les émanations fuligineuses de ses feux de charbon et de ses immondices. Même les plus robustes ressentent d'ailleurs immédiatement les bienfaits du bon air de la campagne et sont pris « d'une certaine hilarité qui leur vient d'une respiration plus aisée [51] », note Hales en 1735. La concentration de milliers d'êtres humains qui respirent et transpirent est extrêmement préjudiciable à la salubrité atmosphérique. Langrish tente de quantifier cette altération [52]. Les mises en garde se font pressantes. Pingeron exhorte les citadins à s'oxygéner : « Quittez l'air stupéfiant des villes, venez faire prendre à votre cerveau une dose salutaire d'air de la campagne ; cessez de vivre comme des automates ; que l'univers sache que vous avez une âme, quoique souvent peu élevée. Si vous respirez constamment l'air de la ville, vous devriez vous faire ramoner le gosier aussi souvent que vos cheminées. Le poisson qui vit dans l'eau bourbeuse a le goût de la vase ; il en est de même de ceux qui ne respirent que la fumée du charbon de terre, et les émanations de l'encens offert à la déesse Cloacine, dont les nombreux autels fument sans cesse. Ceux-ci doivent avoir leur cerveau et leurs poumons imprégnés de pareilles vapeurs [53]... » Baumes constate que les enfants des grandes cités, qui habitent des logements étroits dans des rues resserrées et travaillent dans des manufactures, présentent un contraste frappant avec ceux élevés à la campagne dans des lieux ouverts [54]. Mais l'air le plus pur de tous, célébré par Pott en 1782, est, sans conteste, celui de la montagne. Plus on s'élève, meilleur il est. L'altitude fait de la Suisse le pays le plus sain d'Europe et préserve à jamais Quito d'infections pestilentielles. Tous les montagnards, qu'ils soient suisses, écossais, biscaïens, vivent plus longtemps et éprouvent dans la plaine de l'oppression, des troubles circulatoires, « une mélancolie tourmentante qui produit cette tristesse, cette humeur hypocondriaque et ce grand désir de retourner dans le pays natal, connus sous le nom... de maladie du pays[55] ».

De ces bienfaits, Fourcroy fournit l'explication suivante : une atmosphère plus riche en air vital confère « plus de chaleur dans toute l'économie animale, remonte le ton de la fibre, ajoute à l'activité stimulante des liquides, dilate les canaux, fond les humeurs épaisses, et concourt efficacement... à détruire les embarras, dissiper les obstructions, résoudre les tumeurs commençantes et rendre à tous les mouvements la liberté et la facilité qui seules rétablissent l'ordre dans les fonctions du corps humain[56] ». Mais attention, si l'air vital constitue une « puissance médicamenteuse » pouvant avoir de bons effets dans la chlorose des jeunes filles, les affections scrofuleuses, les empâtements du bas-ventre, l'asthme, le rachitisme, l'hypocondrie, les dyspnées opiniâtres, il est dangereux dans la phtisie parce qu'il « porte l'incendie dans les vaisseaux pulmonaires ». La physique donne désormais un fondement scientifique aux intuitions du praticien qui prescrivait aux « pulmoniques » l'air salutaire des écuries et des étables à vaches et leur interdisait celui, trop vif, de la montagne. « Il est aisé de voir que ces notions de l'expérience clinique sont d'accord avec les connaissances physiques les plus exactes, puisque l'air vital, étant nuisible aux phtisiques par la chaleur qu'il porte dans leurs poumons, est en effet plus abondant et plus isolé sur les hauteurs, tandis qu'il l'est moins dans l'atmosphère ordinaire, au milieu des écuries et des étables dont l'air est sans cesse exposé aux vapeurs du corps des animaux et soumis à leur respiration. » L'idée que le médecin ne saurait, dorénavant, se passer du chimiste est affirmée avec force. Il est tributaire, selon Baumes, du génie de Lavoisier : « Le choix des différentes espèces d'airs, comme ceux des montagnes, des plaines, des étables; l'usage médical de quelques fluides gazeux tels que le gaz carbonique, le gaz azote, le gaz oxygène; les moyens de désinfecter les lieux suspects en mettant en état de gaz l'acide muriatique, en décomposant le sel commun par l'acide muriatique concentré, sont encore d'heureux résultats des connaissances chimiques appliquées à la matière médicale, qui a dû perdre de plus en plus de son luxe, de sa redondance [57]. »

Ces nouvelles préoccupations ne sauraient pour autant détourner l'attention des autorités scientifiques des foyers d'infection les plus traditionnels. Chargée en 1789 par l'Académie des sciences d'examiner les dangers que font encourir aux Parisiens les « tueries » qui subsistent encore au centre de la capitale, la commission à laquelle participe Lavoisier demeure tout d'abord prudente : l'infection qui se dégage des quartiers où elles sont installées n'a pu encore faire l'objet d' « expériences directes » et de « recherches suivies » établissant sa nocivité. Mais si la physique actuelle n'apporte aucune connaissance positive sur les effets des émanations putrides, « l'expérience de toutes les nations et de tous les siècles » permet de « conclure que les lieux où l'on tue des animaux pour la boucherie, où l'on fait sécher leurs peaux, où l'on fait fondre leurs suifs, où l'on garde leur fumier mêlé de sang et de chair, doivent être malsains, et que l'influence de ces exhalaisons corrompt l'air [58] ». Il suffit d'ailleurs, pour s'en convaincre, de rappeler le teint blafard des femmes qui habitaient en bordure du cimetière des Innocents, les fièvres qui s'élèvent des marais et des champs de bataille, la peste qui renaît chaque année à Constantinople des immondices et des animaux morts, dans la chaleur humide du printemps.

En 1790, Vicq d'Azyr, secrétaire perpétuel de la Société royale de médecine, approuve sans réserve le projet d'un certain Boncerf, relatif au dessèchement des marais. Leurs exhalaisons occasionnent des fléaux meurtriers ainsi qu'une certaine peste connue sous le nom de « febris hungarica, pestis delphica[59] ». Région d'eaux stagnantes, le Languedoc connaît une forte mortalité. La Franche-Comté en revanche, pays de montagnes où ne se font pas sentir ces funestes influences, possède une population nombreuse qui procure à l'armée trente mille hommes et fournit à l'Église nombre de religieux et de religieuses.

En fait, ni l'échec de l'eudiomètre conçu pour traquer le miasme et mesurer la salubrité de l'air, ni les révélations de la chimie pneumatique, ne parviennent à affaiblir les anciennes croyances relatives aux « constitutions » de l'air et à sa viciation par toute sorte d'exhalaisons. Si les nouvelles connaissances concernant l'air interdisent désormais de le considérer comme une substance élémentaire capable de « pourrir » quand un dérèglement dans ses « qualités » intervient ou que des relents putrides le souillent, elles permettent encore de voir dans ce mélange gazeux le réceptacle et le véhicule d'émanations malfaisantes, susceptibles d'engendrer et de propager les épidémies[60]. Auteur d'expériences pourtant décisives sur les altérations de l'air confiné par la respiration, Lavoisier lui-même s'appuie sur les conceptions traditionnelles pour expliquer l'origine de la peste à Constantinople.

Le conflit qui divise le milieu médical européen depuis 1720 atteint son paroxysme en 1846. Chargée par le ministère de l'Agriculture et du Commerce d'examiner les questions relatives à la peste et aux quarantaines, la commission de l'Académie royale de médecine élabore un volumineux rapport de plus de mille pages. De cette confusion d'opinions émergent deux conceptions particulièrement révélatrices des tendances étiologiques qui s'affrontent : celle du rapporteur Prus et celle de Pariset, membre de la commission, mais en désaccord avec ses conclusions.

Pour Prus et sa commission, ralliée aux thèses non contagionnistes, l'origine de la peste doit être rapportée, non à des germes imaginaires, mais à un ensemble de causes : insalubrité locale, constitution de l'air, misère physique et morale. L'Égypte, la Syrie, la Turquie, arrivent en tête des pays producteurs du fléau. Mais, contrairement à ce que l'on croyait au XVIIIe siècle, le mal que ces contrées engendrent n'est pas l'œuvre de la nature mais celle de l'homme. Conséquence de l'ignorance et de l'incurie gouvernementale, le villageois égyptien mène une existence infra-humaine, proche de l'animalité. Sa tanière, construite avec de la boue et des ossements d'animaux, est basse, obscure, humide. L'entrée en est si étroite qu'il n'y peut pénétrer qu'en rampant. Dans ces huttes misérables où l'air ne circule pas, hommes, femmes et enfants couchent sur une natte de joncs pourrie déposée à même la terre. Comme s'il cherchait à rassembler toutes les causes de destruction, le « fellah » entoure sa masure d'un monceau d'ordures et de décombres. Enfoncé de la sorte dans l'immondice et la pourriture, il semble « défier une ventilation qui assainirait la localité où il a fixé sa demeure ». La nourriture qu'il absorbe lui est aussi néfaste que l'eau croupie qu'il boit et l'air qu'il respire. Le pain qu'il consomme, imparfaitement cuit sous la cendre, n'a pas le degré de coction suffisant pour en faire un aliment véritablement humain. La viande que son maître lui concède provient d'animaux malades. Son ordinaire consiste en vieux fromage où grouillent des milliers de petits vers et en poisson pourri. Son combustible même, mélange d'excréments humains et animaux, vient encore renforcer cette image d'un homme saprophage, proche du déchet et du cadavre. A la puanteur excrémentielle de son habitat, s'ajoute celle des « tombeaux toujours ouverts et qui laissent exhaler une odeur cadavéreuse que les Européens supportent avec peine[61] ». Comment des conditions d'existence aussi extraordinairement malsaines pourraient-elles ne pas donner naissance aux maladies les plus cruelles ?

Faute de la bonne police sanitaire dont bénéficiait l'Égypte ancienne, le sort du citadin n'est pas plus enviable. Au Caire, les rues étroites, ténébreuses et irrégulières, ne sont pas pavées. Elles longent des constructions parfois belles mais sans symétrie, côtoyant des ruines où stagne la pourriture et courent les chiens errants. Un canal immonde où se déversent les égouts traverse cette ville anarchique et sale. Il distribue une eau trouble que les pauvres boivent et dégage des vapeurs méphitiques qui donnent des maux de tête et d'estomac. Les trente-cinq cimetières que possède Le Caire renforcent l'infection générale. Qu'une telle accumulation d'éléments délétères, qu'un amas si prodigieux de miasmes aient eu raison de la pureté de l'air et soient parvenus à le rendre irrespirable, n'a vraiment rien d'étonnant.

Au premier abord, « ce triste tableau des misères de la population égyptienne » n'aurait pas dû heurter les conceptions étiologiques de Pariset puisqu'il s'inspire de son propre mémoire sur les causes de la peste ! Néanmoins, l'utilisation qui en est faite suscite sa désapprobation. Selon lui, il ne faut imputer la véritable cause de la peste ni aux états atmosphériques, ni aux miasmes des marais, ni à la malpropreté, ni à une existence misérable. « Oui sans doute, admet-il, je reconnais, le premier, tous les maux que peut faire aux hommes un gouvernement sans tendresse, sans pitié... infatué de cette pensée que, dans ses préceptes d'hygiène et de conservation, l'Europe se nourrit et veut repaître les autres de chimères et de puérilités[62]. » Seules les émanations des cadavres qui contiennent des poisons animaux sont susceptibles de donner naissance à la peste. Le « secret maléfice » dont souffre l'Égypte vient de l'abondance de cette matière putrescible : cimetières si proches des habitations que les « morts semblent faire partie des vivants », quartiers sombres, humides, sans aération, où les maisons regorgent de cadavres ; villages « bâtis de charognes et de boue », « plongés dans une fournaise de mort ». L'abandon des salutaires pratiques d'embaumement a conduit l'Égypte moderne à devenir le berceau du fléau. Toute cette pourriture qui n'est plus préparée, salée, desséchée, enveloppée de bitume, de linges parfumés, recueillie dans des tombes de pierre, des cercueils de sycomore, ou entassée dans des millions et des millions de vases de terre cuite ou ensevelie dans des cavités profondes, mais qui est « aujourd'hui mêlée sans préparation et comme incorporée toute crue avec la terre », transforme ce pays en un vaste cimetière, en une « véritable distillerie de cadavres ».

Contrairement aux apparences, le rapporteur de la commission et le secrétaire perpétuel de l'Académie ne se rejoignent pas lorsqu'ils décrivent avec insistance l'incroyable insalubrité de l'Égypte. Le premier s'y réfère pour exposer une théorie étiologique classique : celle d'un organisme corrompu, exposé à un air vicié, chaud et humide. Le second y recourt pour développer la thèse d'un agent vivant, élaboré par la dégénérescence des humeurs. Toutefois, en dépit de leur antagonisme, il est frappant de constater que ces deux conceptions présentent une constante olfactive : la puanteur. Exhalé par la putréfaction animale ou végétale, le miasme est toujours au centre des représentations étiologiques de la peste.

Des débats semblables ont lieu dans toute l'Europe. En Angleterre par exemple, Edwin Chadwick, en 1844, établit une relation entre les « impuretés » de l'air et les maladies du surpeuplement. A l'opposé, William Budd, à partir d'un cas extrême de « puanteur trois fois digne d'Augias[63] » survenu à Londres, entend démontrer, en 1858, qu'en dépit de prophéties sinistres, aucun accroissement de la mortalité ni des maladies putrides n'a pu être constaté.

Première sensibilisation à la pollution industrielle

Il n'empêche que, la même année, paraît un petit ouvrage révélateur de préoccupations nouvelles. Dans un mémoire adressé à Napoléon III, Laurent déplore que la santé des poissons soit davantage prise en considération que celle des hommes : « Le législateur s'est étendu plus loin, concernant la salubrité qui intéresse les êtres qui habitent l'eau, qu'il ne l'a fait pour ceux qui sont dans l'atmosphère[64]. » Alors qu'il existe déjà une protection juridique des eaux, aucune loi, en revanche, ne défend l'intégrité de cet autre fluide vital et « très fragile ». Le vide juridique en la matière favorise une détérioration génératrice d'épidémies diverses. Le choléra de 1854 n'aurait pas d'autre cause. Fours à coke, hauts fourneaux, usines métallurgiques, fabriques de soude, répandent une quantité énorme de miasmes délétères sans qu'aucune loi les en empêche. Il semblerait même qu'on les encourage à le faire, s'indigne l'auteur. Pour remédier à cet état de choses, il préconise diverses mesures et envisage notamment une modification du système d'évacuation des fumées produites par les grands établissements industriels : « Si... plutôt que d'avoir jusque dans les nues de ces immenses cheminées qui vomissent ces exhalaisons impropres dans l'atmosphère, on les courbait de manière à faire tomber ces fumées, on obtiendrait par ce moyen la plus forte décomposition possible de la partie gazeuse[65]. » Au-delà de l'image un peu comique que suggère ce texte, est soulevé un problème toujours actuel : celui du retraitement des fumées nocives.

Objet de sollicitude inquiète depuis plusieurs siècles, la pureté de l'air allait encore, en 1880, réveiller les peurs anciennes, lorsqu'une vague inhabituelle de mauvaises odeurs déferla sur Paris. Ce n'est véritablement qu'après les découvertes du vibrion du choléra par Koch en 1883 et du bacille typhique par Gaffky en 1884, que l'identification de la nocivité à la fétidité commencera à perdre toute sa force.

LA PROPAGATION DE LA PESTE

> « L'haleine de l'homme est mortelle à ses semblables : cela n'est pas moins vrai au propre qu'au figuré. »
>
> ROUSSEAU, *Émile ou De l'éducation*, 1762.

L'haleine de la peste et les germes de Fracastor

Maladie « commune » (touchant tout le monde) et ayant une cause « commune » (l'air)[66], la peste est liée pour Hippocrate et ses disciples à un état fébrile. Chose surprenante, son caractère contagieux n'est pas mis en évidence dans les traités hippocratiques, qui ne font état ni du passage des pestilences d'un lieu à un autre, ni de leur transmission d'une personne malade à une autre saine. Ce silence apparaît d'autant plus étonnant que la transmissibilité de certaines maladies était largement admise par la croyance populaire. C'est Thucydide qui, lors de la peste d'Athènes, en aurait fait mention pour la première fois. En l'absence d'un concept approprié pour désigner la contagion, c'est de façon métaphorique qu'il en exprime l'idée. Il utilise le verbe « anapimplemi » qui signifie remplir et implique la corruption et la souillure. Après lui, de nombreux ouvrages historiques, philosophiques, poétiques, voire des traités d'agriculture et de zootechnie, s'y réfèrent sans réticence[67].

Un texte attribué à Aristote tente de percer le mystère de la transmission : l'odeur joue un rôle fondamental. Le pestiféré contamine par son souffle fétide[68]. Le contact contagieux n'est donc pas nécessairement tactile. Les observations d'Ovide, au moment de la peste d'Égine, vont dans le même sens : « Tout languit ; dans les forêts, dans les champs, sur les routes, sont étendus des cadavres hideux qui infectent les airs de leur odeur. Chose extraordinaire, ni les chiens, ni les oiseaux de proie, ni les loups au poil gris, ne les ont touchés ; ils tombent d'eux-mêmes en poussière, décomposés et ils exhalent des miasmes funestes qui portent au loin la contagion[69]. » Si les effluves pesteux, véhiculés par l'air, sont capables de propager le mal à une certaine distance, on comprend le danger mortel qu'encourt l'imprudent qui s'expose à une haleine pestilentielle.

Le contraste saisissant observé entre ces différents écrits et les ouvrages médicaux a conduit nombre d'historiens à considérer que les médecins antiques, dans leur ensemble, avaient refusé l'idée même de contagion. Cette assertion repose sur un double fondement. Tout d'abord, un hiatus irréductible aurait existé entre la mentalité médicale grecque et l'opinion commune : « Ancrée dans la compréhension magique du monde et dans la tradition populaire, la notion d'infection fut bannie de la médecine scientifique gréco-romaine[70]. » Le second argument est tiré de l'incompatibilité qui existerait entre toute théorie contagionniste et la doctrine miasmatique d'Hippocrate. Cette dernière implique que la cause des maladies pestilentielles réside nécessairement dans l'air respiré à un même moment par les personnes se trouvant dans une région donnée. Dans ces conditions, l'idée du déplacement du mal de contrée en contrée et, plus encore, celle d'une contamination d'individu à individu se trouveraient radicalement exclues. Pour tout un courant de la pensée grecque, le passage des pestilences d'un lieu à un autre constituerait même, selon J. Pigeaud, un véritable « scandale[71] » dont Thucydide se serait fait l'écho en écrivant qu'avant de toucher Athènes, le mal « fit, *dit-on*, sa première apparition en Éthiopie, dans la région située en arrière de l'Égypte ; puis descendit en Égypte, en Libye et dans la plupart des territoires du grand roi[72] ». Mais il est possible de ne voir dans la formule utilisée que l'expression d'une réserve dont l'historien se prévaut par ailleurs expressément vis-à-vis de tous les éléments qu'il n'a pu personnellement constater. Fidèle à ce principe, Thucydide ne hasarde aucune hypothèse quant au processus de propagation de la peste. Il se borne à constater qu'elle se communique au cours des soins mutuels et que les médecins qui approchent davantage les malades meurent en plus grand nombre que les autres.

Quant à la transmission des conditions morbifères d'une personne à une autre, le silence des traités hippocratiques traduit avant tout le fait qu'elle n'est pas nécessaire à l'explication de l'épidémie dans un contexte miasmatique. Cela implique-t-il pour autant que contagionnisme et hippocratisme soient demeurés totalement inconciliables ? La réponse est sans nul doute positive si, se référant à une conception moderne, on entend par contagion le passage d'homme à homme d'un « contage » capable de se reproduire. L'idée de germes morbifiques vivants n'apparaîtra véritablement, du moins en ce qui concerne la peste, qu'au XVIe siècle avec Fracastor.

Cependant, comme l'a fait remarquer V. Nutton, l'équation absence de théorie des germes vivants = non-contagionnisme est quelque peu abusive. Elle repose en effet sur un amalgame entre la contagion elle-même et le processus contagieux[73]. Sans heurter de front les concepts d'Hippocrate, certains médecins antiques ont pu concevoir une « contagion » dont les faits qu'ils avaient constamment sous les yeux devaient malgré tout leur instiller l'idée avec insistance. N'est-ce pas d'ailleurs faire injure à ces praticiens dont on vante à l'envi le rationalisme et la rigueur logique dans l'examen des énoncés hypothétiques que de les imaginer totalement insensibles à des manifestations cliniques qu'ils ne pouvaient ignorer. Et, de fait, le mutisme des auteurs médicaux n'a pas été total. Plusieurs d'entre eux, tels Arétée de Cappadoce au Ier siècle de notre ère, Alexandre d'Aphrodise au début du IIIe siècle ou encore, plus tardivement, Caelius Aurelianus, considèrent diverses maladies comme contagieuses[74]. Mais, surtout, chez Galien, dont l'œuvre représente l'état le plus achevé de la médecine gréco-romaine, la révérence hippocratique n'a pas été jusqu'à paralyser toute réflexion sur l'hypothèse contagionniste. Il indique en effet très clairement qu'il y a un risque à fréquenter des pestiférés et en général « tous ceux qui expirent un air putride, à tel point que même les maisons dans lesquelles ils vivent deviennent fétides[75] ». La notion de contagion est donc présente même si aucun terme grec spécifique ne la désigne de façon précise. Celle-ci ne peut évidemment être pour Galien qu'un processus respectant la cause première qu'est la corruption de l'air. Théorie miasmatique et contagion semblent d'ailleurs mises sur un même plan : le fait que l'état d'un air pestilentiel apporte la fièvre n'est pas ignoré de ceux qui ont quelque intelligence, « tout comme le danger qu'il y a à vivre dans la société de personnes atteintes de la peste ». Apparaît alors le schéma suivant : la cause première de la peste réside dans la corruption de l'air, sa propagation peut aussi être assurée par l'haleine des malades.

Peut-on aller plus loin et risquer la reconstitution d'une logique galéniste en ce domaine ? Il ne faut pas oublier que Galien a ajouté à l'étiologie héritée d'Hippocrate l'exigence d'une prédisposition interne. Aurait-il alors considéré l'haleine des victimes comme plus nocive encore que l'air ambiant ? Quoi qu'il en soit, on peut raisonnablement envisager, du moins dans le dernier état de la médecine antique, la coexistence des principes purement hippocratiques avec une certaine idée d'une contamination par les malades eux-mêmes. La peste est, en tout cas, définie par Galien comme le

Les pouvoirs mortifères de l'odeur 95

type même de l'épidémie mortelle. Comparée à une bête sauvage qui « dévore et fait périr des villes entières [76] », elle voit affirmés ses liens avec la corruption et la souillure, et sa nature putride, venimeuse, nauséabonde.

Cette représentation va s'accentuer dès le haut Moyen Âge, durant lequel la notion de contagion gagne du terrain. Mirko Grmek a bien montré que les réticences d'un Oribase, médecin de Julien l'Apostat, ou d'un Procope, historien de la « peste de Justinien » qui, en 542-544, dévasta Constantinople et une partie de l'Europe, ne peuvent prévaloir sur les assertions de saint Basile le Grand ou de saint Jean Chrysostome, partisans convaincus de la transmissibilité. La survenue de grandes pestes aux XIVe et XVe siècles lui donne une ampleur d'autant plus considérable qu'elle va de pair avec l'affirmation de la nature olfactive du fléau. Le *Compendium de epidemia* de 1348, document scientifique essentiel, reflète parfaitement ces deux aspects. Fidèle au galénisme, ce texte attribue l'origine de l'épidémie à la corruption de l'air mais il serait excessif d'affirmer, comme cela a parfois été fait, que la contagiosité en est absente [77].

Pour les membres de la faculté de médecine de Paris, il y a bel et bien risque de contagion en liaison avec les mauvaises odeurs puisqu'ils incitent les bien-portants à se « tenir éloignés de toutes les maladies qui répandent une mauvaise odeur parce que ces maladies sont contagieuses ». Convaincus que « l'infection de l'air corrompu et empoisonné, exhalé par la respiration des malades, se communique aux assistants », ils vont même jusqu'à recommander l'abandon des pestiférés. Parents et amis secourables encourent en effet un « danger de mort [78] ». Olivier de La Haye qui mettra en vers la *Consultation sur l'épidémie* conseille également aux gens en bonne santé de s'éloigner des « malades mal sentans » car

> « *Telz puantes maladies*
> *sont pour certain contagieuses*
> *en tout temps et moult périlleuses*[79] ».

Fuir les maisons où s'est déclaré le mal devient donc un impératif vital. Au Moyen Age, la fétidité est tellement caractéristique de la peste qu'elle tend à se confondre avec elle, le terme de « pestilence » désignant, à partir du XIIIe siècle, aussi bien la maladie épidémique que l'odeur infecte qui lui est associée.

Foyer d'émanations putrides, le pestiféré répand la terreur. Sa seule « conversation » peut être mortelle. Guillaume de Machaut évoque, en 1348, la menace du souffle fatal :

> « *Po osoient à l'air aler,*
> *Ne de près ensemble parler,*
> *Car leurs corrompues alaines,*
> *Corrompoient les autres saines*[80]. »

La peur s'étend à tout ce qu'il porte ou touche et, en particulier, aux vêtements. Une scène du *Décaméron* montre deux porcs déambulant dans les rues de Florence lors de la peste noire. Ces animaux butent contre les guenilles d'un « infortuné mort de l'épidémie » et y frottent leur groin. « Presque aussitôt, comme empoisonnés, les voilà tous deux à donner quelques signes de vertige, et tombant morts à terre sur les haillons qu'ils avaient traînés pour leur malheur[81]. » Objets d'effroi, les pestiférés se voient abandonnés de tous. Les médecins eux-mêmes, s'indigne Guy de Chauliac, refusent de leur rendre visite[82]. La panique qu'ils suscitent va conduire aux premières mesures d'isolement.

La réflexion sur la contagion se développe à la

Renaissance. Marsile Ficin augmente et précise la liste des agents de transmission : murs, meubles, vaisselle, objets divers, êtres humains, animaux. Il fixe les durées de résistance de la vapeur pestilente qui les imprègne. Celle-ci qui prend son origine dans l'air ne devient d'ailleurs véritablement un venin qu'après avoir subi une transmutation à l'intérieur de certains organismes qui s'y prêtent et qui le répandent à leur tour « avec une promptitude et facilité esmerveillable [83] ». L'odeur de l'autre représente une si grande menace qu'il devient urgent de codifier sa mise à distance : deux coudées au moins si c'est une personne saine, six et plus si c'est un pestiféré, sous réserve, dans les deux cas, de se trouver en plein air et de tenir compte de la direction du vent ! Les rassemblements dans des lieux resserrés accroissent au maximum les risques d'infection. Il faut donc fuir la « troupe des hommes » et même leur « conversation » car le poison qui pénètre par la bouche et les pores de la peau se révèle plus dangereux encore lorsqu'il entre par le nez.

C'est toujours par analogie avec l'odeur qu'on peut en saisir l'essence. Comme les parfums, il est tenace et adhère aux personnes et aux choses. Et, de même que l'odeur d'une orange moisie à l'intérieur d'un coffre en imprègne longtemps les parois, que l'arôme du musc se communique de façon durable au coton, le venin pestifère s'incruste. Un siècle plus tard, Montaigne fera, lui aussi, ce rapprochement. S'émerveillant de l'aptitude de sa peau et de ses moustaches à conserver les senteurs plusieurs heures durant, il s'étonne de n'avoir pas contracté la peste en dépit de cette propension, ce qui implique bien qu'il assimile cette « maladie populaire [84] » à une odeur.

Dans ce domaine comme dans celui de l'étiologie de la peste, c'est encore Fracastor qui fournit l'apport théorique le plus important. Son effort ne consiste pas seulement à écarter l'appel commode aux propriétés occultes mais à concevoir véritablement pour la première fois l' « épidémiologie au sens moderne du terme[85] » en avançant l'hypothèse suivant laquelle la nature des maladies contagieuses réside en des agents vivants invisibles mais transmissibles. Ce qui différencie les fièvres pestilentes des fièvres putrides, ce n'est pas, comme le pensait l'école galéniste, leur caractère vénéneux mais la présence de germes spécifiques produisant « toute une série de rejetons... qui sèment la contagion[86] ». Très résistants, grâce à leur « combinaison puissante », ils se distinguent des simples vapeurs qui s'altèrent rapidement. Dotés d'une capacité d'action considérable, leur viscosité leur permet de s'agglutiner fortement aux humeurs et de les dissoudre rapidement. Autre divergence importante avec les théories en cours : la nécessité d'une prédisposition dans la propagation de la peste est rejetée. Des humeurs parfaitement saines n'empêchent pas de contracter le mal.

Néanmoins, ces conceptions nouvelles conservent des liens avec l'odeur. C'est en cherchant des similitudes avec la fétidité que Fracastor tente de comprendre le mode d'action des fièvres pestilentes : « C'est ainsi qu'une mauvaise odeur nous étant naturellement offerte, c'est à peine si nous respirons, si nous faisons passer notre haleine par nos narines comme si nous voulions donner moins d'accès à la mauvaise odeur ; de même, une immense et abominable putréfaction ou exhalation vers le cœur s'étant produite, c'est à peine si naturellement, il ose se dilater, élever les veines afin d'ouvrir moins de voie à la putridité[87]. » Les trois modes de transmission qu'il distingue : par contact, par l'intermédiaire d'un foyer et à distance, sont également pensés en relation avec l'odeur. Le premier est conçu sur le modèle de la contamination des fruits gâtés : les particules invisibles contenues dans les vapeurs pourries émanant du fruit atteint transmettent l'infection aux autres. Dans le second cas, les germes contagieux se nichent dans les mêmes corps chauds et poreux (bois, étoffes) qui sont propres à retenir les odeurs. Quant au troisième processus, la propagation par des germes transportés au loin, il est essentiellement expliqué à l'aide d'exemples olfactifs. L'oignon fait pleurer même à distance, le poivre, l'iris et la pirette provoquent l'éternuement, le safran et la jusquiame amènent le sommeil. « Il faut bien croire que de ces différentes substances s'exhalent et se répandent de tous côtés des corps qui ne tombent pas sous nos sens, dont les modes d'action et les facultés sont divers. Cela est aussi très manifeste dans les corps qui se corrompent et sentent mauvais[88]. »

Les hantises de la peste : graisseurs de porte et dragons

Malgré quatre éditions entre 1546 et 1554, l'œuvre du physicien poète de Vérone n'eut apparemment pas beaucoup d'influence sur les médecins de son époque. Aucune trace des fameux germes chez Nicolas Goddin par exemple, pas plus que chez Ambroise Paré. Dans le sillage de Galien et de Ficin, tous deux continuent d'identifier la peste à un venin. Faisant fi des théories de Fracastor et recourant à la solution de facilité dénoncée par ce dernier, Paré n'hésite pas à le définir comme étant « d'essence... inconnue et inexplicable[89] ». Mais le caractère olfactif de ce poison énigmatique est à maintes reprises affirmé. Absorbé par les narines, sa subtilité lui permet de pénétrer immédiatement jusqu'aux centres vitaux sans rencontrer d'obstacle « car le venin pris par l'odeur des vapeurs venimeuses est merveilleusement soudain et n'a affaire d'aucune humeur qui luy serve de conduite pour entrer en nostre corps et agir en iceluy [90] ». La mort subite qu'il entraîne est comparable à celle provoquée par l'arôme d'une pomme de senteurs ou d'un œillet empoisonné. D'ailleurs, la mise en garde de Paré contre les « traîtres parfumeurs qui se livrent à de telles pratiques » s'achève par le conseil pressant de les fuir comme la peste.

Mais c'est sans doute son récit d'une visite à un malade qui illustre le mieux cette idée de contagion par l'odeur. En soulevant le drap et la couverture de son patient qui souffrait d'un bubon à l'aine droite et de deux grands charbons au ventre, il laisse s'échapper les exhalaisons de sueur et de suppuration tapies au creux du lit et succombe à cette puanteur infâme qui se jette sur lui, tel un animal venimeux : « Je tombay promptement à terre comme mort, ainsi que font ceux qui syncopisent... puis tost après m'estant relevé, il me sembloit que la maison tournast sens dessus dessous, et fus contraint d'embrasser un des piliers du lit ou estoit couché le malade, autrement je fusse tombé de rechef [91]. » Par chance, une série de violents éternuements expulse le poison et le sauve. Isoler les pestiférés, tuer les chiens et les chats qui mangent leurs corps et leurs matières fécales, fermer les portes de la ville aux voyageurs venant de lieux infectés, interdire la vente de meubles contaminés, autant de mesures qui s'imposent par conséquent. Mais, surtout, il faut fuir tous ceux qui sont en contact avec les malades et les morts : médecins, chirurgiens, apothicaires, barbiers, prêtres, gardes, serviteurs et fossoyeurs. Ils emportent dans leurs vêtements l'air pesteux comme les clients d'un parfumeur ressortent tout imprégnés des senteurs flottant dans sa boutique.

L'angoisse suscitée par les « vapeurs infectes » des pestiférés le conduit à dénoncer l'utilisation de leurs déjections à des fins criminelles et à demander aux magistrats d' « avoir l'œil sur certains larrons, meurtriers et empoisonneurs, plus qu'inhumains, qui graissent et barbouillent les parois et portes des bonnes maisons de la sanie des charbons et bosses, et autres excremens ». Une fois celles-ci infectées, il leur est en effet aisé d'y entrer pour se livrer au pillage, voire « estrangler les pauvres malades en leur lit [92] ».

Au début du XVIIe siècle, on observe dans les représentations de la maladie un curieux amalgame d'éléments empruntés à l'Antiquité et à la Renaissance. Particulièrement représentatif de ces influences diverses, Jean de Lampérière distingue, en 1620, deux sortes de fièvres pestilentes : la « simple », de nature venimeuse, occulte, en principe non contagieuse, et la « composée » ou « commune », de nature putride et très contagieuse [93]. En 1628, François Citoys rappelle la pertinence de la définition galéniste de la peste mais s'inspire de Fracastor pour expliquer la ténacité de son venin [94]. La même année, François Robin affirme tout à la fois que son essence réside dans « une qualité occulte [95] » et qu'elle se caractérise par une putréfaction très profonde qui renferme des germes mortels de contagion. Ce mélange hétéroclite de théories se rencontre fréquemment dans les traités de cette époque. Nombre de médecins se tirent d'ailleurs d'embarras en faisant simplement référence à la « nature cachée » de la peste.

Néanmoins, l'invention du microscope ouvre aux savants de nouvelles perspectives et leur donne même parfois une assurance excessive. En 1658, le jésuite

Athanase Kircher prétend avoir percé, grâce à cet instrument, la nature du fléau : elle réside en « de petits insectes ailés qui partent des choses infectées de ce mal et le communiquent en s'introduisant dans les corps des personnes qui les approchent... ces mêmes insectes ont une viscosité gluante qui les attache facilement aux matières sur qui ils tombent[96] ». Cette découverte, qui donne une nouvelle configuration à la doctrine du « contagium vivum » telle qu'on la trouve formulée pour la première fois chez Fracastor, excite l'imagination. Dans les *Mélanges curieux de l'illustre société impériale*, Hanneman rapporte plusieurs « témoignages dignes de foi » faisant état, lors de la peste qui ravage la Frise orientale en 1666-1667, d'une fumée bleuâtre passant d'une maison à l'autre sans en épargner un seul habitant. Il suggère qu'il s'agit d'un attroupement de ces insectes ailés dont Kircher et quelques autres envisagent l'existence. Les observations du marquis d'Aubigné vont, d'après Ranchin, dans le même sens. Ayant promis à l'un de ses invités de lui faire découvrir après le souper un spectacle exceptionnel, il le conduisit un peu avant le coucher du soleil dans un jardin. Ils virent alors descendre sur le bourg de Beauvais une nuée ronde et sombre qui ressemblait à un chapeau et dont le centre, de forme ovale, avait les mêmes couleurs que la gorge d'un coq d'Inde. Pendant les dix-huit mois que dura la peste dans cette région, ce chapeau « avec sa funeste enseigne[97] » apparut deux fois par jour près du clocher.

Les théories de Kircher suscitent aussi certains sarcasmes. En 1665, Nicolas Hodges avoue n'avoir jamais réussi, même à l'aide des meilleurs microscopes, à percevoir ces animaux ni connaître personne qui y soit parvenu. Mais peut-être, ajoute-t-il avec un humour tout britannique, « cela tient-il à ce que l'on y voit moins bien dans notre île nuageuse que sous le ciel pur de l'Italie[98] ».

Au milieu de tant d'incertitude et de divergences, l'odeur apparaît comme le seul signe qui permette véritablement d'identifier la peste. En 1620, David Jouysse recommande ce moyen : « Il faut sçavoir recongnoistre l'odeur de la peste et alors estans hors de cette odeur, il n'est pas mal à propos d'exiter les sternuations[99]. » Toutefois, le procédé n'est pas sans danger. Persuadés que le fléau se décèle à l'haleine, les Londoniens n'osent cependant s'informer de cette façon car « il faudrait faire monter la puanteur de la peste jusqu'à son cerveau pour reconnaître l'odeur[100] ».

La hantise de la fétidité atteint un point d'acmé à Londres en 1665. Le danger est partout : puanteur des cadavres non ensevelis qui assaille et contamine les voisins, miasmes des maisons infectées que les passants tentent d'éviter en marchant au milieu de la rue, vapeurs pestilentielles cachées dans les poils des animaux, souffle fatal des malades que les domestiques rapportent avec les achats dans les maisons bourgeoises, effluves des pestiférés et des faux bien-portants exhalant « la mort en tous lieux et sur toutes les personnes[101] » qui les approchent. Pour éviter toutes ces odeurs meurtrières, les gens se terrent chez eux. L'assistance à l'office religieux tient de l'héroïsme. On se munit à profusion de substances odoriférantes qui répandent des senteurs encore plus puissantes que chez l'apothicaire ou le droguiste. L'église tout entière ressemble à « un grand flacon de sels[102] ». Parfums, aromates, produits balsamiques, drogues, plantes médicinales, essences de toutes sortes, unissent leurs arômes toniques et salvateurs. Mais un remugle, immédiatement identifié à la peste, suffit à vider l'église : « Dans un banc fermé de l'église d'Algate, une femme crut soudain sentir une mauvaise odeur. S'imaginant aussitôt que la peste était dans l'enclos, elle chuchota cette idée ou soupçon à l'oreille de sa voisine, puis se leva et sortit. La peur gagna sur-le-champ la voisine, puis tous les autres, et tous ceux qui se trouvaient à côté et dans les deux ou trois bancs voisins se levèrent et sortirent de l'église, sans que personne connût le sujet de l'offense ni la personne qui l'avait causée[103]. » De toutes les émanations morbides, c'est bien l'haleine qui terrifie le plus. Certains savants prétendent qu'elle peut tuer instantanément un oiseau, un coq, une poule, et qu'elle « renferme des créatures vivantes, de formes étranges, monstrueuses et terribles, telles que dragons, serpents ou diables, horribles à voir[104] ».

La peste est dans le coton

Insectes ou vers, levain, miasme, sel, vapeur ? C'est dans un climat de perplexité générale que s'ouvre véritablement, au XVIIIe siècle, le débat sur la nature inanimée ou animée de la peste. Issue de tout un ensemble de théories et d'expériences qui révolutionnèrent la science au XVIIe siècle, cette dernière conception connaît son heure de gloire au moment de la peste de Marseille. Les travaux microscopiques (et illusoires) d'Athanase Kircher sur les animalcules observés dans le sang et les bubons des pestiférés, la découverte de l'étiologie acarienne de la gale par Giovan Cosimo Bonomo, celle, par Antonie Van Leeuwenhoek, du monde microbiologique, conduisent en effet plusieurs savants à se prononcer en faveur d'une nature, non seulement vivante, mais animale. C'est cette hypothèse qui, selon Goiffon, permet de comprendre le mieux la durée d'incubation, la diffusion, la résurgence, la force et la ténacité du venin pestilentiel. Pourvus de pieds et de mains, munis d'ailes, ces vermisseaux ou insectes imperceptibles, venus du Levant, demeurent opiniâtrement attachés aux étoffes, aux habits, aux meubles, et s'y tiennent longtemps cachés. Nourris et abrités par tous les corps laineux et spongieux, ils se reproduisent aisément. A la différence des fièvres malignes qui cessent une fois dissipée la « cause commune » et inanimée qui les engendre, la peste renaît et se répand grâce à ces animaux microscopiques. Ses dégâts progresseraient à l'infini si ces corps minuscules n'étaient détruits par des mesures spécifiques : « Les petits sujets qui l'ont transférée de Marseille dans les autres villes de la Provence et en dernier lieu dans le Gévaudan, province assez éloignée, serviront à convaincre qu'elle peut se renouveler et... revenir dans les villes où elle a été et repasser en revue la même province[105]. » Mais l'existence d'insectes ailés, invisibles à l'œil nu et « qu'il y auroit de l'imprudence et de la témérité à examiner avec le microscope[106] », apparaît bien hypothétique à certains esprits critiques. Chicoyneau récuse cette théorie. Astruc lui préfère celle d'un venin qui se multiplierait à la façon d'un « morceau de levain ordinaire » pouvant changer « en un pareil levain un volume de pâte cent fois plus grand[107] ». Hecquet envisage la contagion sous la forme d'un miasme. Richard Mead, comme une substance active, un sel. L'abbé Gaudereau s'en tient à des vues très classiques et identifie la peste à « une vapeur maligne qui nous assiège de tous cotez et qui cherche continuellement quelque ouverture pour se glisser chez nous[108] ».

Sur le rôle décisif de la circulation des objets et des denrées dans la propagation de l'épidémie, les contagionnistes sont tous d'accord. Cette unanimité rare traduit l'attention particulière portée, au XVIIIe siècle, à ce mode de transmission qui se développe avec les échanges commerciaux. « Le poison de la peste, déclare Richard Mead, se répand au moyen du commerce dans les autres parties du monde : il est plus fixé en Turquie où il se fait une circulation continuelle de contagion des hommes aux marchandises et des marchandises aux hommes [109]. » La compréhension de ce processus de contamination particulièrement redoutable mais obscur pour beaucoup ne présente, pour lui, aucune difficulté particulière. De texture lâche et poreuse, les substances les plus propres à contracter et à propager le fléau (peaux, plume, soie, poils, laine, coton, lin) sont presque toutes tirées du règne animal. Selon un principe de similitude, elles attirent et conservent très bien les exhalaisons « animales » du musc, de la civette et du pestiféré. En raison de sa grande aptitude à s'imbiber de toutes sortes d'émanations, le coton est cependant la plus dangereuse de toutes les matières susceptibles de répandre l'infection. L'expérience suivante tend à le prouver. Placé sous un récipient de verre à quelque distance d'un morceau de chair pourrie, un morceau de coton s'imprègne d'une très grande quantité d'atomes putrides. Renfermé ensuite dans une boîte, il conserve au bout de dix mois une odeur de décomposition pouvant persister des années encore. Si l'expérience avait été faite avec de la chair de pestiféré, le coton en aurait absorbé les effluves et communiqué la peste. Les résultats auraient été identiques si on avait remplacé le coton par des poils, de la laine ou de la soie, car « les substances animales ont la plus grande disposition à recevoir les émanations volatiles qui s'exhalent de ces substances du même genre qu'elles-mêmes [110] ».

Lorsque, le 25 mai 1720, le *Grand-Saint-Antoine* entre dans le port de Marseille, il apporte la mort dans sa riche cargaison. A son arrivée, le capitaine Chataud communique aux intendants de la santé le certificat du médecin et du chirurgien des infirmeries de Livourne indiquant que plusieurs matelots ont péri d'une fièvre maligne. Des présomptions aussi fortes auraient dû s'opposer au débarquement. Mais la cupidité a raison de la prudence : les intérêts des plus puissants négociants qui espèrent une vente lucrative à la foire de Beaucaire l'emportent. L'équipage, les passagers et les funestes ballots sont accueillis « avec autant de confiance et de sécurité que les Troyens introduisirent dans leur ville le fatal cheval qui devait l'embraser et la détruire[111] ».

Unanimes quant au rôle vecteur des marchandises dans la transmission du mal, les contagionnistes sont, en revanche, divisés sur les autres modes de propagation. Pour Manget qui se réfère à Maurice de Toulon, c'est la transmission par « attouchement » qui est la plus dangereuse. Et c'est encore en relation avec l'odeur qu'il l'envisage : « de même qu'une chose embaumée peut en embaumer une autre... ou une chose puante en empuantir une autre[112] », un pestiféré peut empester une personne saine. A l'opposé, Goiffon récuse tout à la fois la contamination par contact et par exhalaisons pesteuses. Pour étayer sa thèse, il va même jusqu'à prétendre que « l'haleine et les sueurs des pestiférés ne sentent point mauvais comme celles de la plupart des autres malades et qu'elles n'ont qu'une odeur foible et insipide[113] ». Cet argument révèle d'ailleurs son attachement à une conception olfactive de la contagion : l'absence de puanteur prouve l'innocuité de ces effluves. Le seul danger, à son avis, vient des insectes pestilentiels tapis dans les substances poreuses.

Les émanations des pestiférés constituent, en revanche, selon Astruc, le principe même de la contagion. Les expériences de Sanctorius et de Keill sur l' « insensible transpiration[114] », celles de Leeuwenhoek sur la perméabilité de la peau, le conduisent à déclarer qu'il s'exhale d'un corps pestiféré une quantité considérable de vapeurs pouvant s'insinuer par les pores, flotter dans l'air ou s'attacher à certaines matières. Comparables aux odeurs, ces vapeurs en ont la ténacité : les émanations de transpiration qui forment autour des malades une sorte de « fumée », composée d'une infinité de gouttelettes imperceptibles détachées de leurs humeurs, adhèrent aux choses alentour comme celles laissées par le gibier sur son chemin et que « les chiens de chasse reconnoissent si facilement par l'odorat[115] ». Elles en ont aussi le mode de diffusion. A l'instar des émanations d'un morceau d'ambre gris ou de musc, elles emplissent tout l'espace. On peut donc en déduire que « les parties qui transpirent continuellement du corps d'un pestiféré doivent remplir aussi tous les points de l'atmosphère qu'elles occupent, puisque ces parties... ne sont pas moins ténues que celles qui s'exhalent des corps odorants[116] ». Un texte anonyme publié à Marseille en 1722 avance une explication semblable. Le mécanisme de la contagion, médiate ou immédiate, est le même que celui de la communication des odeurs. Les malades communiquent leurs maux et les substances odorantes leurs effluves grâce à la « fumée », la « vapeur », les miasmes, les exhalaisons qu'ils répandent. Parcelles essentielles et invisibles de ces corps, les corpuscules pestilentiels ou odorants ont une force de pénétration et une longévité peu communes qu'illustre une curieuse anecdote. A Marseille, un certain M. Miracle, dont le métier était d'écorcher les chiens et de faire sécher leurs peaux, était constamment escorté d'une meute bruyante. Mais, chose plus étrange encore, son convoi funèbre fut suivi par un grand nombre de ces animaux jusqu'à la porte de l'église, « ce qui ne peut arriver que parce que les atomes qui sortent des chiens morts s'attachent aux habits et à l'habitude du corps même de ces personnes, et frappent ensuite l'odorat des chiens en excitant en eux un sentiment particulier [117] ».

Dans la seconde moitié du siècle, les avis sur la transmission de la peste sont tout aussi révélateurs d'un mode de pensée qui fonctionne par similitude [118] et tout aussi contradictoires, comme en attestent les réponses des « praticiens les plus expérimentés [119] » aux questions que leur pose John Howard au cours de ses voyages. Lui-même, d'ailleurs, ne croit pas à la contagion par contact direct. Seul l'air chargé d'effluves pestilentiels est, de son point de vue, contagieux. C'est pourquoi, à son arrivée au lazaret de Venise, il est angoissé par l'odeur fétide qui règne dans l'appartement qu'on lui a attribué. Ce n'est qu'après l'avoir fait désinfecter qu'il retrouve la sérénité nécessaire à la dégustation de son thé. Ménuret de Chambaud rend compte également du maintien de cette diversité de conceptions, diversité nullement incompatible, selon lui, avec la représentation que les Grecs anciens et modernes ont du fléau. Symbolisée par une « vieille femme vêtue de noir, soufflant le venin mortel dont elle étoit formée, sur les maisons qu'elle avoit marquées [120] », la peste conserve à travers les âges et les théories ses liens avec l'odeur.

Débats autour de la quarantaine

La veine imaginative quant à la nature de la peste semble se tarir au XIXe siècle. On constate une certaine stagnation dans les explications proposées, à l'exception toutefois de quelques tentatives d'approfondissement sur des points limités. Ainsi, en 1823, Ozanam, influencé par la doctrine de Rasori selon laquelle les contagions sont des matières douées de vie, s'intéresse-t-il tout particulièrement à certains caractères spécifiques des miasmes contagieux. Distincts des simples miasmes épidémiques et élaborés dans un lieu renfermé par les humeurs animales en dégénérescence, les « contages » sont dotés d'une force et d'une activité prodigieuses, leur permettant d'attaquer la créature vivante, de s'attacher à certains corps et de se ranimer après une longue période d'assoupissement. Saveur et odeur les différencient. L'odeur de la peste est « douceâtre et nauséabonde [121] ». Mais on note à ce propos une évolution : la putridité n'est véritablement dangereuse pour Ozanam que si elle se développe dans un lieu clos. Preuve en est la rareté des épidémies observées jadis à Mexico malgré l'« infection horrible » résultant des dizaines de milliers de sacrifices humains et animaux pratiqués annuellement par les Aztèques. Dans ces conditions, « il serait intéressant de bien constater par des expériences réitérées l'odeur particulière de chaque contage [122] ». Cette proposition traduit un certain affaiblissement des craintes traditionnelles. La fétidité n'est mortifère que dans une atmosphère confinée, elle peut même devenir un facteur important du diagnostic médical.

En 1846, la confrontation entre contagionnistes et non-contagionnistes exaspère les divergences en matière de propagation de la peste. Les contagionnistes souhaitent obtenir l'extension des mesures quarantenaires. Ils accusent leurs adversaires d'en prôner l'abolition pour des raisons essentiellement mercantiles : elles gênent en effet la circulation des hommes et des marchandises. Or, expose Pariset, le coton, le lin et le chanvre venus d'Égypte apportent la peste. Ces plantes textiles absorbent et conservent les germes exhalés par les cadavres. Entreposées dans des magasins ou dans les cales des vaisseaux, les miasmes qu'elles recèlent peuvent, en raison du manque d'air et de la chaleur, réagir les uns sur les autres et se prêter à de dangereuses combinaisons. C'est ce qui explique les cas de morts foudroyantes survenant à l'ouverture des magasins de coton et les maladies mortelles dont sont atteints les ouvriers de Constantinople qui manient le lin et le chanvre en provenance d'Alexandrie. « Il est de toute certitude que du chanvre porté de Damiette à Salonique a introduit plus d'une fois dans cette dernière ville des pestes furieuses, entre autres celle de 1816 [123]. »

Ces conceptions sont vivement critiquées. Selon les fracastoriens, raille Rochoux, les émanations des pestiférés s'attachent à certains corps appelés « contumaces », susceptibles de les retenir pendant trente ans et plus et de les transporter à des distances illimitées. « Ainsi des brins de paille, quelques morceaux de corde, une toile d'araignée, des mouches, comme l'assure encore M. Pariset, doivent suffire pour contagier des villes entières [124]. » Clot-Bey lui aussi tourne en dérision les contagionnistes qu'effraie un duvet ou une plume voltigeant dans l'air. La peur qu'un bout de fil ne se colle à leurs chaussures les oblige même à tremper dans l'huile leurs semelles avant de sortir ! Pourquoi suivre plus longtemps les errements de Fracastor ? conclut la commission Prus qui se veut objective et dénonce la confusion et l'anarchie qui règnent dans les deux camps. Sans récuser de façon absolument catégorique la transmissibilité par le contact médiat et immédiat, elle ne reconnaît véritablement qu'un seul mode de transmission : l'« infection miasmatique », c'est-à-dire l'air chargé de miasmes pestilentiels. Comme le fait remarquer Pariset, cette théorie n'est pas une découverte : « Le fond reste le même : un malade, des émanations, un homme sain qui, en les inspirant, devient malade comme le premier[125]. » Et, en 1873, vingt ans avant les intuitions de Yersin sur le rôle du rat dans la diffusion de la peste[126], c'est encore la conception exprimée par Adrien Proust[127].

L'odeur du rat

Jusqu'à la fin du XIXe siècle, les représentations concernant l'étiologie, la nature et le mode de propagation de la peste demeurèrent donc liées à l'odeur. La permanence et la vigueur de cette conception peuvent surprendre. Il faut cependant se rendre compte que, forte de racines plongeant dans l'Antiquité du monde méditerranéen, elle pouvait se recommander, en outre, d'une quasi-universalité. Ainsi la médecine chinoise, qui avait étudié de façon approfondie les diverses formes de peste et établi, de longue date, une corrélation entre les rats et la peste humaine, faisait-elle une place importante à l'odeur dans ses explications de l'étiologie et de la propagation du fléau : « Les rats mouraient parce qu'ils prenaient la mauvaise odeur de la terre, et les hommes avaient ensuite la peste parce qu'ils prenaient la mauvaise odeur des rats[128]. »

Aujourd'hui encore perdure dans certaines sociétés traditionnelles une conception olfactive de l'épidémie. Pour les Sereer ndut du Sénégal par exemple, c'est en inspirant l'odeur des génies de la brousse mêlée au brouillard que se contractent fièvres, grippe, paludisme et ce sont les odeurs du malade (en particulier celles de la sueur de ses aisselles) qui transmettent la maladie[129]. De même les paysans du sud de l'Équateur continuent à penser les maladies en termes olfactifs. Des conceptions miasmatiques survivent chez les populations andines. Lorsque meurt un tuberculeux, il « s'exhale de lui comme une espèce de vapeur qui pénètre les personnes les plus faibles [130] ». Conséquence logique de ces représentations olfactives, les pratiques andines contre l'épidémie font appel à des contre-odeurs. Pour lutter efficacement contre la nocivité du souffle du malade, « comparable à celle des airs qui se répandent des fissures de la terre, des sépultures et des crevasses [131] », l'haleine du guérisseur doit être imprégnée d'alcool et de tabac. Le corps du malade sera aussi frotté avec une pâte végétale mêlée à de l'urine pour le nettoyer et neutraliser les émanations malignes. Ainsi, en dépit des efforts accomplis par les médecins pour divulguer la théorie microbienne, persistent des représentations où l'odeur continue à jouer un rôle décisif dans la santé et la maladie.

LA PESTE : UNE PUANTEUR VENUE DE L'ENFER

Précédée de signes avant-coureurs nauséabonds exhalés des champs et des eaux [132], la peste « empeste » la mort. La puanteur est si concomitante du fléau qu'elle est considérée comme l'un de ses premiers symptômes. Thucydide note la fétidité du souffle, Lucrèce et Diemerbroeck, l'odeur de « cadavres corrompus [133] », de « chairs pourries [134] », dégagée par l'haleine des pestiférés. La nature de la maladie se décèle aux émanations de ses victimes [135]. « Tout, au reste, étoit dégoûtant et repoussant auprès des malades ; les matières qui sortoient de leurs corps exhaloient une odeur insupportable ; la sueur, les excrémens, les crachats, l'haleine, saisissoient d'abord l'odorat par leur fétidité[136] », affirme l'abbé Papon. A ces effluves répugnants, viennent s'ajouter ceux de la ville pestiférée : exhalaisons meurtrières des charniers et des charognes d'animaux abattus par crainte de la contagion. L'abominable fétidité de l'air se trouve encore renforcée par les fumées qui se dégagent jour et nuit des literies et des vêtements que l'on brûle[137].

Le caractère insoutenable de cette puanteur porteuse de mort la situe au-delà de la nature, de l'humain, l'impose comme une émanation démoniaque échappée du monde des enfers et répandue un moment à la surface de la terre. Et, si une telle malédiction est possible, c'est parce que les hommes ont offensé Dieu. Cette idée, très fréquemment exprimée dans les textes, s'enracine dans une tradition fort ancienne. Déjà la Bible et de nombreux écrits antiques faisaient de la peste une punition divine[138]. « Il faut reconnaître que la peste est une verge de Dieu, envoyée sur les hommes pour punir les pécheurs et inciter à amendement[139] », peut-on lire dans un des premiers règlements sur la peste édicté par la ville de Gap en 1565.

L'épidémie qui va s'abattre sur Londres en 1665 est annoncée plusieurs mois à l'avance par une comète qui traverse le ciel juste au-dessus de la cité. La course de l'étoile de feu « d'une lourde et solennelle lenteur » est le signe d'un châtiment « lent mais sévère, terrible et affreux[140] ». L'imminence de l'effroyable calamité égare à ce point les esprits qu'elle pousse à des manifestations extravagantes certains illuminés, tel ce prédicateur quaker, Salomon Eagle, courant hagard et nu dans les rues, un plat de charbons ardents sur la tête, en criant : « Ah! Grand Dieu, Dieu terrible[141] ! »

Et c'est à la pénitence que, dans son mandement du 22 octobre 1720, Mgr Belsunce exhorte ses concitoyens décimés par l'épidémie : « Un nombre infini de victimes est déjà immolé dans cette ville à la justice d'un Dieu irrité. Et nous, qui ne sommes peut-être pas moins coupables que ceux de nos frères sur lesquels le Seigneur vient d'exercer ses plus redoutables vengeances, nous pourrions être tranquilles, ne rien craindre pour nous-mêmes, et ne pas faire tous nos efforts pour tâcher, par notre prompte pénitence, d'échapper au glaive de l'ange exterminateur [142]. »

« Maladie surnaturelle échappée de la colère des dieux [143] », la peste n'est pas une odeur comme les autres : aux hommes sourds et rebelles, elle donne un aperçu du châtiment suprême. Elle transporte en enfer. Déjà pour les Anciens, le feu qui ronge les moribonds a un caractère paroxystique évoqué par Lucrèce en termes saisissants : « A l'intérieur du corps, tout était embrasé jusqu'aux os, une flamme brûlait dans l'estomac comme au fond d'une forge [144]. » Cherchant désespérément la fraîcheur, ne pouvant même plus supporter le contact des plus légers vêtements, ils se jettent tout nus dans l'eau glacée des rivières ou au fond des puits. « Une soif inextinguible qui dévorait leur corps brûlé ne leur permettait pas de faire une différence entre quelques gouttes d'eau et des flots abondants. Point de répit dans leurs souffrances [145]. » Embrasement, désespoir, infection qui éloigne même les vautours, quoi d'étonnant à ce que la peste ait été ultérieurement perçue comme une odeur diabolique ? N'est-il pas jusqu'aux tourments des pestiférés qui évoquent ceux des damnés ? Et c'est une « vraye représentation de l'enfer [146] » qu'offre Gênes, en 1656, au père Maurice de Toulon. Le désordre et l'atrocité qui y règnent ont transformé cette belle ville, autrefois admirée, en un lieu d'épouvante.

Le spectacle d'horreur et de carnage que présente

Marseille en 1720 fait surgir aussi une vision infernale. L'« incendie pestilentiel[147] » qui embrase tous les habitants de la ville rappelle la fournaise où se consument les pécheurs. Poussées par une soif ardente qu'elles ne peuvent assouvir, les femmes, à demi nues, « leurs enfants pendans à leurs mamelles et collés à leur sein[148] », se traînent dans les rues, réclament sans l'obtenir un peu d'eau et expirent, épuisées par cet ultime effort, près du ruisseau. Spectacle apocalyptique que « ces amas prodigieux de cadavres » qui encombrent les rues, les places, mangés par les vers et les chiens, pourrissant à l'air libre. « Leurs membres épars et leurs chairs dissoutes par la pourriture et par l'eau du ruisseau coulaient en lambeaux et répandaient une infection à laquelle on ne pouvait résister[149]. » Scènes hallucinantes de cadavres jetés par les fenêtres et qui s'entassent dans les rues ; de « corbeaux[150] » débordés par l'immensité de la tâche et qui s'écroulent, victimes à leur tour de l'épidémie, sur leur tombereau regorgeant de dépouilles anonymes ; de malades hagards démunis de tout secours, couchés au milieu des mourants et appelant la mort « à grands cris et avec une espèce de fureur[151] » ; de voies publiques, si jonchées de corps qu'il n'y a plus d'espace libre où placer les pieds. Les abords du palais épiscopal en sont à ce point encombrés que l'évêque ne peut sortir sans les fouler. « J'ai eu bien de la peine, écrit-il à l'archevêque d'Arles, de faire tirer cent cinquante cadavres à demi pourris et rongés par les chiens qui étaient à l'entour de ma maison et qui mettaient déjà l'infection chez moi[152]. »

Paroxysme de l'horreur : la peste engendre l'inhumain, le monstrueux, étouffe la pitié, ce « sentiment naturel[153] », ciment de toutes les vertus sociales. Tous les récits de peste s'accordent sur les bouleversements sociaux et moraux produits par l'épidémie. Pillages,

viols, meurtres, ne pouvant être punis, se succèdent :
« D'une façon générale, la maladie fut, dans la cité, à l'origine d'un désordre moral croissant[154] », observe Thucydide. Crainte des dieux ou loi des hommes, rien ne s'oppose désormais aux débordements des instincts ni aux actes criminels que favorisent le caractère aveugle de cette justice divine et la perspective d'une mort prochaine et inéluctable. « Dans l'excès d'affliction et de misère où s'abîmait notre ville, le prestige et l'autorité des lois divines et humaines s'effritaient et croulaient entièrement. Les gardiens et les ministres de la loi étaient tous morts, malades ou si démunis d'auxiliaires, que toute activité leur était interdite[155]. » N'importe qui avait donc licence d'agir au gré de son caprice, déplore à son tour Boccace[156]. Mais c'est la destruction des liens sociaux les plus solides qui constitue le phénomène le plus subversif. En 1585, Montaigne enregistre les « effets estranges » produits par l'épidémie. L'air empoisonné envenime à son tour les rapports les plus tendres, dissout les liens les plus chers. Fuyant la pestilence avec ses proches et cherchant un refuge, il fait l'expérience de l'errance, des portes amies qui se ferment, de l'effroi inspiré par lui et les siens et qui, sournoisement, s'insinue entre les membres de la famille elle-même : « Moy qui suis si hospitalier, fus en très pénible queste de retraicte pour ma famille ; une famille égarée, faisant peur à ses amis, et à soy-mesme, et horreur où qu'elle cherchast à se placer, ayant à changer de demeure soudain qu'un de la troupe commençoit à se douloir du bout du doigt[157]. »

Lors de la peste de Londres de 1665, Samuel Pepys note dans son journal : « Cette maladie nous rend plus cruels, les uns pour les autres, que si nous étions des chiens[158]. » La peste de Marseille de 1720 provoque les mêmes réactions. Les pères et les mères, rapporte

Fournier, chassaient impitoyablement leurs enfants dans les rues et les abandonnaient avec une cruauté inouïe à leur triste destinée, ne leur offrant pour tout secours qu'une cruche remplie d'eau et une écuelle. D'autre part, les enfants « rendoient à ceux qui leur avaient donné le jour ce même barbare et cruel office ; la voix du sang, de la tendresse, de l'amitié, étoit entièrement étouffée[159] ». Et l'évêque de Marseille de s'écrier : « Toute la France, toute l'Europe est en garde et est armée contre ses infortunés habitants, devenus odieux au reste des mortels[160]. »

La déliquescence de la société accompagne la décomposition des chairs. A l'image des corps pourrissants qui partent en lambeaux dans l'eau du ruisseau, le tissu social, lui aussi, se déchire, part en morceaux, se putréfie et se dissout. Devoirs et fonctions sont abandonnés. Médecins et magistrats, saisis de terreur, quittent la ville, laissant les malades sans aide et les pillards faire leur œuvre. Le commerce étant absolument interdit pour éviter la contagion, les habitants manquent de tout et la famine, jointe au fléau de la misère et de la maladie, met le comble à la consternation et au ravage. La peur de la contamination détruit tout sentiment de solidarité, les intérêts égoïstes reprennent le dessus et chacun ne cherche plus qu'à fuir son semblable. L'espèce humaine est en déroute. La barbarie et l'effroi remplacent la sociabilité et la commisération. Les hommes retournent à l'« état de nature » et, tels des loups solitaires, se fuient ou s'entre-déchirent : « Tout fuit dans le désordre et l'épouvante ; les habitants éperdus courent dans les rues sans aucun dessein et sans savoir où ils vont ; ils s'évitent les uns les autres, et n'osent s'approcher : quelques-uns se barricadent dans leurs maisons, sans prévoir les dangers qui les y attendent, les autres se retirent dans leurs bastides... Ils cherchent tous, avec un trouble et un égarement inexprimables, quelque habitation et quelque retraite qui puissent les séparer de l'espèce humaine[161]. »

Au parfum délicat de l'encens qui « s'élevait comme la prière » vers Dieu et scellait l'alliance sacrée, s'est substituée une pestilence, symbole de rupture entre le Ciel et les hommes. L'« odeur de mort[162] » qui émane des âmes des pécheurs brise l'union et attire le courroux divin.

Facteur d'anomie et de discorde, la puanteur de la peste corrompt, non seulement les corps, mais aussi les esprits et les cœurs, détruisant les liens entre les hommes qui « ne peuvent plus se sentir ». Elle apparaît bien comme une exhalaison infernale sortie tout droit de l'antre diabolique où, selon sainte Thérèse d'Avila, « il pue et l'on n'aime point[163] ».

2

Les pouvoirs curatifs de l'odeur

> « Où sont-ils ces temps de la chaleur balsamique et des remèdes aux chauds arômes ! »
>
> GASTON BACHELARD,
> *La Psychanalyse du feu.*

La prophylaxie et la thérapeutique de la peste sont déterminées, dès l'Antiquité, par le constant souci de combattre la putridité de l'air et du corps. Toute perturbation, qu'elle soit due au mouvement violent des astres, des planètes, au tonnerre, à la foudre ou au tumulte des passions, rompt l'équilibre atmosphérique ou humoral. Tout « encombrement » de l'air par les brouillards, les fumées, les vapeurs, tout engorgement du corps par la pléthore, engendre la corruption. Les causes de putréfaction organique étant pensées par analogie avec celles de l'air, rien d'étonnant, dès lors, à ce que les recommandations qui visent au maintien de l'intégrité corporelle soient calquées sur celles qui ont pour but la conservation de la pureté atmosphérique. De la similitude des conceptions concernant leur dérèglement, découle un certain parallélisme des soins à apporter à l'air et au corps. Le rôle essentiel joué par les odeurs dans leur purification s'explique, non seulement par une représentation olfactive de l'épidémie, mais aussi par le lien établi, selon une conception héritée de l'Égypte ancienne, entre l'aromate et le principe d'incorruptibilité. A ces deux raisons, s'en ajoute une autre : le pouvoir prêté à certains arômes de permettre la communication entre les hommes et les dieux et de calmer leur courroux.

LES FEUX D'HIPPOCRATE ET LA THÉRIAQUE

Bien avant les théories d'Aristote, de Théophraste et de Lucrèce sur la nature chaude, sèche, ignée, imputrescible de la bonne odeur et sur ses effets bénéfiques, les parfums furent associés au feu pour vaincre le fléau. A en croire Galien, le seul moyen thérapeutique employé par Hippocrate consista à assainir l'air corrompu par des feux aromatiques. Des bûchers de bois odorants et de fleurs arrosés des parfums les plus onctueux furent dressés dans les rues d'Athènes. Et si lui-même prescrit la thériaque dans la prévention comme dans la cure de la peste, c'est parce qu'elle neutralise la malignité de l'air respiré en agissant à la façon d'un « feu purificateur [1] ».

Cet « antivenin » dans lequel entrent un grand nombre d'ingrédients aromatiques et de la chair de vipère combat tous les empoisonnements, y compris ceux de l'air. Il s'impose donc comme l'antidote par excellence du poison pestilentiel. Bu préventivement, il procure une bonne température et une constitution saine, absorbe les résidus superflus d'humidité, réchauffe les membres refroidis, renforce la résistance de l'organisme et le garantit de la maladie. Il peut même conduire à une guérison complète ceux qui en sont déjà atteints. Se référant à son maître Aelianus Meccius, médecin très remarquable par son jugement et ses qualités de praticien, Galien affirme que cette médication fut utilisée avec succès lors d'une épidémie de peste qui sévissait en Italie. Mais la thériaque n'est pas la seule préparation odorante employée dans l'Antiquité. Rufus d'Éphèse, par exemple, recommande une composition pharmaceutique incluant de l'aloès, de la myrrhe et de l'encens. « Je ne sache pas, dit-il, de malade qui ne se soit tiré d'affaire avec cette potion[2]. »

Outre les parfums et les produits aromatiques dont le rôle est primordial dans la prévention et le traitement de la peste, les médecins grecs et romains utilisent d'autres remèdes desséchants associés à diverses pratiques d'épuration. La menace putride est en effet au centre des préoccupations médicales. Galien confie que ses méthodes thérapeutiques découlent de cette représentation[3]. Il recommande saignées, purgation, vomitifs, techniques directement héritées d'Hippocrate, et un dessiccatif qu'il tient en haute estime : la terre d'Arménie. Phlébotomie et remèdes évacuants sont largement employés contre la pléthore. C'est en se faisant sur la jambe une scarification lui permettant de perdre une grande quantité de sang que Rufus d'Éphèse, malade de la peste, échappe à la mort.

LE RÈGNE DE L'AROMATE

Les bonnes odeurs sont, au Moyen Age, les armes principales contre la corruption de l'air et du corps. Après les Grecs, les médecins arabes vont jouer un rôle important dans la qualification prophylactique et thérapeutique des arômes. Le goût prononcé de Mahomet pour ceux-ci n'y a sans doute pas été étranger. Né à La Mecque, centre commercial du trafic des aromates, il accordait aux parfums de grands pouvoirs hygiéniques et médicaux et voyait dans l'usage des cosmétiques un moyen pour les musulmans de se distinguer des juifs et des chrétiens[4]. Citant le prophète : « De votre monde, trois choses m'ont été chères : le parfum, les femmes et, ce qui fit ma joie, la prière[5] », Avicenne contribue, au XIe siècle, à promouvoir les vertus vivifiantes des arômes et leurs effets sur la « bonté des mœurs » et la « perfection de l'agir » : « L'intérêt, pour le prophète — que Dieu lui donne Sa bénédiction et la paix ! — d'utiliser les senteurs excellentes, c'est qu'elles fortifient les sens. Or, quand ceux-ci sont forts, les pensées sont exactes, et leurs conclusions droites. Par contre, quand ils s'affaiblissent, l'état des pensées en vient à se bouleverser, et leurs conclusions sont confuses. »

Cette convergence des conceptions antiques et arabes influence les médecins qui tirent parti des qualités imputrescibles, purifiantes, revigorantes et réjouissantes des substances odorantes. Employées sous des formes très diverses, elles combattent les passions tristes comme la crainte et l'affliction qui, en modifiant la disposition naturelle de l'organisme, favorisent l'arrivée du mal. En les « confortant », « corrigeant »,

« rectifiant », « rafraîchissant », « réchauffant », « desséchant », elles assurent aussi bien la salubrité de l'air que la santé du corps. Afin d'éviter tout dérèglement de leurs « qualités premières », il faut veiller à ce que l'un et l'autre ne soient ni trop humides, ni trop chauds, ni trop secs, ni trop froids. Si la température froide et sèche menace le corps de pourrissement parce qu'elle resserre les pores de la peau et ne permet plus l'évacuation des humeurs, la chaleur et l'humidité sont encore plus redoutables car elles ouvrent les émonctoires à l'air venimeux.

Un classement climatique des senteurs apparaît. Selon les saisons, elles fournissent à l'air et au corps les éléments nécessaires au maintien de leur équilibre. Lors de la peste de 1348, le collège de la faculté de Paris prescrit de respirer en été « des aromates froids, comme des roses, du santal, du nénuphar, du vinaigre, de l'eau de roses, des trochisques de camphre, avec lesquels aussi le cœur est réconforté et des pommes froides » et, en hiver, « des aromates chauds, tels que le bois d'aloès, l'ambre, la noix muscade, la pomme d'ambre[6] ».

Un second classement d'ordre social, qui se maintiendra d'ailleurs au cours des périodes suivantes, vient s'ajouter au premier. En raison de leur prix, le musc, l'ambre, l'aloès, le cinnamome, sont réservés aux « riches et puissans[7] ». Les « mainz suffisans[8] » se procurent du storax, du costus, de l'oliban, de la marjolaine, du mastic. Quant au pauvre

> « *Qui, en yver ne en esté*
> *Ne peut mie ces choses faire* »,

il ne lui reste

> « *Que prier Dieu, le débonnaire,*
> *A lui faire bonne défense*
> *En tout temps de mal et d'offense*[9]. »

Pour rafraîchir l'atmosphère des demeures patriciennes, on arrose le sol d'eau de roses ou on le jonche de fleurs « froides ». L'hiver, des fumigations de musc, d'ambre, d'aloès, de « trochisques [10] » la réchauffent. Le peuple brûle des « fistiques », des « thamarisques », des grains de genièvre, des coings, de l' « ase ». A la belle saison, il fait des aspersions d'eau vinaigrée, et étend par terre des feuilles de vigne et des plantes qui tempèrent l'excès de chaleur et d'humidité :

> « *Jonchier la chambre druement,*
> *Et l'arrouser légiérement*
> *D'eau très froide & de vinaigre,*
> *Fort odorant, poignant & maigre,*
> *Et dessus semer volentiers*
> *Des roses & fleurs d'aiglentiers*
> *Ô feuilles d'ongle cabaline,*
> *Qui est herbe moult froide & digne,*
> *Et de choses autres bien fresches,*
> *Bien odorans, plaisans & sèches*[11]. »

Aux mesures touchant la désinfection de l' « haleine » des maisons, s'ajoutent des recommandations d'hygiène urbaine. On fuira les endroits fétides et bourbeux et l'on se protégera du mauvais air en vitrant les fenêtres ou en les garnissant de toile cirée. Olivier de La Haye insiste également sur l'importance du choix de localités salubres, à l'abri des effluves des marais, des mines, des cimetières et, même, des sites encaissés et boisés. Le voisinage de certains végétaux réputés pour leurs émanations nocives sera même proscrit :

> « *Pour éviter l'infection*
> *Aussi est bon certainement*

> *Quérir un tel hébergement*
> *Où n'ai prez noyers, ne sénes*
> *Figuiers, jusquiame, cicues,*
> *N'autres choses, portant encombre*
> *Par leur oudeur ne par leur ombre*[12]. »

Inspirer le moins d'air possible et « flairier choses resjouissans et toudiz aromatisans[13] » comme une éponge imbibée de vinaigre, un bouquet ou une pomme aromatique, sont les précautions les plus élémentaires. Pommes et boîtes de senteurs, électuaires, trochisques, lotions, sirops, corrigent l'air venimeux avant son entrée dans les poumons et accroissent les résistances de l'organisme. Certains de ces produits servent à la fois d'écran protecteur et de roboratif, d'autres sont de simples médicaments.

D'origine orientale, les pommes de senteurs sont des sphères creuses en or ou en argent, souvent incrustées de perles et de pierres précieuses. Elles contiennent des parfums solides de nature animale, rares et très coûteux, comme le musc et l'ambre gris. Leur fabrication serait bien antérieure au XIVe siècle puisque l'empereur Frédéric Barberousse reçut, en 1174, du roi de Jérusalem, plusieurs pommes d'or remplies de musc[14]. La pomme d'ambre, faite avec cette substance odorante extraite des concrétions intestinales du cachalot, est présentée au Moyen Age comme un préservatif souverain contre la peste. Grâce à la puissance de son odeur, elle possède à un haut degré « la propriété de réjouir les sens et de tonifier le corps[15] », de réconforter tous les tempéraments, de faciliter la respiration :

> « *Car l'ambre pure et excellente*
> *A propriété véhémente*
> *A donner confort et léesce,*
> *Et à tollir toute tristesce*[16]. »

Mais ce remède est, en raison de son prix, réservé aux grands de ce monde. Aussi crée-t-on d'autres formules moins onéreuses, beaucoup d'entre elles ne contenant d'ailleurs plus aucune trace de cet ambre si vanté pour les vertus de son arôme.

Des compositions réputées, telles celles de Jean Mesué et d'Avicenne, comportent de très nombreux ingrédients aromatiques qui sont pulvérisés, tamisés, broyés avec de l'eau de façon à former une pâte. Voici une des nombreuses formules de pommes de senteurs que donne le collège de la faculté de médecine de Paris : « Prenez une pierre très pure de deux onces ; storax, calamite, gomme arabique, myrrhe, encens, aloès, de chacune de ces substances trois gros ; roses rouges choisies, un gros ; santal, musc, deux gros ; noix muscade, girofle, macis, de chacune de ces substances, un gros ; noix de ben, coquille supérieure et inférieure d'huître byzantine, karabé, calame aromatique, semences de basilic, marjolaine, sarriette, menthe sèche, racine de giroflier, de chacune de ces substances, un demi-gros ; bois d'aloès, une demi-once ; ambre, un gros ; musc, un gros et demi ; camphre, un demi-scrupule ; huile de nard, huile de muscatelline, une quantité suffisante pour parfumer ; ajoutez-y un petit fragment de cire blanche [17]. »

Jusqu'au XVIIIe siècle, les pommes de senteurs connaîtront une très grande vogue. Elles inspireront de magnifiques ouvrages d'orfèvrerie, parfois très éloignés de la forme originelle, portés à la ceinture, au cou, voire en bague.

Existent aussi des boîtes de senteurs renfermant, soit des parfums solides, soit un linge, une éponge, imbibés de vinaigre. Bien que peu coûteux, celui-ci a la réputation de combattre efficacement la putréfaction en raison de sa nature « froide et sèche ». Et l'éponge, dont Ambroise Paré affirmera que c'est la matière la plus propre à contenir les « vertus et espritz des choses aromatiques et odorantes [18] », sera encore utilisée au XVIIIe siècle.

A côté de ces « antidotes » que l'on hume, il en existe d'autres à usage externe ou interne. Lotions, sirops, pilules, trochisques font partie de l'arsenal antipestilentiel du Moyen Âge : « Il faut réconforter le cœur avec des lavages à l'extérieur, et avec des sirops et autres médicaments à l'intérieur ; toutes ces préparations doivent contenir du parfum et de l'arôme, tels que la saveur du citronnier, le rob des pommes et des citrons, et les grenades fort acidulées [19]. »

L'héritage grec et arabe se manifeste dans certaines de ces compositions par l'introduction de substances réputées antivenimeuses comme les pierres précieuses, les perles, l'or, l'ivoire, la corne de cerf. Elles entrent notamment dans la formule des électuaires cordiaux qui soignent la fièvre et les bubons pestilentiels.

L'aromate joue encore un grand rôle dans la purification du linge, des vêtements et des aliments. Galien pensait déjà que les draps, les matelas, les couvertures malodorantes, pouvaient accélérer le processus de pourrissement des humeurs et Boccace montre que les vêtements des pestiférés constituent des foyers de contamination. Il est recommandé de parfumer linge et habits (les tissus de soie et de couleur écarlate sont même réputés opposer un meilleur écran aux effluves venimeux). Quant aux bonnes odeurs des épices, elles empêchent la corruption des aliments. Viandes bouillies et poissons sont relevés de gingembre, clous de girofle, poivre de cubèbe, cardamome, noix de muscade, macis (fleur et écorce du muscadier), safran, cannelle. Mais leurs vertus échauffantes ouvrent les pores de la peau à l'air pestilent. Aussi les utilisera-t-on surtout en hiver.

D'autres recommandations concernant la table traduisent l'obsession de l'aquosité propice à la putréfaction. Les poissons provenant d'eaux troubles, les légumes et fruits aqueux, les laitages, doivent être évités. Les viandes sèches et rôties seront préférées aux viandes bouillies ou difficiles à digérer et qui engendrent des humeurs épaisses, « mélancoliques », « liquides » et « flatueuses ». Les vins, en revanche, à condition qu'ils soient d'agréable odeur, possèdent des vertus prophylactiques.

Les pratiques d'épuration traditionnelles viennent compléter et renforcer les règles d'hygiène alimentaire. Saignée et purgation conviennent à tous les « replez d'humidité et autre superfluité[20] » : incontinents, sanguins, oisifs, jeunes enfants « moistes et chaleureux », femmes enceintes gorgées d'humeurs. Les techniques d'évacuation interne s'inscrivent dans une lutte contre la putridité et la fétidité où l'aromate est roi. On parfume tout : l'air, le corps, le linge, les vêtements, les aliments. Les bonnes odeurs qui émanent des personnes et des choses doivent faire échec à la corruption.

DE L'ARSENIC DANS LE PARFUM

Au XVᵉ siècle, le discours tenu sur la prophylaxie et la thérapeutique de la peste subit d'importants changements. Les traits essentiels en sont, d'une part, le recours massif aux contrepoisons et, d'autre part, l'importance accrue donnée aux pratiques de désinfection en même temps que se manifeste une certaine évolution de l'hygiène privée.

L'artisan principal de cette transformation est Marsile Ficin. En définissant la peste comme un venin spécifique, il concentre l'attention sur le renforcement des produits odorants par des antidotes très puissants. Cette adjonction de substances réputées antivenimeuses, comme la chair de vipère, les perles et les pierres précieuses, se pratiquait déjà dans l'Antiquité et au Moyen Âge, mais elle se généralise sur les conseils de Ficin qui en préconise de nouvelles (huile de scorpion, frêne, arsenic, vitriol). L'extension des mesures de désinfection des maisons et des individus lui apparaît, par ailleurs, indispensable dans la mesure où il conçoit le venin de la peste comme une odeur qui se fixe aux êtres et aux choses.

Aussi bien dans la prévention que dans le traitement de la peste, il allie systématiquement substances odorantes et contrepoisons. Ces derniers sont des plus divers. Pierres précieuses tout d'abord : hyacinthe, topaze, grenat, rubis, corail, diamant. Leurs pouvoirs sont soulignés avec insistance. Ainsi l'émeraude a une si grande force qu'elle est capable d'aveugler vipères et crapauds [21]. Ces pierres ne sont pas, toutefois, les seuls composants qui ont « propriété et vertu de chasser le venin ». Il en est beaucoup d'autres, précieux ou non, réels ou mythiques, qui protègent de la mort : l'or, le corail, la soie, la corne de licorne ou le simple bois de frêne.

Le contrepoison par excellence est la pierre appelée « bézoard ». D'origine orientale, elle peut présenter trois couleurs différentes : bleu sombre, bleu et vert, blanc bleuté. Sa puissance d'immunisation est telle que, si l'aiguillon du scorpion la touche, cet animal venimeux devient tout à fait inoffensif. Pilée et placée dans la bouche du serpent, elle le tue. Cette pierre rare (en réalité, une concrétion pierreuse qui se forme dans l'estomac de certains animaux) peut être portée au cou ou montée en bague. Il est conseillé d'y faire graver un serpent ou un scorpion pour en augmenter le pouvoir protecteur. Elle entre également dans la composition de médications aromatiques : l'encens scellé avec un anneau de cette matière constitue une aussi bonne garantie contre le venin que le véritable bézoard.

Moins précieux et, sans doute, plus facile à se procurer, le frêne fait également partie de ces antidotes qui viennent aider les arômes dans leur combat contre la pestilence : « pour ce que fresne a telle vertu qu'aucune beste venimeuse n'ose approcher de son ombre ny de la senteur d'iceluy, plustost elle se ieteroit volontiers dans le feu qu'elle ne s'approcheroit de cest arbre [22] ». On se mettra à l'abri de l'air en respirant une éponge « liée avec bois de fresne » et imbibée de « ceste odeur salutaire » faite avec de l'eau de roses, du vinaigre rosat, du vin de malvoisie, de la racine de zédoaire ou de l'écorce de citron.

L'association de produits parfumés et de contrepoisons se rencontre constamment dans les prescriptions. Outre la thériaque que Ficin considère comme la « Royne de toutes les compositions qui a été envoyée du ciel aux hommes » et dont on imprégnera son mouchoir, on humera toutes sortes de bonnes odeurs, comme celles de l'encens, de la myrrhe, des violettes, de la menthe, de la mélisse, de la rue ou une « pomme de cèdre » faite avec du storax, du santal, du camphre, des roses. On pourra également tenir à la main des agrumes, des fleurs et des plantes odorantes, porter au cou ou garder dans la bouche de la corne de licorne, une hyacinthe, une topaze, une émeraude. Les pilules et les électuaires comporteront de l'aloès, de la myrrhe, du safran et des ingrédients qui « augmentent leur vertu et forces » : pierres précieuses, perles, « rasclure d'hyvoire », corne de licorne ou de cerf brûlée, « os qui est au cœur de cet animal ». A l'intention des gens riches, existent plusieurs recettes de pilules chargées de dessécher les humeurs, de fortifier le cœur, de resserrer les conduits pour faire obstacle à l'entrée du venin. Les poudres de pierres précieuses et d'encens sont également excellentes. On boira aussi des décoctions de petites fleurs qui assèchent les « humiditez venimeuses » ou de plantes antitoxiques comme les raiforts sauvages qui « ont telle force contre le venin qu'ils font crever le scorpion qui les a touchés », des eaux de mélisse, de rose ou de scabieuse, de l'huile de scorpion composée d'huile d'olive vieille de cinquante ans dans laquelle a bouilli le dangereux animal. Les sachets parfumés portés sur le cœur pour le fortifier comporteront désormais des roses rouges, du bois d'aloès, du santal et des coraux. Les épithèmes placés sur l'estomac ou sous les bras seront composés de santal, de camphre, de roses mais aussi de corail et d'ivoire. Le souci d'accroître leur efficacité conduit même à inclure dans les « ruptoires [23] » des produits très toxiques : arsenic, ciguë, vitriol, ainsi que de la chaux, de l'orpiment, du borax, du sel ammoniac, de la poix, qui attirent énergiquement le poison des bubons. Tous ces médicaments doivent, en effet, être « puissants pour tirer le venin hors du corps ».

L'intérêt accordé aux contrepoisons incite aussi Ficin à mêler des matières précieuses aux épices assaisonnant la nourriture pour contrebalancer l'effet de leurs qualités chaudes et « apéritives » qui « préparent et disposent l'homme à recevoir plus facilement le venin ».

En comparant la peste à un dragon qui jette « son haleine venimeuse sur l'homme », Marsile Ficin va renforcer la peur et sensibiliser l'opinion à la nécessité d'une hygiène plus grande. Afin de se préserver de ce poison qui s'attache à la peau, aux vêtements, aux objets, aux murs, il faut avant tout « tenir nets » la demeure et le corps [24].

Pour ce qui est de la maison, il prône des méthodes directement héritées de l'Antiquité et du Moyen Âge, en particulier le recours aux parfums et aux feux odorants. Elle doit être propre, aérée et « bien parfumée de bonnes senteurs », les pièces arrosées de vinaigre, remplies de fleurs et de plantes odorantes : « Qu'on espande par tout & qu'on mette par les coings & parois de la chambre, des feuilles de vigne, de roseaux, de saules, d'osiers, de petites plantes & feuilles de citronnier & de toutes autres choses verdes, comme fleurs & pommes de bonne senteur. »

En ce qui concerne le nettoyage du corps, sont préconisées, outre les traditionnelles techniques d'épuration interne, de nouvelles méthodes qui ne passent pas par le développement de l'usage des bains. Bien au contraire, ceux-ci apparaissent menaçants dans la mesure où ils ouvrent les pores de la peau et favorisent l'entrée de l'air pestilent. Alors que, pendant la peste de 1348, les médecins ne déconseillaient que les bains chauds, Ficin considère le bain, en général, comme dangereux [25]. Les pratiques qu'il recommande font apparaître un recul sensible de l'eau. Visage et mains seront lavés à l'aide de lotions aromatiques. Les médecins et les personnes en contact avec les malades redoubleront de prudence et se nettoieront entièrement et deux fois par jour avec du vinaigre tiède. Changer de vêtements et se parfumer souvent deviennent des précautions indispensables.

Ces conseils d'hygiène se doublent d'une incitation pressante à l'usage privé de la literie et de la vaisselle, qui traduit une tendance nouvelle à l'individualisation : « Qu'on aye durant ces temps, des vaisseaux séparés pour boire et pour manger, des garnitures de licts aussi & si on ne peut avoir d'autres linceulx & choses necessaires separées, qu'on les nettoye par lavemens & perfums[26]. »

Toutes ces mesures préventives ont un prolongement sur le plan curatif. Lorsque la contagion s'installe, elle sera combattue selon des principes similaires. Ainsi les recommandations d'hygiène corporelle concernent-elles, à plus forte raison, le malade : « Que sur toutes choses on aye soin de renouveler et changer au malade souvant de chemise, de tous les draps, linges et perfums, et le vaisseau ou se font les perfums[27]. » Quant aux pratiques de nettoiement par les parfums[28], elles inspirent directement celles de désinfection. Si, en cette matière, ne sont données que des indications très succinctes sur les produits eux-mêmes et la façon de les utiliser, il faut prendre en compte l'aptitude plus ou moins grande de chaque corps à retenir le venin. En fonction de ce critère, sont fixées des durées de désinfection spécifiques : « Les hommes sont communément nettoyés dans quatorze jours, les maisons, bois et autres choses en vingt & un. Les draps, vestements & autres choses semblables, dans vingt & huict jours. Les chevaux, & les meubles, le bagage & telles choses gardent long temps le venin si on n'y est advisé[29]. » Il est remarquable d'ailleurs que le terme « nettoyer » soit utilisé, tant à propos des moyens prophylactiques que du traitement de la peste. Hygiène préventive et méthodes curatives ne sont pas clairement distinguées car elles relèvent d'une conception identique. Mais les règles posées par Ficin influenceront les techniques de désinfection qui seront développées et pratiquées de façon systématique au cours des siècles suivants.

RECHERCHE SUR LE PRINCIPE ACTIF
DES BONNES ODEURS

Au XVIᵉ siècle, le privilège thérapeutique accordé aux senteurs et la critique des antidotes inodores renforcent la confiance en l'aromathérapie. L' « antipathie [30] » de la bonne odeur pour la puanteur suffit-elle à enrayer les maladies contagieuses ? A cette interrogation qui implique un lien entre la contagion et la fétidité, Fracastor apporte une réponse qui témoigne de son souci de rigueur. L'action réconfortante des parfums sur les malades lui paraît évidente. Mais faut-il aller plus loin et induire qu'ils peuvent combattre les germes ? Reconnaissant être obligé de dépasser la seule observation, Fracastor conclut : « Si cela n'est pas manifeste, cela est au moins rationnel [31]. » Un autre argument conforte son hypothèse : l'utilisation des résines aromatiques dans l'embaumement des morts montre leur efficacité contre la corruption. Elles doivent donc également préserver de la putritude contagieuse. Le processus de leur action est ainsi expliqué : c'est l'effet desséchant et agrégeant des matières résineuses qui évite la putréfaction. Les très fines particules des aromates assèchent et cimentent. Leur action est comparable à celle du sable sur la chaux ou de la farine sur l'eau. « Les infiniment petits humides » pénètrent alors dans « les très petits pores des substances sèches [32] ». Leur union ne laisse plus aucun vide et interdit toute décomposition ainsi que l'arrivée d'un agent extérieur qui tenterait de la détruire. Au nombre des résines les plus efficaces qui « abstergent, dessèchent, donnent de la consistance à la matière », figurent celles du mélèze, du cèdre, ainsi que la myrrhe, le styrax, le galbanum, la térébenthine, le mastic[33]. Quant à l'explication de cette propriété des substances odorantes, Fracastor demeure prudent. Il avance cependant l'idée qu'elle pourrait consister dans leur arôme même : « Cette antipathie réside-t-elle dans cette qualité qui fait l'odeur, ou dans une autre, cela est incertain pour l'homme[34]. »

Les parfums des matières odoriférantes constituent en revanche, pour Ambroise Paré, leur élément actif incontestable. De nature similaire aux « esprits vitaux », ils leur permettent de s'opposer au venin pestilentiel[35]. La condamnation de certains « alexitaires » sans arôme, comme la corne de licorne, les perles ou les pierres précieuses, est révélatrice de l'importance que Paré donne à l'odeur. Paradoxalement, alors que Fracastor — qui essaie de tenir un discours rigoureux sur la contagion — maintient l'utilisation de ces produits, Paré qui renvoie, lui, la peste à une cause occulte, les discrédite. L'explication quasi scientifique fournie par Fracastor de l' « antipathie matérielle » des substances aromatiques pour les germes coexiste avec un commentaire assez obscur sur l' « antipathie spirituelle[36] » des saphirs, coraux, émeraudes, hyacinthes, « succin[37] », cornes et os de cerf, licorne. Sa seule réserve les concernant ne porte pas sur leur action mais sur leur coût. Paré, par contre, dénonce leurs pouvoirs trompeurs et la crédulité de l'opinion.

Ainsi en est-il de la corne de licorne. Existe-t-elle seulement ? « On ne sçait à la vérité quelle est ceste beste », observe-t-il dans son épître dédicatoire à Mgr Christophe des Ursains. Les bruits les plus contradictoires courent à son sujet. Elle naît aux Indes, en Éthiopie, dans des déserts inaccessibles. Elle ressemble à un cheval, un âne, un cerf, un éléphant, un rhinocéros, un lévrier. Sa corne est noire, blanche, pourpre, rayée comme la coquille de l'escargot. Les uns « disent qu'elle est la plus furieuse et cruelle de toutes les bestes et qu'elle hurle fort hideusement, d'autres au contraire la disent fort douce et benigne, et s'amouracher des filles, prenant plaisir à les contempler, et qu'elle est souvent prise par ce moyen [38] ». Quand bien même existerait-elle, sa corne ne saurait combattre tous les poisons : ceux-ci, très divers, froids, chauds, secs, humides, occultes, opèrent de manière spécifique et nécessitent des contrepoisons particuliers. Mais, ce qui limite surtout l'usage des cornes en médecine, c'est qu'elles n'ont ni saveur, ni odeur, à moins d'être brûlées. Seuls, « le bon air et le bon sang », qui stimulent le cœur, ont la faculté de s'opposer aux venins. Les remèdes cordiaux (électuaires, épithèmes, opiats), qui comportent de très nombreux ingrédients aromatiques, sont aussi des antivenins. Mais « quiconque trouvera de l'air en la corne de licorne, il tirera de l'huile d'un mur [39] ». Dépourvu à la fois de chair et d'arôme, cet alexitaire, abusant jusqu'aux rois qui en font tremper un morceau dans leur coupe pour éviter d'être empoisonnés, est donc parfaitement illusoire.

Si Paré admet certains antivenins inodores, comme la terre sigillée, le bol d'Arménie, le « racleur d'yvoire et de corail [40] », c'est qu'ils sont dotés de qualités astringentes. Ils ferment les conduits de veines et artères par lesquelles « le venin et air pestilent pourroit estre porté au cœur [41] ». Mais en ce qui concerne les perles, l'or et les pierres précieuses, dénués tout à la fois d'arôme et d'astringence, leurs vertus sont des plus douteuses et relèvent de la superstition et de l'imposture.

Quel que soit le principe de leur pouvoir, les senteurs restent, au XVIe siècle, les plus sûres alliées de tous ceux qui assistent les malades. Les conseils donnés, en 1548, par Oger Ferrier à ses confrères, mettent en valeur l'importance de la panoplie aromatique des médecins. Avant de pénétrer dans la maison du pestiféré, il faut en faire ouvrir portes et fenêtres pour l'aérer puis la désinfecter par un feu odorant. Précédé d'une « eschauffette » où brûlent, sur des charbons ardents, encens, myrrhe, roses, benjoin, ladanum, styrax et clous de girofle, portant d'une main une branche de genévrier et de l'autre une pomme de senteurs, un bouquet ou une éponge imbibée de vinaigre, le praticien se rend auprès du malade. Dans la chambre assainie par les fumigations, la consultation peut alors commencer. Et cela va réclamer de lui, outre des qualités qu'on requiert plutôt d'un jongleur ou d'un équilibriste, une grande perspicacité dans le diagnostic, car c'est seulement à distance ou à tâtons et à reculons qu'il ausculte : « Ainsi, tenant dans la bouche quelque chose de votre massapa, et tenant l'une main au près du nez avec lesdites odeurs, et ayant en l'autre ladite piece de genevrier allumée : vous regarderez d'un peu loin votre patient et l'interrogerez de son mal et de ses accidents et s'il a douleur, ou quelque tumeur en aucune partie, le visiterez. Puis vous approcherez, et en lui tournant le dos, baillerez votre piece de boys à quelcun qui la tiene devant votre face. Et avec votre main tournée en arrière, toucherez le pouls du malade, et le front, et la région du cœur, tenant toujours quelque senteur près du nez. » Enfin, le médecin courageux, toujours muni de ses accessoires aromatiques, entreprendra une ultime tâche, la plus périlleuse de toutes : l'examen des urines et des matières fécales, mais seulement « si la condition du malade le mérite [42] »

LA DÉSINFECTION AU CANON

Les bonnes senteurs n'ont pas eu les effets que l'on en attendait et l'anxiété devant la peste augmente. L'idée va alors s'imposer qu'on peut essayer de la combattre par des odeurs plus fortes. Deux méthodes apparaissent concevables : opposer à la puanteur d'autres puanteurs ou renforcer l'action des parfums par des senteurs violentes.

Henri de la Cointe, en 1634, préconise de neutraliser les exhalaisons pestilentielles par des relents encore plus infects, tels ceux du bouc ou des charognes. A l'appui de cette opinion, il invoque des pratiques rapportées par Thomas Jordanus, Alexander Benedictus ou Palmarius. Le premier expose que « dans un air pestilent, on a coustume de nourrir les boucs, animaux puants, afin que toutes les odeurs mauvaises ou ingrates se portent sur luy, soit aussi que sa puanteur surmonte toutes les autres et les détruise en sorte qu'à peine en reste-t-il trace [43] ». Les autres relatent que, lors d'une cruelle peste qui ravagea la Pologne et la Scythie, il fut demandé à la population de tuer tous les chats et les chiens et de les laisser pourrir dans les rues « afin que cette vapeur maligne et puante eslevée dans l'air, le remplisse soit pour changer cet air pestilent, soit pour l'absorber et consommer [44] ». De la même conception procèdent les conseils donnés par le médecin toulousain Alvarus qui juge par trop sale l'usage de boire chaque matin de sa propre urine : « Il vaut mieux sentir souvent l'urine d'un bouc et le mesme bouc qu'à ces fins on doit tenir dans la maison [45]. » Henri de la Cointe trouve une confirmation du principe selon lequel une puanteur en chasse une autre dans le fait que certains travailleurs que l'on évite parce qu'ils manipulent des « choses sordides et puantes » sont moins frappés par l'épidémie : les odeurs nauséabondes des cuirs protègent les corroyeurs, de même que les émanations excrémentielles mithridatisent les vidangeurs. Quant au personnel hospitalier qui respire constamment l'air pestilentiel, ce n'est pas le plus menacé. Fétidité n'est donc pas synonyme de nocivité et le nouveau credo aromatique peut être proclamé : « C'est donc procéder peu judicieusement et témérairement que de vouloir dire et affirmer comme une éternelle vérité que les seules bonnes odeurs doivent servir aux parfums des chambres infectées et non pas celles qui sont ingrates et mal-plaisantes [46]. » Plus encore, les bonnes odeurs sont maintenant accusées de favoriser le mal : « Et à la vérité quant aux bonnes et suaves odeurs, elles semblent estre plustost au-dedans du cœur un véhicule pour y porter l'air pestiféré, que non pas pour l'en défendre, le cœur embrassant promptement par une inclination naturelle, ce qui est odorant ou de bonne senteur : comme au contraire il se resserre et se munit à l'encontre des malplaisantes. »

Mais tous les contemporains d'Henri de la Cointe ne prônent pas un renversement aussi complet des valeurs olfactives. La plupart préfèrent une méthode qui associe les odeurs violentes aux bonnes senteurs. Les vertus purifiantes et revigorantes de celles-ci doivent être soutenues et augmentées par des « renforts » adaptés au caractère effrayant de l'adversaire. Pour désinfecter les maisons, les vêtements, les personnes, des produits toxiques qui dégagent des effluves âcres comme le soufre, l'arsenic, l'antimoine, la poudre à canon, la poix, sont ajoutés aux fumigations aromatiques. Marsile Ficin avait déjà recommandé, deux siècles auparavant, l'adjonction de certaines de ces substances aux aromates pour en renforcer le pouvoir antivenimeux. Mais, à partir du XVIIe siècle, on va s'intéresser de façon spécifique aux énergies contenues dans l'odeur irritante de ces adjuvants et en généraliser l'usage. Car il ne s'agit plus, comme le fait remarquer Angelus Sala, en 1617, de « corriger l'air de quelque puanteur » avec des arômes, mais de résister à une « très subtile vapeur » empoisonnée, ce qui ne peut se faire qu'avec des parfums antivenimeux et violents[47]. L'épidémie est « une infection si maligne et véhémente, qu'elle ne peut non plus estre domptée par la senteur des roses, des violettes, fleurs d'oranges, d'iris, storax, santal, cinnamome, musc, ambre, civette, ou autres choses odorantes ». Et, de même que l'on ne maîtrise pas « la force d'un lion par celle d'un aigneau » ou la puissance du « grand venin de l'arsenic avec le sucre candy », il est impossible de lutter contre la pestilence de l'air en utilisant seulement ce qui flatte l'odorat. Les émanations malodorantes recèlent des énergies supérieures et sont plus à même que les autres de combattre le fléau. Leur emploi, malgré le désagrément qu'elles comportent, s'impose car « on ne peut pas toujours conserver sa santé en se tenant le nez dedans les roses ». Illustration de cette tendance nouvelle : on voit apparaître à cette époque des pommes de senteurs composées de soufre, de poix et de castoréum[48] et des « pilules fétides pestilentielles[49] » !

Dans la prophylaxie et la thérapeutique de la peste, une place prépondérante va être faite désormais à des effluves violents ou nauséabonds dont l'agressivité est un gage de force. Mais leur victoire ne sera ni aisée, ni totale. Certains praticiens s'opposeront farouchement à leur emploi et les partisans de la nouvelle méthode, eux-mêmes, n'excluront pas, dans certains cas, le recours aux bonnes senteurs.

Le progrès d'une médecine « dure » des odeurs violentes au détriment de la médecine « douce » des senteurs agréables rencontre des résistances acharnées. Dans cette lutte de spécialistes, tous les arguments sont bons. Les tenants de l'aromathérapie traditionnelle, soucieux de ne pas paraître moins épris de progrès que leurs adversaires, vont essayer de la défendre en proposant des applications nouvelles, parfois ingénieuses. Très représentative de l'affrontement du nouveau courant et des méthodes anciennes est la polémique qui oppose Jean de Lampérière, auteur du *Traité de la peste, de ses moyens et de sa cure*, à David Jouysse qui publie, en 1622, un *Examen du livre de Lampérière sur le sujet de la peste*.

« J'en trouve beaucoup qui réprouvent les bonnes odeurs en la peste et conseillent les mauvaises et semble que cette erreur aye passé à beaucoup en règle[50] », constate, en 1620, Jean de Lampérière. A contre-courant de cette mode, il s'insurge contre l'utilisation des produits fétides. C'est une erreur, proteste-t-il, de croire « trouver un grand préservatif en la puanteur d'un retrait, en la touffeur d'un fumier, au relan et pourry d'un puteau... La force des choses fœtides est grande mais pour corrompre et infecter : non pour se desfendre de la corruption ». Sa tentative pour revaloriser les exhalaisons agréables se réalise au prix de quelques concessions. Parmi les mauvaises odeurs, il opère une distinction entre celles qui résultent d'une combustion et celles qui naissent de la putréfaction. Les âcres émanations causées par la calcination des corps ont une qualité ignée de purification et de dessiccation. C'est pourquoi les fumigations de soufre, de poudre à canon, de salpêtre, « choses fortes d'odeur, sans fœteur », peuvent, à la rigueur, servir à assainir l'atmosphère des maisons. Les relents, porteurs de corruption, sont, en revanche, à prohiber complètement. Quant aux arômes, Lampérière réfute le prétendu manque de force dû à la ténuité de leur substance. Créés pour le plaisir de l'homme, ils lui sont destinés de façon spécifique. Leur puissance réside dans leur suavité même. Aux critiques qui confondent délicatesse et faiblesse, il riposte que cette douceur recèle des énergies cachées, capables aussi de charmer esprits et démons que la puanteur irrite. Propre à la fois à corriger l'air et à stimuler le cœur et le cerveau, leur usage s'impose donc pour se garantir de la peste.

Champion d'un combat d'arrière-garde (il demeure partisan de l'or, des perles, des pierres précieuses, des sels de « bézoard »), Lampérière rêve toutefois de nouvelles compositions odorantes qui témoignent d'une imagination débordante et pourraient faire passer leur inventeur pour un médecin de comédie. Coûte que coûte, il s'obstine à remettre l'arôme à la mode en l'entourant de mystère et en l'associant à une médecine « moderne ». Son discours sur l'emploi des substances parfumées oscille entre le conformisme et la fiction. Le but est, à l'évidence, de piquer la curiosité d'un public qui doute des vertus des produits aromatiques, et de redorer en quelque sorte leur image de marque. A cette fin, il évoque des pratiques alchimiques secrètes, des coutumes éloignées, ou bien encore des ingrédients imaginaires, toutes choses susceptibles de conforter le halo merveilleux qui entoure l'aromate. Ses efforts sont diversement appréciés par David Jouysse qui l'accuse de se moquer des « langueurs et misères du peuple » et d'offrir « au lieu de vrays remèdes, faciles à avoir... du vent et de la fumée[51] ».

Les « parfums universels » constituent, selon Lampérière, une très bonne protection car leur odeur grasse et fuligineuse pénètre les pores de la peau et bloque l'entrée du mauvais air. Pour les auréoler d'un élément occulte, il raconte avoir vu à Paris, pendant la peste de 1596, un médecin juif, « grand naturaliste et chimiste », qui cherchait la pierre philosophale avec le docteur Cayer dans l'abbaye de Saint-Martin, utiliser un semblable antidote. Deux fois par jour, matin et soir, les deux alchimistes, entièrement nus, exposaient leur corps à des fumigations qui leur noircissaient beaucoup la peau. Ils pouvaient ensuite converser sans crainte et sans danger avec toutes sortes de malades. Cette préparation odorante « pue le bouquin à merveille[52] », s'esclaffe David Jouysse et, au vu de certaines substances entrant dans sa fabrication, en particulier urine de bouc et fiente de paon séchée[53], elle ne devait effectivement pas manquer de bouquet !

Rappelant l'usage sicilien de se frotter tout le corps avec de la mine de plomb pour boucher les pores de la peau et empêcher ainsi la pénétration des émanations pestilentielles, Lampérière fait également l'éloge d'une lessive aromatique dotée des mêmes vertus. Ses qualités astringentes et desséchantes permettent de se laver sans danger. En réalité, cette composition, qui autorise une toilette « humide » inoffensive parce qu'elle ne fragilise pas la peau, contrairement à l'eau qui la « relasche et attendrit », ne comprend rien d'autre que des produits odoriférants bien connus.

Mais, non content de ramener l'attention de ses contemporains sur les préparations aromatiques par le recours à l'étrange, Lampérière veut en réactualiser l'usage en proposant des formules améliorées et des produits nouveaux. Pour lui, en effet, les énergies que recèlent les parfums n'ont pas encore été totalement exploitées. Particulièrement caractéristiques de sa démarche, sont des créations comme la « poudre de belette », le « sparadrap cordial », la « chemise préservative » ou la « toile gommée pour ensevelir les pestiférés », autant de trouvailles destinées à associer les senteurs à une prophylaxie de pointe.

L'obtention de la « poudre de belette » n'est pas des plus aisées. Il faut, tout d'abord, exciter l'animal avec des verges pour le mettre en colère, avant de le jeter dans un récipient rempli de vin bouillant et de plantes aromatiques. On le laisse mijoter de façon à ce que toute l'humidité s'évapore. Après l'avoir bien calciné et passé à l' « eau de petifite », on obtient un sel qui fortifie le cœur. Dans d'autres inventions de la même veine, les produits plus ou moins chimériques abondent, qui les parent de qualités surnaturelles et fournissent un support au phantasme.

Railleur, Jouysse fait remarquer l'absence d'odeur de certains de ces composants extravagants : « Quand vous ordonnez aux parfums de la cendre de belette et de la poudre de larmier de cerf, je vous demande comme bruslera de la cendre, quelle odeur pourra elle donner et n'en ayant point quel effect en parfum ? Le larmier de cerf n'est guere rare, puis que vous en ordonnez une dragme pour brusler [54]... » Pourquoi ne pas recommander aussi, ironise-t-il, d'autres produits aussi faciles à se procurer que « le sang des bestes qui ont plus de quatre pieds, du sperme du premier coït d'une puce hermaphrodite et des furots des chevaux de Phoebus, cela auroit autant ou plus de grace [55] ».

Le « sparadrap cordial » est une version recherchée du mouchoir parfumé ou humecté de vinaigre. L'originalité consiste à le faire macérer avec des plantes de façon à le traiter en profondeur. Le linge ne procure pas seulement un substrat aux parfums, il en est pétri, totalement imbibé. Les médecins devront l'utiliser en toutes circonstances et porter des gants odorants, coupés aux extrémités pour prendre le pouls. Munis de cet attirail et après avoir parfumé leur linge et leurs vêtements, s'être lavé le visage et les mains avec une lotion, enduit les narines, les tempes, les lèvres, avec des baumes et mis dans la bouche des senteurs, ils pourront résister aux effluves pesteux.

La « chemise préservative » associe les parfums au vêtement de travail hospitalier. Lampérière prétend d'ailleurs avoir vu à l'Hôtel-Dieu et dans beaucoup d'autres endroits le personnel revêtir « une certaine sorte d'habit, en façon de rochet, trempée et poistrie dedans certaines liqueurs préservatives[56] ». Pour le confectionner, il faut mettre le tissu dans un bain de sucs ou de liqueurs avec de la cire fondue et remuer souvent, jusqu'à ce qu'il soit complètement imprégné de ce mélange. Puis on le fait sécher et tailler. Cette chemise, aromatisée de façon complexe, est censée conserver « le flambeau de la vie et le préserver de la rigueur d'un air ennemy[57] ».

La « toile gommée pour ensevelir les pestiférés » participe encore de cet effort pour renouveler la tradition et forcer l'intérêt du public. Enduit de produits aromatiques comme l'aloès mais aussi de substances dégageant des odeurs fortes comme le soufre, ce linceul sophistiqué est présenté comme indispensable dans la lutte contre le fléau.

Les critiques de Jouysse visent précisément cette volonté opiniâtre de maintenir à tout prix l'usage des senteurs. Il en nie les propriétés thérapeutiques et les juge même néfastes. Elles provoquent des désordres chez les femmes hystériques et ont des effets libidineux sur les hommes. Loin de posséder des vertus fortifiantes et désinfectantes, elles fragilisent le corps. Dès lors, n'est-ce pas un comble de recommander des linges et habits parfumés à des médecins qui, pour affronter la contagion, « doivent avoir robur et aes triplex circa pectus[58] » ? Toutes ces délicatesses arrachent à Jouysse un cri d'indignation : « Par les cendres d'Hippocrate, je n'ay point fait de cérémonies, quand j'ay esté à mes sollicitations, j'ay descouvert moy-mesme le lit sans observer cela, je les ay souvent trouvez sur le bassin, sur la chaise percée. C'estoient pour lors les cassolettes et parfums de l'infirmerie publique, et Dieu mercy nous voicy, nous avons tant manié de corps morts, gastez de leurs vuidanges qui avoient esté abandonnez et... je n'avois ni sparadrap ni cassolettes. »

En ce début du XVIIe siècle, le conflit de Lampérière et de Jouysse illustre deux attitudes diamétralement opposées : celle d'un médecin qui ne conçoit de renouvellement des méthodes que dans le cadre rigoureux de l'aromathérapie et celle d'un praticien, homme de terrain, prêt à jeter aux orties des prescriptions qui relèvent, selon lui, du charlatanisme. Entre ces positions extrêmes, on voit se mettre en place des procédures qui confèrent à des odeurs renforcées un rôle éminent, en particulier dans les pratiques de désinfection.

Le capucin Maurice de Toulon, dans son célèbre traité de peste plusieurs fois réédité, exprime parfaitement la conception qui domine le XVIIe siècle : « Le parfum est un moyen efficace, prompt et facile, pour purifier toutes choses... J'en dis autant de nos parfums dont la fumée, formée des drogues les plus violentes, pénètre si fort ce qu'elle touche, qu'elle consomme tout reste, ou semence de pourriture et venin[59]. » L'association de ces éléments, apparemment antinomiques, doit permettre de répondre à toutes les situations. Envoyé à Gênes en 1656 pour secourir les pestiférés, il critique l'ordonnance du Sénat exigeant que tous les meubles des maisons contaminées soient mis à la rue et brûlés sur place. Il en résulta un gaspillage aussi considérable qu'inutile car bien des meubles condamnés furent en réalité dérobés par les pillards et portèrent ensuite la contagion dans d'autres demeures. Tout cela aurait pu être évité en recourant à un « feu purgatif » moins destructeur : une désinfection à l'aide de parfums appropriés.

Apparaît à cette époque un classement énergétique des parfums destinés à la désinfection. La puissance des ingrédients utilisés est fonction de la gravité de l'infection et de l'objet du traitement. Ainsi, le parfum « fort », « rude » ou « violent » comporte de grandes quantités de produits caustiques, âcres et puants : arsenic, poudre à canon, chaux vive, orpiment, antimoine, térébenthine, poix-résine, soufre, salpêtre, sel ammoniac, cinabre, fiente d'animal. Employé surtout pour tuer les miasmes qui vicient l'atmosphère des pièces où sont morts des pestiférés, c'est le plus efficace de tous. Le parfum, « commun » ou « médiocre », est fabriqué avec moins de composants corrosifs et davantage de matières aromatiques. Il s'utilise essentiellement pour nettoyer les adultes en bonne santé, le linge, les étoffes, les lettres, et lors du stade initial du « désinfectement [60] » des maisons et des meubles. Quant au parfum « doux », uniquement composé de substances odoriférantes telles que le storax, le benjoin, le ladanum, l'encens, la myrrhe, le camphre, les graines de genévrier, les baies de laurier, il est destiné à l'« ayriement [61] » final des bâtiments et à l'assainissement des personnes fragiles (enfants, malades, femmes enceintes). Le « parfumage [62] » des individus doit en effet tenir compte de certains critères de résistance au méphitisme, générateurs d'une diversification des traitements.

Les « parfumeurs », dont le nom diffère selon les régions[63], exercent une profession honorée. Ils emploient des aides qui exécutent la quasi-totalité des tâches sous leurs ordres et surveillance. Pour éviter les vols, faciles à effectuer dans les maisons désertées, il est recommandé de leur faire revêtir des habits sans poches. De même, il faut s'assurer de leur sobriété en raison des risques d'incendie. Voici comment, selon Arnaud Baric, doit se dérouler, en 1646, la désinfection d'une maison et de ses occupants :

Conduits par le capitaine de la santé[64] qui tient une canne blanche pour signaler aux passants les dangers de contagion, les parfumeurs, suivis de l' « escrivain » chargé des besognes administratives, se dirigent avec leur matériel vers la maison pestiférée : « Deux parfumeurs porteront chacun sa poësle sur le col, un menera un cheval pour porter les hardes aux fours et le linge sale à la lessive; les autres porteront des poësles, des ballais, et le parfum commun, fort et doux, en trois petits sacs de cuir, afin qu'il n'y ait point de meslange jusques à ce qu'il soit besoin[65]. » Pendant que le capitaine de la santé va chercher les clefs chez le dizainier du quartier, les parfumeurs allument un feu devant la maison, ferment les fenêtres, bouchent les trous, ouvrent les portes des chambres, soulèvent les couvercles des coffres, afin que le « parfumage » puisse détruire tous les miasmes. Le parfumeur — qui doit entrer le premier — fait fondre du parfum commun dans une poêle. Il s'en va « fricasser cette mesgère de peste venue de l'enfer du péché ».

Une fois dans la maison, il doit veiller à ce que le parfum brûle sans arrêt et à ne pas mettre le feu aux lits, à la paille et au papier. « Trainant la poësle au ras de terre, l'eslevant petit à petit, sans se haster, aussi haut qu'il se peut sans verser le parfum qui est fondu », il passe dans toutes les pièces et ne néglige aucune encoignure où l'air pestilentiel pourrait se nicher. Avant de partir, il laisse sa poêle au milieu de la salle basse où le parfum qui reste achèvera de se consumer.

Après cette première désinfection, les autres parfumeurs et l'écrivain qui attendaient dehors peuvent entrer et poursuivre l'assainissement. Ils procèdent à la collecte du linge sale qui est nettoyé à l'extérieur par les « buandières », ainsi qu'à celle des vêtements que les « fourniers » mettent dans des fours très chauds pour les débarrasser des exhalaisons putrides. Il faut aussi vider les paillasses et brûler la paille dans la cour ou dans la rue, balayer toutes les pièces, frotter tous les meubles et les ustensiles avec du vinaigre ou du bon vin, laver la vaisselle, retirer le linge blanc des coffres et l'étendre sur des bancs ou des cordes, plonger l'argent et les bijoux dans l'eau bouillante. Le blé et la farine sont également purifiés ; les parfumeurs les retournent avec une pelle pendant que du « parfum commun » se consume dans le grenier et la farinière. L'écrivain surveille avec une extrême attention toutes ces opérations, tenant une liste de tous les objets qui sortent de la maison et prenant garde à ce qu'aucun parfumeur ne parle à un inconnu. Les chambres où ont séjourné les malades font l'objet d'une désinfection intensive avec du « parfum fort et rude » mis dans un grand pot rempli de charbons ardents.

Les parfumeurs se rendent ensuite dans la salle des « estuves » où d'autres spécialistes, les « estuvistes », les attendent. Placés sous des draps disposés en forme de cloche et retenus par des cordes, ils sont enveloppés par les effluves du parfum commun qui se calcine dans une poêle. Leurs vêtements, aussi, sont désinfectés. Buandières et hardiers subissent le même traitement. Même le cheval qui transporte le linge et les hardes est

Les pouvoirs curatifs de l'odeur

assaini au parfum commun. Quant à la désinfection des habitants, elle est faite en même temps que celle de la maison, avec des parfums adaptés à leur âge et constitution.

Il faut, en effet, faire la distinction entre les grands, les petits, les forts, les faibles, les délicats, sinon : « Une selle à tous chevaux causeroit désordre [66]. » Pour éviter l'asphyxie, les enfants de un à cinq ans sont dispensés des étuves. On se contente de les passer à plusieurs reprises au-dessus d'un mélange de parfums doux et commun. Le parfumage des femmes enceintes et des enfants de six à neuf ans se fait, en revanche, dans les étuves avec du parfum doux et de l'eau-de-vie. Celui des individus robustes s'opère dans des conditions similaires, mais avec du parfum commun mêlé de vinaigre et de sel.

Une fois sortis des étuves, les parfumeurs, sous le contrôle de l'écrivain, rapportent le linge et les vêtements propres, les étendent sur des barres ou des cordes et les traitent avec du parfum commun mêlé à du fort. Ils repassent ensuite ce mélange dans toutes les pièces pour anéantir les exhalaisons putrides qui auraient résisté. Un jour après l'évaporation des dernières fumigations, ils font brûler du « parfum doux » ou des bois aromatiques dans toute la maison. Leur travail étant achevé, les parfumeurs remettent la clef au dizainier du quartier.

La désinfection des personnes fait, d'ailleurs, à cette époque, figure de nouveauté : « C'est une invention nouvelle que de désinfecter les hommes, les Anciens se contentaient de leur ordonner des quarantaines et laissaient faire le temps, l'air et les vents, hors de la société et de la communication : mais à cette heure l'invention est trouvée pour abréger le terme et pour permettre la communication aux personnes infectes, aussitôt après leur purification[67] », déclare, en 1640, Ranchin, chancelier de la faculté de médecine de Montpellier. Les paysans se servent de leurs fours où « ils font entrer les infects pour y suer et y mettent leurs habits et puis les parfument ». Ranchin note cependant que les « estuves publiques » des villes, « bien préparées et ordonnées, avec les serviteurs nécessaires, sont bien plus commodes ». On peut y traiter jusqu'à trente personnes par jour pour huit à dix sols par tête, les pauvres étant pris en charge gratuitement. Cette pratique n'est d'ailleurs pas limitée aux hommes. Elle doit s'étendre à tous les animaux domestiques. Avant d'être parfumés, chats, chiens, ânes, chevaux, mulets, seront lavés avec de l'eau et de la lessive ou iront nager quelques heures dans la rivière. On nettoiera les bâts et les selles avec du parfum violent.

Pour parachever l'assainissement urbain, certains recourent même au canon ! En effet, l'odeur âcre de la poudre a de grandes vertus purificatrices. Mais cette pratique, déplore Ranchin, entraîne quelques désagréments : « Je sais bien qu'après la désinfection des maisons, plusieurs mènent de petits ou de médiocres canons par les villes et qu'ils les font tirer par tous les carrefours, et aux entrées, même au milieu des grandes rues, afin de chasser par le moyen de la grande fumée les infections qui pourraient être par le bois, ou par les murailles des rues. Pour moi j'approuve bien la fumée, mais pour les coups de canon, l'expérience m'a appris qu'ils apportent de grands frais et de grands inconvénients dans les villes. » A Montpellier, il a pu en constater les effets néfastes : vitres brisées, murailles décrépites qui se lézardent et s'effondrent, boutiques qui s'entrouvrent, livrant passage aux voleurs, et, surtout, vins qui « se tournent et se gastent dans leurs tonneaux[68] ».

HEUR ET MALHEUR DE LA THÉRAPEUTIQUE TRADITIONNELLE. DISPARITION DE LA MOMIE

Le recours aux « parfums » dans la lutte contre le fléau va connaître un ultime développement avec les deux grandes pestes qui marquèrent l'Europe en 1720 et 1771. Mais, dès la seconde moitié du XVIIIe siècle, les progrès de la chimie donnent de nouvelles armes aux adversaires de l'aromathérapie. Cette remise en cause, désormais « scientifique[69] », conduira à celle des mesures de désinfection par les odeurs violentes. Savants et praticiens s'orientent vers des voies nouvelles, en particulier la recherche de l' « antiméphitique » susceptible de s'attaquer aux racines du mal. L'abandon, au cours de cette période, d'une drogue plusieurs fois centenaire, la « mumie », est révélateur du déclin des thérapeutiques traditionnelles conjointement à l'essor des préoccupations hygiénistes.

A Marseille et à Moscou, le parfumage vit ses dernières heures de gloire. « Pendant que les médecins et les autres gens de lettres s'amusoient à écrire, M. le Commandant et les Magistrats étoient occupés d'affaires plus importantes et plus utiles pour le public[70]. » Il s'agit pour eux de s'occuper de la désinfection de la ville et non de discourir de la nature de la peste. La délégation de Montpellier, qui a autorité sur les praticiens marseillais, est consultée. Chicoyneau et Verny élaborent un mémoire fort détaillé. Les mesures qu'ils préconisent témoignent d'une méticulosité inquiète qui contraste avec leur entêtement à nier la contagion.

Plusieurs types de parfums seront utilisés : des plus suaves aux plus agressifs. On ne reconnaît plus, raille Bertrand, « ces médecins hardis qui disent que la peste ne se communique point ». La désinfection est réglée par ordonnance et contrôlée par des commissaires. Elle est intensive et touche les édifices privés et publics, notamment les églises, ainsi que les navires. Les désinfecteurs sont recrutés parmi d'anciens pestiférés. Pour les pauvres, les opérations d'assainissement sont gratuites. En outre, les particuliers ont la possibilité de parfumer eux-mêmes leurs maisons et leurs meubles. La tâche est d'autant plus accablante qu'elle doit être recommencée si la peste se déclare à nouveau dans un établissement déjà désinfecté. Les bâtiments contaminés sont signalés par des croix rouges qui jettent la consternation : « C'est alors que l'on vit bien à découvert les ravages que la peste avoit fait dans la ville. Pas une seule rue qu'elle n'eût désolée, et très peu où il fût resté quelque maison saine. Dans toutes les autres rues elle avoit tout ravagé de suite et toutes ces croix rouges nous retracèrent d'abord toutes les horreurs du plus cruel massacre qu'on ait jamais vu. »

C'est encore aux parfums qu'est attribuée la fin de la peste à Moscou. La désinfection est même jugée si efficace que, pour la première fois, les échanges commerciaux ne sont pas suspendus : « Grâce aux efforts de la Commission contre la peste, à qui l'Empire de Russie est redevable des poudres fumigatives antipestilentielles... on y fut toujours, tant dans l'abondance des vivres, que dans une facile circulation du commerce. Bonheur dont on n'avait joui nulle part auparavant et qui, peut-être même, avait été inconnu jusqu'à la peste de Moscou [71]. » Chargé de tester ces poudres, Samoïlowitz s'était livré à une expérience sur sept criminels qui y avaient consenti en échange de leur liberté future. Il fit apporter dans une demeure contaminée des vêtements particulièrement souillés, provenant de l'hôpital des pestiférés et les soumit à des fumigations violentes avant d'en revêtir ses cobayes[72]. Ces effets avaient été choisis avec soin de façon à offrir un échantillonnage complet des matières réputées les plus propres à retenir les germes pesteux : fourrure, laine, soie, coton, fil, ce qui devait donner à ce test un caractère particulièrement probant. Il se révéla d'autant plus positif que les condamnés passèrent seize jours dans la maison sans qu'aucun n'éprouvât la moindre atteinte de la maladie[73].

La conviction d'avoir mis au point un produit capable de juguler l'épidémie conduira Samoïlowitz à envisager une expérience qu'il considérait jusque-là comme trop risquée : l' « inoculation » de la peste. S'appuyant sur les succès obtenus par cette technique en Sibérie dans la lutte contre la petite vérole, il proposa de la transposer, sans toutefois pratiquer d'incision, en appliquant sur le bras d'un condamné de la charpie imbibée de pus pesteux.

Mais l'extension des pratiques de désinfection à Marseille et Moscou ne peut enrayer la remise en cause de plus en plus âpre de l'utilisation prophylactique et thérapeutique des bonnes et mauvaises odeurs. L'échec patent, dans ces deux villes, de la vieille technique hippocratique des feux odorants vient conforter les doutes. Des brasiers ont été allumés sur les places, aux carrefours, devant chaque maison. Le médecin Sicard qui, à Marseille, s'était fait fort d'arrêter l'épidémie par ce moyen et l'avait mis en œuvre avec l'appui de la municipalité, juge plus prudent de disparaître pour se mettre à l'abri du mécontentement populaire[74]. A Moscou, Mertens, désabusé, note que la contagion n'en alla pas plus lentement et que les familles dont les maisons étaient entourées d'un plus grand nombre de feux ne furent pas plus épargnées[75].

Chargé, en 1773, de neutraliser l'infection qui s'échappe des caves sépulcrales de la cathédrale de Dijon, Guyton de Morveau expérimente en vain les fumigations aromatiques de vinaigre, de nitre et de poudre à canon. Tournant résolument le dos aux méthodes du passé, c'est grâce à l'acide muriatique qu'il vient à bout de la puanteur.

Lorsqu'il évoque, en 1777, les mesures prophylactiques en usage dans sa jeunesse, Fournier en parle comme de choses curieuses et un peu ridicules. On n'osait s'approcher de quelqu'un et, moins encore, le toucher, sans tenir sous son nez une éponge imbibée de vinaigre ou d'une composition très parfumée. Le « vinaigre des quatre voleurs[76] » avait la préférence et tout le monde l'utilisait. Beaucoup de gens respiraient aussi des citrons lardés de clous de girofle, des petites boules de myrrhe ou bien des baies de genièvre torréfiées. L'odeur du tabac était réputée chasser la pestilence. Fort de ce préjugé, on fumait énormément mais même ceux qui « ne cessaient d'avoir la pipe à la bouche pendant la plus grande partie de la journée[77] » n'étaient pas plus épargnés que les autres. Il se défend d'ailleurs, quant à lui, d'avoir suivi ces pratiques et proteste du caractère calomnieux des bruits qui coururent sur son compte et sur celui de Chicoyneau : « Indépendamment des parfums et des remèdes particuliers dont tout le public prétendait que nous faisions usage pour nous préserver de la Peste, on nous avait dépeints, dans différentes Provinces du Royaume, d'une manière grotesque, et surtout M. Chicoyneau, qu'on représentait avec un habillement fort long de toile cirée, un masque, un grand bonnet de maroquin noir, avec une pipe fort longue à la bouche, remplie de substances et drogues pulvérisées : mais tous les habitants de Marseille ont vu que nous n'avons jamais pris aucune précaution (que nous regardions d'ailleurs comme inutile), du moins par rapport aux parfums et aux différentes odeurs, pour nous mettre à l'abri des impressions du levain pestilentiel, pendant tout le temps de notre service[78]. »

Fournier critique aussi vigoureusement le principe du « parfumage » des populations, que ce soit avec des produits doux ou violents. Déjà, au siècle précédent, François Ranchin et Maurice de Toulon évoquaient les risques des fumigations agressives. A l'appui de leurs dires, ils signalaient, comble de l'ironie, qu'elles faisaient crever les rats[79] ! Accusés de n'avoir été « dans tous les temps employés que pour flatter les préjugés et satisfaire la crainte et la terreur des hommes[80] », les parfums pour la désinfection des personnes sont considérés par Fournier comme inutiles ou nocifs. Lors de la peste de 1720, quantité de « drogues fortes ou suaves, caustiques ou douces[81] » furent envoyées à Marseille. Indépendamment de la quarantaine à laquelle tous les malades étaient assujettis ainsi que ceux qui les avaient soignés ou approchés, ils devaient se soumettre, tant au début qu'à la fin de cette période, à des fumigations destinées à détruire totalement les corpuscules pestilentiels suspectés de se trouver dans leur corps ou nichés dans leurs vêtements. Comment peut-on imaginer, s'exclame-t-il, que des « exhalaisons artificielles », incapables de calmer les symptômes de cette maladie, puissent détruire les germes que contient l'organisme ? La plus grande partie de ces parfums, expédiés de toutes les régions du royaume et des provinces étrangères, a été « fort inutile, très dispendieuse, souvent dangereuse et quelque fois funeste ; quelques personnes y ont péri par la suffocation et une toux convulsive ».

Fournier raconte qu'en entrant dans la chapelle d'un monastère en compagnie de deux collègues et de leurs domestiques pour se faire désinfecter, ils furent enveloppés d'effluves si violents que, l'instant d'après, ils étouffaient. Ils auraient péri en quelques minutes si le commissaire et les gardes, avertis par leurs cris et le vacarme extraordinaire qu'ils firent, ne les avaient secourus. Plusieurs jours après, Fournier se ressentait encore de cette mésaventure qui le conduisit à condamner en bloc la désinfection des êtres vivants.

Même Samoïlowitz, partisan des parfums corrosifs, ne cache pas le danger que peut comporter leur emploi : « La poudre n° 1 surtout est dangereuse pour la poitrine, à cause de la quantité de soufre qu'elle contient et dont les émanations dans l'air attaquent vivement les poumons [82]. » Le contrôle de la désinfection des fabriques de Moscou faillit lui coûter la vie. Ayant pénétré à plusieurs reprises dans les locaux où se faisaient les fumigations pour vérifier si elles étaient assez épaisses, il fit la cruelle expérience de leurs pouvoirs délétères : « Toutes mes articulations étaient, comme pour ainsi dire, disloquées ; les sourcils, les paupières, la barbe et tous les autres poils me sont tombés et je suis devenu d'une couleur toute livide, même j'étais menacé de tomber dans un marasme et finir ma vie avant son temps. »

Les progrès de la chimie vont contribuer au discrédit des parfums dans le combat contre l'épidémie. A la fin du XVIII siècle, l'attention se concentre sur la recherche d'un produit capable de neutraliser les exhalaisons mortelles qui émanent des fosses d'aisances et autres lieux nauséabonds, accusés de provoquer la peste et toutes sortes d'autres maux. Marcorelle célèbre les efforts des chimistes. Anéantir les vapeurs délétères est la mission de leur époque : « La découverte de la neutralisation des réservoirs de corruptions, d'où s'élèvent sans cesse des volcans putrides qui portent partout l'infection et la mort, étoit réservée à ce siècle; quand on en considère l'importance, on est étonné qu'elle ait été si tardive[83]. »

La lutte contre la puanteur prend des allures de croisade. Écraser l' « hydre » immonde avant qu'elle n' « immole à sa fureur de nouvelles victimes[84] » est la tâche éminente que propose Janin de Combe-Blanche à tous les amis de l'humanité. Les ravages occasionnés par le méphitisme, source de désolation publique, responsable de morts innombrables qui dévastent les villes et les provinces, ne sont plus tolérables. Encouragé par les résultats positifs de ses expériences de désodorisation des cloaques, il proclame la venue de jours meilleurs où vidanger ne menacera plus tout un quartier, n'empestera plus les rues et les chemins, ne « déshonorera » plus les campagnes et où la vie des vidangeurs ne sera plus exposée ni abrégée. La découverte de l'antiméphitique « vainqueur » instaurera même une véritable « paix sociale » : « Toutes les classes de Citoyens béniront l'Être suprême d'avoir mis dans leurs mains, et de connoître le puissant ennemi capable de détruire et d'anéantir toute fétidité[85]. » Au milieu du concert de louanges que se décernent les soi-disant vainqueurs du méphitisme, Jean-Noël Hallé fait, encore une fois, entendre une note discordante. Il modère l'optimisme de tous ceux qui se targuent d'avoir trouvé le moyen de maîtriser le fléau avec des produits aussi peu « nouveaux » que le vinaigre et le lait de chaux...

Seuls les acides minéraux peuvent détruire les miasmes contagieux et l'odeur putride qui trahit leur présence, proclame Guyton de Morveau[86]. Alors que les substances aromatiques ne font que tromper l'odorat en substituant une bonne odeur à une odeur fétide, sans fournir de « nouvel air », que la poudre à canon ne fait que déplacer les corps odorants, les fumigations acides neutralisent la puanteur en dénaturant les miasmes. Obtenu en décomposant du sel marin avec de l'acide sulfurique, l'acide muriatique, par sa prodigieuse expansibilité et sa propriété de former un gaz permanent, est le meilleur de tous les désinfectants[87]. L'adjonction à ce produit d'un peu d'oxyde noir de manganèse en fait « le préservatif le plus efficace, l'anticontagieux par excellence[88] ».

Tout aussi caractéristique de l'essor des préoccupations hygiénistes au XVIIIe siècle, apparaît l'abandon d'une drogue médiévale et macabre, recommandée dans le traitement de nombreux maux et, notamment, de la peste. La « mumie » ou « momie », terme probablement dérivé du persan « mummia », nom ancien du bitume donné par extension au Moyen Âge aux corps embaumés d'Égypte, est très certainement l'une des plus grandes curiosités des pharmacopées anciennes. Mais pour bizarre qu'il puisse nous apparaître aujourd'hui, le remède ancien est bien, comme le fait remarquer François Dagognet, un objet rationnel. Le succès pendant plusieurs siècles de cette médication « humaine » que fut la momie trouve son origine dans les vertus antiputrides et énergisantes prêtées aux aromates mais aussi dans la conviction que la décomposition engendre la vie. « A une époque où effectivement la vie surgit des matières qui se décomposent, croyance que contestera Pasteur au XIXe siècle seulement, comment ne pas recourir à ce qui se putréfie dans le but d'en retirer des substances salutaires... On s'étonnera moins, en conséquence, de l'acharnement des traités de matière médicale à se servir de l'excrémentiel, des cendres ou des fermentations, voire même à prôner la mumie... Une philosophie de la profondeur anime l'apothicaire[89]. »

La genèse du médicament est lacunaire et obscure. Selon Jean de Renou, « quelques centaines d'années[90] » après que la guerre eut éclaté en Égypte[91], les envahisseurs qui ravageaient le pays pénétrèrent dans les tombeaux des pharaons embaumés de précieuses substances aromatiques et trouvèrent dans leurs sarcophages « une certaine liqueur odorante liquide et de consistance de miel qui en distilloit[92] ». Ils la recueillirent pour la vendre aux médecins du pays qui surent en tirer parti et profit. Poussés par l'appât du gain et l'intérêt thérapeutique qu'ils accordaient à cette nouvelle drogue, ceux-ci en vinrent à fouiller, outre de nouveaux sépulcres royaux et princiers, les caveaux des plus pauvres. Tout en sachant que l'exsudat qui ne provenait pas de morts embaumés avec des gommes odoriférantes n'était pas aussi excellent, les médecins le donnèrent néanmoins à leurs malades.

Une autre version fait remonter moins loin l'apparition de la « mumie » mais confirme la substitution aux momies « riches » de momies « pauvres ». En l'an 1003 ou 1100, « un juif malin nommé Elmagar, natif d'Alexandrie, tenu pour expert médecin suivant la doctrine des doctes Arabes[93] », aurait ordonné de la chair momifiée aux chrétiens et aux musulmans qui « debatoyent alors en Orient à qui feroit la Palestine ». Les médecins de toutes les nations, affirme Louis Guyon, s'inspirèrent ensuite de cet exemple et conseillèrent ce remède dans « les maladies froides et les corps meurtris ». En raison de leur rareté, de leur prix et de la difficulté de se les procurer, les riches momies, éviscérées, ointes et « farcies » de coûteux aromates selon les règles de l'art, devinrent rapidement introuvables et ce furent les corps des pauvres qui passèrent dans les mortiers des apothicaires. Le texte de Guyon comporte une indication intéressante qui permet d'expliquer pourquoi les vertus attribuées aux momies de la première catégorie furent aussi aisément transférées aux autres. Les momies pauvres étaient en effet, d'après lui, embaumées de « poix asphaltique » ou bitume. Or, cette croyance fut certainement décisive dans le développement de l'utilisation de la momie par la médecine médiévale. Warren Dawson a montré qu'une confusion fut établie entre les résines servant à la momification et le bitume ou asphalte. Connu dès l'Antiquité des Grecs, des Romains et des Perses pour ses nombreuses applications médicinales, ce produit fut utilisé en fumigations contre l'asthme et la toux, appliqué pour cautériser les blessures, soigner les foulures, les contusions, les hémorragies, employé intérieurement pour guérir les points pleurétiques, les bronchites, les menstruations difficiles et autres maux divers. Au XIIe siècle ou peut-être même avant, les Juifs d'Alexandrie, s'appuyant sur les affirmations erronées de Diodore de Sicile et de Strabon qui prétendaient que le bitume entrait dans la préparation des momies[94], se seraient mis à prélever la résine dont elles étaient recouvertes. Encouragé par la rumeur selon laquelle ce bitume « humain » était le plus efficace, on crédita des mêmes qualités les corps embaumés eux-mêmes qui, dès lors, furent utilisés pour la fabrication de la drogue : « Ainsi, pauvre Égypte! après avoir vu la civilisation atteindre son apogée, après avoir tout sacrifié au respect des morts, elle devait voir les demeures éternelles de ses chefs vénérés, spoliées, profanées et violées, et les corps des siens servir de drogues aux étrangers[95]. »

Quoi qu'il en soit, momie riche ou momie pauvre, cette substance devient au XVIe siècle, époque à laquelle le nombre de médicaments animaux et humains aug-

Les pouvoirs curatifs de l'odeur 163

mente, l'objet d'un extraordinaire engouement. En 1553, Pierre Belon rapporte que « l'usage desdicts corps embaumés en Égypte, c'est-à-dire nostre Mumie, est en si grand usage en France[96] » que le roi François Ier en portait toujours sur lui. Mais l'origine des produits offerts aux consommateurs est devenue de plus en plus douteuse et la confusion entretenue à ce sujet est dénoncée par certains médecins et non des moindres. Il ne s'agit plus, selon Jérôme Cardan, de la véritable momie provenant des « cors des Égyptiens aromatisés de myrrhe, d'aloe et d'autres odeurs aromatiques[97] ». En 1579, Ambroise Paré déniaise les naïfs qui croient encore avoir affaire à elle : comment imaginer que les puissants d'Égypte se fussent donné tant de mal pour accommoder leurs parents et amis d'aromates de grand prix pour les servir « à manger et à boire aux vivants[98] » ? Comment admettre qu'ils eussent toléré l'ouverture des tombeaux et l'enlèvement des corps « hors de leurs pays pour estre mangé des Chrestiens » ? Les seules momies qui sortirent d'Égypte, s'il y en eut, furent celles « de la populace, qui ont esté embaumés de la seule poix asphalte ou pisasphalte dequoy on poisse les navires ».

La falsification règne et s'amplifie. L'exportation des momies ayant été interdite[99] et la demande croissant toujours, les trafiquants recourent à toutes sortes de succédanés. L'ersatz constitué par les cadavres desséchés par les sables et la chaleur des déserts est un « genre de moumie » « fétide », « triste » et « horrible[100] », déclare en 1550 Cardan. Mais des contrefaçons bien pires encore sont apparues sur le marché aux dires de témoins dignes de foi. Le célèbre médecin du roi de Navarre, Guy de La Fontaine, confia à Ambroise Paré avoir rendu visite, en 1564, à un Juif qui trafiquait des momies à Alexandrie. Sans se faire prier, celui-ci le fit entrer dans un magasin où étaient entassés pêle-mêle une trentaine ou une quarantaine de « corps mumiez [101] ». Mais lorsque La Fontaine s'inquiéta de savoir s'ils provenaient bien de nécropoles égyptiennes, le trafiquant éclata de rire et lui révéla que c'était lui-même qui les avait embaumés. Comme La Fontaine se plaignait de cette tromperie, le Juif lui fit remarquer qu'il eût été invraisemblable que l'Égypte, où la pratique de l'embaumement avait cessé depuis bien longtemps, pût fournir aux chrétiens tant de momies. Interrogé encore sur l'origine des défunts et les causes de leur décès, il répondit « qu'il ne se soucioit point d'où qu'ils fussent, ny de quelle mort ils estoient morts, ou s'ils estoient vieils ou jeunes, masles ou femelles, pourveu qu'il en eust, et qu'on ne les pouvoit connoistre quand ils estoient embaumés [102] ». Quant à la façon de procéder, il déclara qu'il ôtait le cerveau et les entrailles, faisait de grandes et profondes incisions dans les muscles, les remplissait de bitume de Judée et de vieux linges trempés dans ce liquide, bandait chaque partie séparément, enveloppait le corps d'un drap imprégné de bitume et les laissait « confire » deux ou trois mois. Il avoua même, non sans ironie, s'étonner que les chrétiens fussent si friands de cadavres.

D'aucuns même prétendent, selon Paré, que la momie se fabrique en France et que des apothicaires audacieux et avides vont voler la nuit les corps au gibet. Après les avoir vidés, desséchés au four et trempés dans la poix, ils les vendent pour de la vraie et bonne momie importée d'Égypte. Lui-même affirme avoir vu chez certains apothicaires des membres et morceaux de cadavres, voire des cadavres entiers embaumés de poix noire et dégageant une odeur répugnante. Tout cela montre bien, conclut-il, « qu'on nous fait avaler indiscrètement et brutalement la charogne puante et infecte des pendus, ou de la plus vile canaille de la populace d'Égypte, ou de vérolés, ou pestiférés, ou ladres[103] ». Et Paré de féliciter Mgr Christophe des Ursains d'avoir échappé à cette médication après une chute de cheval : comment de la chair de cadavres puants pourrait-elle avoir une quelconque vertu thérapeutique[104] ?

La condamnation de cette pratique, qui consiste en fait à vouloir guérir un homme en lui insérant « un autre homme dedans le corps[105] », ne se fonde pas au premier chef sur son immoralité mais sur sa nocivité. L'Église paraît d'ailleurs avoir eu en la matière une position parfois ambiguë. Si certains ecclésiastiques refusent cette « spoliation des corps humains nés à l'image de Dieu[106] », d'autres sont plus accommodants. Ainsi le jésuite Bernard Caesius ira-t-il jusqu'à soutenir que l'absorption de la momie a une vertu morale car elle oblige les mortels à se remémorer qu'ils ne sont pas éternels et que le Christ est mort pour eux[107] !

Aussi, malgré les nombreuses attaques dont elles sont l'objet, les falsifications continuent au siècle suivant d'envahir le marché. A son retour en France, La Martinière, apprenti barbier, capturé par les corsaires et vendu comme esclave, dévoilera à ses compatriotes les arcanes du trafic des momies à Alger[108]. Dès 1626, Jean de Renou observe que l'usage de la fausse momie s'est à ce point imposé que d'aucuns la tiennent pour la seule authentique. La scène qu'il rapporte est révélatrice de cette croyance pernicieuse. Participant un jour à la conversation de gens cultivés qui évoquaient les vertus admirables de la véritable momie, celle « odorante et aromatique[109] » des Égyptiens, il entendit un homme fort savant, mais au demeurant très ignorant de la matière médicale, soutenir que la vraie momie n'était rien d'autre que la chair desséchée des cadavres. « Voilà comment peu à peu ceste impie et barbare opinion s'est glissée dans l'esprit foible de ceux qui se plaisent à estre pipez, s'estans laissez persuader par des personnes athées et perdues, que ceste horrible puanteur et corruption qui sort du corps de l'homme estoit propre pour la guérison de toutes et plusieurs autres maladies. Or tant s'en faut que nous ayons de vraye momie toute telle qu'estoit celle qui se trouvoit iadis dans les sepulchres des Roys d'Égypte (laquelle se trouvoit en fort petite quantité et a duré fort peu de temps) que mesme nous n'avons pas celle d'Avicenne ny des autres Arabes, encore qu'elle ne soit composée que de la pourriture des corps humains et de bitume; ains tant seulement à la place d'icelle une certaine liqueur espaisse, laquelle on exprime des cadavres et de laquelle on se sert aujourd'hui à la grande honte des médecins et plus grande horreur des malades [110]. »

L'implantation croissante de ces contrefaçons suscite de nouvelles attitudes médicales qui consistent, en fait, à composer avec la mode tout en essayant d'en réduire les risques. Les apothicaires et les médecins s'efforcent d'orienter au mieux les consommateurs et de leur éviter les acquisitions les plus dangereuses. Impuissants à « empêcher tous les abus [111] » et à dissuader les amateurs de momie, Pomet et Lémery recommandent de la choisir belle, bien noire, luisante, sans os ni poussière et d'une bonne odeur.

Selon l'ancien garde des marchands apothicaires de Paris, Pénicher, c'est ce critère olfactif qui doit présider à tout achat. Mais il existe un moyen plus sûr encore de contrôler la qualité du produit : fabriquer soi-même sa momie. Cette idée hardie n'était pas nouvelle. Au siècle précédent, l'illustre médecin suisse Paracelse avait élaboré d'intéressantes recettes. S'adressant à ses confrères, ces « asnes [112] » qui ignoraient la chimie et ne savaient rien des mystères de la nature, ce grand novateur leur faisait remarquer que ce qu'ils allaient chercher au loin dans les déserts ou chez les « Barbares » pouvait se trouver chez eux à meilleur compte.

Grâce à la distillation chère aux alchimistes, il est possible, selon Paracelse, de préparer trois sortes de momie : récente, sèche et liquide. Pour la première, on procédera ainsi : couper en petits morceaux de la chair provenant d'un cadavre bien sain ; la mettre dans un vase en verre de moyenne ouverture ; recouvrir d'huile d'olive ; envelopper le récipient de linges épais ; creuser une fosse large et profonde dans un jardin éloigné de toute habitation ; la remplir de fumier de cheval frais tassé très fort pour que sa chaleur continue à se dégager pendant plusieurs semaines ; y enfouir le vase de façon à ce qu'il soit entièrement caché à l'exception du col qui doit dépasser de deux ou trois doigts ; verser sur le fumier trois ou quatre « sapinées [113] » pour activer sa chaleur ; laisser reposer un mois ou plus jusqu'à ce que la chair, s'étant putréfiée et ayant exhalé son aquosité puante, il ne reste que l'huile d'olive, le sel et l'huile de momie ; transvaser le tout dans une cornue placée sur un fourneau et dans de la cendre ; distiller. Le baume ainsi obtenu est très efficace contre les douleurs et la goutte. En y ajoutant six onces de thériaque et une dragme de musc par livre, on confectionne un souverain remède contre la peste et autres venins.

La deuxième formule, nettement moins complexe et d'exécution plus rapide, nécessite en revanche un ingrédient qu'il n'est pas toujours facile de se procurer : la « liqueur » de corps embaumés. Pour la réussir, il faut observer la marche suivante : jeter cet exsudat en poudre grossière dans un vase en verre sur lequel on versera de l'esprit de vin simple non alcalin ; couvrir ; au bout de vingt-quatre heures, retirer l'esprit, en mettre d'autre ; répéter l'opération précédente ; distiller ; coaguler l'extrait. On aura ainsi une momie qui pourra être utilisée pure ou mêlée à d'autres compositions.

Pour réaliser la dernière variété, il faut conserver, dans un vase d'argent ou de verre et à l'abri du soleil et du vent, le sang d'une personne jeune et en bonne santé jusqu'à ce que l'humeur aqueuse se sépare de la masse sanguine ; incliner alors le récipient pour ôter la sérosité ; remplacer celle-ci par une quantité égale d'eau de sel ; laisser le mélange se faire. Ainsi préparé, le fluide vital ne pourrit point et demeure toujours rouge. Ce « baume des baumes » ou « secret du sang » préserve celui-ci de toute corruption et a des effets admirables contre l'épilepsie et la lèpre.

De ces trois momies obtenues par « extraction », les émules de Paracelse retiendront surtout l'exigence d'un cadavre jeune et sain. Pour obtenir une qualité maximale, on utilisera, à défaut d'un « homme vivant », un condamné et si possible roux. Les exécutés ont des vertus plus grandes, la pression sanguine augmentée par la peur empêchant la décomposition des corps[114]. Quant à ceux qui ont le poil roux, observe Pénicher, leur sang est plus ténu, leur chair imprégnée d' « aromats » est meilleure, car remplie d'un soufre, d'un sel balsamique[115]. La recette de Crollius, très prisée au XVIIe siècle, allie ces nouveaux impératifs à des pratiques qui s'inspirent moins de l'embaumement à l'égyptienne que du séchage des viandes. Il faut prélever sur un supplicié jeune et roux les cuisses et les fesses ; ôter les vaisseaux, les veines, les artères, les nerfs et la graisse ; laver abondamment avec de l'esprit de vin ; exposer aux rayons du soleil et de la lune pendant deux jours, par temps sec et « serain » afin d'exhaler les principes concentrés dans les chairs ; frotter de vrai baume; saupoudrer de myrrhe, de styrax-calamite, d'aloès, de safran; faire macérer dans un récipient bien bouché avec d'excellents esprits de vin et de sel pendant douze ou quinze jours; retirer, égoutter, sécher au soleil; refaire macérer; exposer au soleil ou au feu « comme il se pratique à l'égard des langues de bœuf ou de porc et des jambons que l'on met à la cheminée, qui bien loin de contracter une odeur fâcheuse et une mauvaise qualité, deviennent une nourriture très exquise et très agréable [116] ». A cette période qui correspond à l'âge d'or de la médication, les formules se complexifient et servent de base à d'autres compositions. Le médecin saxon Gabriel Clauder propose une préparation « toute extraordinaire [117] » où entrent de la suie et des feuilles d'or. Teintures, extraits, élixirs, huiles « mumiées » se multiplient. Et Pénicher d'observer que si « l'on vouloit rapporter et insérer dans un ouvrage toutes ces excellentes, ces curieuses et ces savantes préparations que l'on peut tirer de ces Mumies si précieuses et si rares... jamais on ne trouveroit la fin [118] ».

Mais ce brillant essor ne se poursuivra pas au siècle suivant. Malgré quelques succès thérapeutiques enregistrés par des médecins de province [119], la momie est en net recul et, dès 1749, on ne la prescrit quasiment plus à Paris. Ses détracteurs n'ont désormais plus aucun mal à rallier une opinion qui la juge « dégoûtante [120] ».

L'INQUIÉTUDE DES OSPHRÉSIOLOGUES

Déjà largement amorcée au siècle précédent, la critique de l'ensemble des parfums dans le traitement de la peste est entérinée au XIXe siècle. Reconnus inefficaces, ils vont être délaissés dans la prévention et le traitement du fléau. Cependant, les pouvoirs purificateurs et vitaux dont ils furent investis pendant des siècles les protègent d'un complet abandon thérapeutique et on observe encore, à cette époque, la persistance de leur emploi dans la cure de nombreuses autres maladies.

Au premier abord pourtant, les règlements sanitaires de 1835 renvoient du médecin une image digne de Chicoyneau : chaussé de sabots et vêtu de toile cirée, il doit faire brûler des parfums en entrant dans la chambre du malade. Mais ces précautions ont un caractère résiduel. L'article 616 précise que les parfums peuvent tout au plus « affaiblir » l'action morbifique des émanations pestilentielles [121], et il est conseillé de recourir en même temps au chlorure de chaux ! L'accent est mis très nettement sur des méthodes d'investigation et de traitement à distance. L'examen médical doit se faire au moins à douze mètres et derrière une barrière de fer. Des instruments à longue queue permettent d'intervenir sans toucher le pestiféré et, lorsque le « secours manuel » de quelque chirurgien devient absolument nécessaire, « on invite un élève en chirurgie à s'enfermer avec le malade ; mais ce n'est jamais qu'à la dernière extrémité qu'on en vient là [122] ». Mieux encore, l'ouverture d'un bubon représente une telle menace que tous les moyens sont mis en œuvre pour engager le patient, avant qu'il ait perdu connaissance et même si son bubon n'est pas encore mûr, à s'opérer lui-même ! Faut-il voir dans la cruauté de ces réglementations l'angoisse du praticien qui a perdu foi dans ses talismans odorants ? Ceux-ci sont de plus en plus contestés. En 1839, le contagionniste Grassi, médecin-chef du lazaret d'Alexandrie, rend les parfums

Les pouvoirs curatifs de l'odeur 171

responsables du malheur de sa famille. A la même époque, Clot-Bey, chef de file des anticontagionnistes, accuse les pratiques de parfumage d'être « plutôt l'effet d'une routine que d'un raisonnement scientifique [123] ». La chimie moderne offre des méthodes plus rationnelles et plus puissantes pour neutraliser les miasmes. Mais, apparemment, un fossé existe encore entre les espoirs fondés sur cette science et l'assistance réelle qu'elle peut apporter puisque Clot-Bey reconnaît n'avoir rien de particulier à proposer, si ce n'est le simple lavage, l'action de l'air et celle du chlore. En 1843, Aubert-Roche, qui exerça longtemps la médecine à Alexandrie, tourne en dérision des usages sanitaires qui ne s'attaquent pas aux vraies causes : manque d'hygiène et mauvaises conditions de vie. L'association du parfum et de la quarantaine, telle qu'elle existe dans tout le Levant, représente un système de protection parfaitement illusoire.

Lorsque la peste éclate en Égypte, en Syrie, à Smyrne ou à Constantinople, les Européens et les riches chrétiens observent la quarantaine. Ils commencent par placer à la porte de leur maison deux grilles en bois, à quelque distance l'une de l'autre. Devant la première, ils mettent un baquet d'eau et, entre les deux barrières, un vase où brûle un parfum composé principalement de storax et des pinces de fer pour saisir les objets. Tout ce qui pénètre chez eux doit être préalablement purifié par l'eau et le parfum. Certaines personnes plus évoluées utilisent le chlore [124]. Quand le parfum ou le chlore vient à manquer, on utilise de la paille hachée et mouillée. « Ainsi le parfum, l'eau et la barrière passent pour les seuls préservatifs de la peste. Il importe peu que vous soyez misérable, sale ; que vos habitations soient mal construites, basses et mal aérées. Si vous venez à contracter la peste dans ces habitations, c'est que vous n'avez ni barrière, ni eau, ni parfum, en un mot, c'est que vous ne faites pas la quarantaine[125]. » Sans remettre franchement en cause les mesures quarantenaires, l'Académie de médecine récuse en revanche, en 1846, l'utilisation des parfums dans les lazarets. Les fumigations aromatiques, de soufre et de sels arsenicaux, sont jugées inefficaces et dangereuses. Dans l'attente d'un procédé plus radical pour détruire les émanations pestilentielles, elle leur préfère un « prophylactique » plus moderne : le chlore. Malgré les attaques dont il sera l'objet et la concurrence du chlorure de chaux, le produit inventé par Guyton de Morveau connaîtra une grande vogue et sera considéré, en 1874 encore, comme un désinfectant très puissant[126].

Délaissés dans le traitement de la peste, les produits aromatiques conservent une certaine emprise sur celui d'autres maladies. En 1859, Vaillandet vante encore les mérites de l'encens pur de l'Inde pour guérir la pustule et les maladies charbonneuses. En cataplasme, c'est un excellent remède d'un emploi facile et d'une innocuité totale. Il évite la cautérisation si on en use à temps et avec persévérance. Cette gomme-résine, dont l'application présente le grand avantage d'être incolore, se révèle même supérieure aux moyens « modernes » pour venir à bout de la gangrène[127]. La chimiothérapie, encore à ses premiers balbutiements, n'est pas en mesure de supplanter immédiatement une aromathérapie ancrée dans des siècles de pratiques. Chez les ruraux surtout, on note au XIXe siècle un vif engouement pour le camphre et l'aloès. Considérés comme des panacées permettant de se passer du médecin, ils soignent sous des formes très diverses des maux aussi différents que l'angine, l'anémie, le catarrhe, le cor aux pieds, le coryza, les hémorragies, l'indigestion, l'insomnie, le mal de mer... Le pharmacien en vend des quantités prodigieuses. Chaque famille possède son sac de camphre et d'aloès. On en met partout, entre les lames du parquet, dans la laine des matelas, dans les armoires pour tuer les mites et même dans la colle pour poser le papier sur les murs.

« Il résulte de tout cela que, lorsqu'on pénètre dans la plupart des maisons, c'est l'odeur du camphre qui vous prend à la gorge. Le dimanche, l'église est envahie de cette odeur [128]. » Le camphre, affirme en 1843 Raspail, est bien supérieur à toutes les autres huiles essentielles. D'usage multiple et aisé (il ne poisse pas et ne tache pas les vêtements), ce remède possède toutes les qualités requises pour constituer à lui seul une véritable « petite pharmacie de poche ». Porté dans des « camphatières hygiéniques », boîtes à quadruple fond qui ne laissent rien échapper de ses vertus, il soulage de nombreuses affections. Sa prescription en grumeaux, trois fois par jour, aurait sauvé une jeune femme paraplégique si l'abus d'absinthe n'avait eu raison de la malheureuse. Un enfant de deux ans, de tendance rachitique, doit sa bonne santé à une cigarette de camphre fumée quotidiennement après déjeuner. En os, ivoire, bois des îles, tuyaux de plume ou de paille, la cigarette doit être fréquemment remplie afin que l'air aspiré s'imprègne de vapeurs. Par temps froid, il est conseillé de favoriser l'exhalation du camphre en réchauffant la cigarette dans la main ou dans une poche de gilet. L'emploi de cette médication est relativement économique : « Une cigarette ordinaire, si on ne la machotte pas, peut servir au moins une semaine [129]. »

L'alcool camphré renforce la santé et la force musculaire. Les hommes sédentaires sont invités à prendre matin et soir un « bain d'air » de la manière suivante : « Dans une pièce à la température de 15° à 18°, on se lotionne le corps tout nu avec de l'alcool camphré, en exécutant les mouvements gymnastiques dont chacun se sent capable : on se baisse sur ses talons, on se redresse, on agite les mains en se frictionnant et en boxant, les jambes en talonnant ; on tire au mur [130]... » Introduites dans le rectum ou le vagin, les bougies camphrées traitent hémorroïdes, vaginites, maladies de la matrice, fistules : « Une bougie camphrée dure toute une nuit, en fondant peu à peu par la chaleur de l'organe [131]. » Les bienfaits du produit semblent illimités. Il préserve aussi bien les hôpitaux, les casernes et les prisons des fièvres épidémiques que les orifices naturels de l'invasion des parasites. « Tout prurit à l'anus cesse quand on en place au fondement, tout spasme érotique tombe dès qu'on en saupoudre les organes génitaux... le camphre ramène ainsi le calme dans le physique et la pudeur dans le moral [132]. » Son utilisation dans la chirurgie des voies urinaires s'impose : le chirurgien aura ainsi un puissant moyen d'enrayer les « érections opiniâtres qui compromettent ou suspendent les opérations les plus pressantes [133] ». Son adoption dans les collèges devient impérative. Versée dans les draps de lit et les caleçons de natation « à la hauteur des parties [134] », la poudre de camphre sera la meilleure alliée du travail et de la moralité.

Cet ardent plaidoyer vient d'un homme profondément attentif aux pouvoirs des odeurs. Convaincu que le lait de la nourrice qui mange de l'ail est un puissant vermifuge, il incite les riches citadines à abandonner une nourriture « édulcorée » : « J'invite nos dames riches qui veulent nourrir nos enfants de se nourrir comme à la campagne et d'aromatiser tous leurs mets ; elles feront ainsi pour leurs enfants une médecine préventive [135]. » Mais son intérêt pour les odeurs ne se borne pas à décrire, comme le faisait Virey, leur action bénéfique ou nocive sur l' « économie animale [136] » ; en bon osphrésiologue, il rappelle aussi que ce sont des éléments importants de la sémiologie médicale.

Ces affirmations n'ont pourtant, à cette époque, aucun caractère de nouveauté. Dès la fin du XVIIIe siècle, Bordeu [137], Brieude [138], puis en 1806 Landré-Beauvais [139], s'étaient attachés à développer des conceptions héritées d'Hippocrate. En 1821, Hippolyte Cloquet rend un énième hommage à la perspicacité du maître : « Hippocrate a donc eu raison de ranger les odeurs au nombre des signes des maladies... c'est un moyen de séméiotique que l'on n'a point négligé d'employer, même dès les temps les plus anciens [140]. » Chaque affection dégage en effet des effluves spécifiques qui permettent de l'identifier. La gale sent le moisi. Les croûtes scrofuleuses et lactées, les suppurations muqueuses ou lymphatiques ont généralement une odeur acide alors que celle de la teigne faveuse pue l'urine de souris. Un odorat éduqué doit permettre au clinicien qui pénètre dans la chambre d'une accouchée de reconnaître à l'odeur aigre ou ammoniacale qui flotte dans la pièce si la sécrétion du lait se fait convenablement ou si une fièvre puerpérale se prépare. Les changements qui surviennent dans l'odeur des selles, des sueurs, des urines, des crachats, doivent l'instruire sur l'évolution des maladies. Mais cette étude est gênée par le caractère repoussant qu'il conviendrait d'identifier et qu'un mouvement naturel porte à éviter.

Révélatrices de changements chimiques importants, variant de façon très sensible selon la nature et le degré de l'altération organique, les odeurs et en particulier celle de la sueur, sont même parfois, selon Monin, symptomatiques de certaines maladies mentales. Nauséabonde et pénétrante, l'odeur de la folie évoque les mains constamment fermées, la bête fauve et la souris...

Elle est si caractéristique que certains psychiatres n'hésiteraient pas, sur cette seule preuve, à déclarer aliénée la personne qui l'émettrait ou, en son absence, à conclure à la simulation. Il importe donc que le médecin et le chirurgien développent leur perspicacité pituitaire et « soient l'un et l'autre le vir bene munctae naris [141] » : « L'odeur est l'âme subtile de la clinique : son langage éveille obscurément, dans l'esprit du praticien, la première idée du diagnostic et fouette, en quelque sorte, l'intérêt de l'observateur intime. Avec l'habitude acquise, les narines médicales frémissent sans cesse, cherchant à noter les mystérieuses correspondances et les secrètes affinités des symptômes odorants, surpris dans la variété de leurs nuances infinies [142]. »

Mais ce lyrisme ne peut dissimuler une inquiétude lancinante : la longue tradition du diagnostic olfactif est déjà sur son déclin. En 1885, Monin s'indigne de l'indifférence dans laquelle tombe ce mode d'observation « victime du plus injuste discrédit [143] ». Le nez, organe sagace, « sentinelle avancée » du corps et précieux auxiliaire de l'acuité intellectuelle, est hélas devenu, faute d'exercice, « une sorte de roi fainéant au centre de la physionomie dont on ne saurait trop déplorer la déchéance [144] ». L'homme moderne, le médecin contemporain, perdent malheureusement toute finesse nasale. Ils réservent tous leurs efforts à éduquer la vue, ce roi des sens, l'ouïe et le toucher, pourtant peu fiables. Sacrifiant à dessein l'éducation de l'odorat, ils deviennent anosmiques ! Faut-il entendre dans ce cri d'alarme le désarroi du praticien formé à l'école des Anciens et qui aborde l'ère pasteurienne ?

RÉPUGNANCES OLFACTIVES, REFOULEMENT SOCIAL

Le rôle essentiel joué par l'odeur dans les conceptions, la prophylaxie et la thérapeutique de la peste jusqu'au XIXᵉ siècle n'est pas le seul élément révélateur du contexte olfactif extrêmement riche dans lequel s'est située l'épidémie. Celle-ci a donné naissance à toute une série de pratiques de désodorisation complémentaires qui vont du développement de l'hygiène urbaine à certaines mises à l'écart sociales.

Des préoccupations d'hygiène urbaine s'affirment au XVIᵉ siècle en même temps que la volonté d'épurer la langue française. L'ordonnance de Villers-Cotterêts détrônant l'usage officiel du latin et la *Défense et illustration de la langue française* de Du Bellay sont contemporaines d'un souci de gérer le déchet et de « privatiser » l'excrément [145]. Un édit de 1539 interdit aux citadins de vider leurs immondices, urines et eaux croupies sur la voie publique, d'élever chez soi des porcs, des volailles, des lapins, des pigeons, et ordonne aux propriétaires des maisons ou hôtels démunis de latrines d'en faire construire dans les trois mois, sous peine de confiscation de leurs biens. La guerre à l'ordure est déclarée. En 1568, Ambroise Paré demande aux magistrats de veiller à la pureté des eaux et à la propreté des maisons et des rues [146]. L'hygiène domestique et citadine se conçoit d'ailleurs de la même façon que celle de l'individu. De même qu'on doit balayer et désengorger la maison et la ville de toutes les saletés qui dégagent des odeurs fétides, on doit nettoyer et purger l'organisme de ce qui altère la pureté de son souffle.

C'est de façon identique qu'Étienne Gourmelen envisage, en 1581, la « toilette » de la ville et celle du corps. Celui-ci devra être « net », débarrassé des « excréments ou humeurs superflus qui croupissent en lui[147] », comme la ville des « immondices, eaux et ordures » qui « croupissent par les chemins[148] ». La « santé du peuple » et la « salubrité de la ville » devront également être assurées par le ramassage quotidien de la fange, des détritus et le pavage des rues qui empêche leur stagnation. En 1606, le collège des maîtres chirurgiens de Paris approuve toutes ces mesures de désinfection[149]. La similitude des impératifs d'assainissement est, là encore, frappante : « Le corps de la maison estant ainsi nettoyé et purifié du mauvais air, il faudra purger et nettoyer le dedans de la personne des ordures, immondices et mauvaises humeurs qui se seroient accumulez en nous de longue main... »

Le souci de désodoriser la cité en la nettoyant, pavant et en évacuant ses déchets, se double d'une volonté de contrôle et de purification morale. Tout se passe, en effet, comme si l'on assistait à l'émergence du « surmoi » de la ville et que celui-ci formulait des exigences morales corrélativement à des impératifs de propreté. Un des premiers règlements, fait à Gap en 1565, est, à cet égard, exemplaire. En même temps qu'on tiendra la ville « nette » en défendant qu'elle serve de dépotoir et qu'y soient jetés cadavres d'animaux, fumiers, excréments, urines, eaux souillées, sang des saignées, etc., « on fera cesser tous berllandz[150], cabarets, bailz et dances et jeus[151] » et l'on chassera les prostituées. Cette moralisation des mœurs doit conjurer la punition divine que symbolise la peste, « puysque Dieu est grandement offensé par luxure et palhardise et que par icelle ladicte maladie peut estre causé ». La « toilette » de la ville comporte aussi bien sa désinfection que l'expulsion de ce qui lui est hétérogène ou constitue un objet de scandale. C'est ainsi que Maurice de Toulon recommandera pêle-mêle, en 1662, de renvoyer les étrangers dans leur pays, d'expulser les comédiens et les gens de mauvaise vie, de curer les cloaques, les fosses à purin et les cuves remplies d'eau puante et croupie après le rouissage du lin et du chanvre. Il est clair que le développement de l'hygiène publique s'accompagne de comportements de fermeture, de puritanisme et de vigilance. Éliminer la « double fange » de la capitale, tel est le vœu que formule Louis-Sébastien Mercier : « La putridité morale accompagne pour ainsi dire l'infection des ruisseaux. Oh, si la pelle du boueur pouvoit mettre dans le même tombereau toutes ces âmes de boue qui infectent la société et les charrier hors de la ville, quelle heureuse découverte et combien elle seroit précieuse à la police [152] ! » Cette réaction rigoriste correspond aussi à l'élaboration de tout un ensemble de procédures qui visent à quadriller, surveiller, soumettre les individus [153].

Parallèlement aux processus d'isolement des pestiférés et au renforcement des dispositifs d'inspection et de répression, on assiste, dès le XVIe siècle, au refoulement olfactif de toute une catégorie de la population jugée sale et nauséabonde. Ces rituels d'expulsion ne sont pas nouveaux mais ils s'intensifient à partir de cette époque. Au XIVe siècle déjà, les lépreux et les Juifs furent accusés d'empoisonner l'eau des puits, fontaines et rivières, en y jetant des paquets fétides. La chronique de Guillaume de Nangis se fait l'écho de ces actes criminels, chargés de propager la maladie, et détaille même l'un de ces poisons répugnants [154]. Ces accusations aboutiront au massacre de milliers de Juifs et de lépreux dans la plupart des villes d'Allemagne, mais aussi en France et en Suisse. Au XVIe siècle, les incriminations s'amplifient : la hantise de la contagion ne peut plus se satisfaire de ces seuls boucs émissaires. Les passions que suscitent Juifs et lépreux s'effacent devant la peur de certains effluves catégoriels. Cette évolution est sensible dans les mesures prises par les autorités de Gap. Les « putains publiques [155] », archétype de la puanteur et de la corruption morale, doivent quitter la ville sous peine de recevoir le fouet. Cette mesure symbolique étant prise, les autorités s'attaquent à des fétidités plus réelles : les ouvriers qui travaillent les cuirs, les peaux, les laines, seront, à cause de leurs activités nauséabondes, renvoyés à la périphérie et devront s'y maintenir s'ils veulent éviter des amendes et la confiscation de leurs marchandises. Intolérance olfactive et répugnance sociale et morale vont d'ailleurs de pair et, dès 1562, Antoine Mizaud en rend compte en qualifiant ces artisans d' « immondes » et de « viles » [156].

La mise à l'écart de certaines catégories d'individus va s'étendre à celle de l'ensemble des couches les moins favorisées de la population. Au XVIIe siècle, la responsabilité du petit peuple miséreux dans l'apparition et la propagation de la peste est clairement mise en cause. « Les grandes assemblées sont dangereuses, et principalement où le menu peuple abonde [157] », déclare, en 1606, le collège des maîtres chirurgiens de Paris. En 1617, Angelus Sala observe « qu'il n'y a rien au monde qui attire tant la peste à soy que la maladie et la puanteur ». Postulat qui l'amène à conclure qu'elle s'abat d'abord sur les plus misérables, ceux dont le mode de vie renvoie à l'animalité. « Car quand la peste vient en un pays, elle commence par les pauvres et sales gens qui vivent enmoncelez à la mode des cochons en des logettes estroites, ne different guiere en leur vie, exercice et conversation aux animaux sauvages [158]. » A

Les pouvoirs curatifs de l'odeur 181

Agen, en 1629, les médecins dénoncent le péril que font encourir à la communauté les odeurs des pauvres. La sagesse commande de leur interdire de circuler dans les rues [159].

Cette représentation du petit peuple comme être dégradé, infra-humain, menaçant parce que fétide, justifie son enfermement et son contrôle. A Nîmes, en 1649, les pauvres sont rassemblés et emmurés dans les arènes en attendant la fin de l'épidémie [160] ! Leur séquestration s'impose au père Maurice de Toulon comme une nécessité absolue mais il juge préférable qu'elle ait lieu à domicile pour empêcher toute communication entre eux. Des châtiments sont prévus pour ceux qui se révolteraient contre un règlement si « sage [161] ». Rares sont les notables qui, comme Philippe Hecquet, condamneront ces mesures : « Une autre sorte d'esclavage, qu'on exerce encore en temps de peste, sont les barraques dans lesquelles on renferme les pauvres [162] », écrit-il en 1722. Tout en admettant qu'ils puissent corrompre l'air d'une ville par leur négligence, mauvaise nourriture et malpropreté, il trouve absurde d'imaginer purifier l'atmosphère en les tenant enfermés. Ce moyen contribue, au contraire, à fabriquer de redoutables centres d'infection et manque, de surcroît, totalement d'humanité. « On sait déjà, s'indigne-t-il, et c'est l'avis de tout le monde, que les pauvres sont la partie des habitants d'une ville pestiférée sur laquelle la peste exerce le plus de furie : serait-ce donc que l'on voulût lui en faire le sacrifice entier en les exposant à une infection plus certaine ? Il paraîtrait du moins qu'on voudrait s'en défaire, tant on se permet de choses à leur désavantage et pour les éloigner, car le parti en est pris, il faut ou les enfermer ou les barraquer, sinon les obliger à quitter leurs maisons, leurs métiers et les villes. » Ces méthodes sont d'autant plus pernicieuses qu'elles concernent maintenant d'autres catégories sociales très utiles, mais considérées comme « pauvres ». Artisans et religieux sont victimes de cette « inquisition » qui oblige les maîtres à se séparer de la plupart de leurs compagnons et les supérieurs à vider leurs monastères. Et Hecquet note ce paradoxe : en des temps où il conviendrait de multiplier les prières, on renvoie ceux dont c'est la fonction d'intercéder en faveur d'un peuple affligé. Mais ces considérations de bon sens et d'humanité ne peuvent prévaloir contre une conviction largement soutenue par de nombreux écrits. L'aisance et la propreté du riche le protègent de la peste, lit-on chez Howard. Et qui plus est, le degré de nocivité du venin qu'exhale le malade varie en fonction de son appartenance sociale. « L'air qui entoure les pauvres est plus contagieux que celui qui entoure les riches [163]. »

De la contamination physique à la contamination morale, il n'y a qu'un pas aisément franchi. Un opuscule publié en 1841 illustre parfaitement cette démarche. La présence aux portes de Paris, aux confins de ses faubourgs les plus populeux, d'émanations particulièrement répugnantes, constitue une double menace. Les odeurs fécales et nauséeuses des bassins de vidange, celles — plus intolérables encore — des chantiers d'équarrissage où, chaque année, sont tués cruellement quelque dix mille chevaux affamés et épuisés, font de Montfaucon « un horrible égout », « une monstruosité [164] » qui, en portant atteinte à la santé et à la moralité de la classe laborieuse, met en péril la société tout entière. Derrière ses établissements insalubres, sa « mer dégoûtante de sanie [165] », ces monceaux de carcasses et de viscères qui pourrissent à l'air libre, se profilent non seulement le spectre de la peste mais l'ombre tout aussi effrayante du « boulevard du crime ». Outre les vapeurs délétères que l'infâme cloaque jette sur la partie de la population qu'une nourriture insuffisamment carnée rend la plus vulnérable, cet ignoble foyer d'infection attire avec une foultitude de rats toute une faune à l'image de l'animal immonde. De l'ancien gibet devenu voirie, les hôtes inquiétants reçoivent le « cachet » de leurs mœurs qu'ils propagent parmi le peuple de Paris. Les chiffonniers, qui viennent le jour dérober quelques morceaux de viande, laissent la place, la nuit, à des bandes de « gouêpeurs » assurés de trouver un refuge là où la police n'ose les poursuivre. Déjà pervertis par « toutes les horreurs du mélodrame » qui les ont familiarisés avec des scènes de sang et de meurtre, ces malfaiteurs n'hésiteraient pas à jeter dans le four à plâtre l'ouvrier qui refuserait de rôtir la viande chevaline dont ils se délectent. Plus terrible encore la personne de l'équarrisseur. Imprégné d'émanations animales qui lui confèrent dans l'immondice une santé florissante, sale, cynique, obscène, sauvage, bagarreur, « tout en lui exhale Montfaucon ». Pour se convaincre d'ailleurs de ce que l'odeur suffocante du lieu et les « mœurs exceptionnelles de ses habitants [166] » peuvent enfanter d'hideux, il suffit d'imaginer « une femme accoutrée en équarrisseur, tenant un couteau sanglant entre ses lèvres pendant qu'elle en aiguise un autre à côté d'un cheval qu'elle va dépecer ». Tous les pores de cet androgyne sanguinaire « qui s'interrompt de temps à autre pour menacer du couteau son vieux père qui travaille un peu plus loin... exsudent le meurtre, ses yeux respirent la férocité ». Cette vision saisissante permet de comprendre aisément l'influence désastreuse que l'équarrisseur est à même d'exercer sur l'ouvrier. Pourtant, en mettant ses « habits du dimanche », celui-ci relève son besoin de décence et de tenue : « Le débraillé du costume dans la classe pauvre et laborieuse, la malpropreté physique, enseigne évidente d'une plaie morale... l'expression cynique, la facétie nauséabonde, l'épigramme de la Courtille, la plaisanterie atroce, la chanson argotique, le couplet à la guillotine, le sarcasme échappé sur la route du bagne et de l'échafaud, tout cela n'est qu'un reflet, un écho de Montfaucon [167]. » Mais il y a pis. La pourriture de l'endroit ne se borne pas à contaminer la partie saine et honnête du peuple, elle menace de tout envahir. Le monde libertin, la « jeunesse dorée et parfumée », sont désormais infectés : « Ce qu'on peut voir à Paris de maux qui inspirent le dégoût, les symptômes de barbarie qu'on remarque dans le langage et les habitudes des classes ouvrières... tout cela vient de Montfaucon, de sa désorganisation et de sa contagion qui, en s'échappant de ce foyer, a gagné jusqu'aux classes que l'on citait autrefois pour leurs belles manières. » C'est pourquoi Paris ne pourra mériter le nom de ville civilisée qu'après la suppression de cette source de maladies épidémiques et de subversion prolétarienne, éminemment dangereuses pour l'hygiène et les bonnes mœurs.

Dernière et principale cible des rejets nés de l'épidémie, le peuple tout entier devient l'objet d'une vigilance inquiète. Souligner sa puanteur et donc son danger contribue au XIXe siècle, comme l'a montré Alain Corbin, à « entretenir cette terreur justificatrice dans laquelle la bourgeoisie se complaît et qui endigue l'expression de son remords [168] ».

TROISIÈME PARTIE

Le sang et l'encens : recherche sur l'origine des pouvoirs du parfum

La lutte contre la peste et, d'une façon générale, contre la maladie, a associé les parfums à toute une série de pratiques hygiéniques et médicales visant à nettoyer le corps en profondeur. Il s'agit en effet de purifier l'organisme du surplus de sang et d'humeurs qui constitue un risque de putréfaction. Suer, vomir, purger, saigner, sont encore au XVIIIe siècle les mots d'ordre d'une « netteté corporelle » dont les critères remontent pour l'essentiel à la médecine égyptienne. Le corps résistera à l'infection, affirme, en 1548, Oger Ferrier, « s'il est net et s'il est fortifié et conforté... les superfluités s'évacuent par saignée, par médecines purgantes, par vomissement et autres évacuations insensiblement faites par les pores [1] ». Parmi ces techniques, parfois qualifiées de « secours généraux [2] » et qui viennent renforcer l'action des parfums, la saignée est la plus complémentaire de l'aromathérapie. Le sang vermeil est en effet, avec la bonne odeur, le « bon air », la meilleure garantie contre la maladie : « Rien n'est propre à corroborer le cœur, sinon le bon air et le bon sang : pour autant que ces deux choses seulement sont familières au cœur, comme estant l'officine du sang artériel et des esprits vitaux [3] », assure Ambroise Paré.

L'émission de sang précède ou suit l'application de médications parfumées : « Quelques-uns après qu'on a esté saigné la première fois, indique Ficin, appliquent un épithème mais les plus sages le font au commencement et le renouvellent plus souvent, sçavoir est, de trois en trois heures, et l'appliquent sur le cœur[4]. » L'excès de sang, même pur, et d'humeurs (considérées comme des « sortes » de sang), représente un danger de conversion en venin lorsque la vapeur venimeuse de la peste pénètre dans le corps. Plus chaud et plus humide que la colère, le flegme et la mélancolie, il constitue une menace encore plus grande, ouvrant davantage les conduits à l'air pestilent. De plus, ce liquide s'il coule avec trop d'abondance dans les veines est susceptible de modifications néfastes car « tant plus y a de vin dans un vaisseau tant plus fort et piquant vinaigre devient-il ».

La phlébotomie respecte des impératifs temporels et quantitatifs. « Que cela se face, prescrit Ficin, aux temps tempérés de l'an et de la lune estant en aspect bon et heureux. Le sang pur et subtil se tire au soleil levant, le cholerique à midy, le phlegmatique au coucher du soleil, et le mélancholique à minuit. » Deux fois par jour et à six heures d'intervalle, on prélèvera une livre aux sanguins, huit onces aux « médiocrement robustes », quatre à ceux qui ont le pouls lent, deux aux cholériques. Ficin condamne les médecins qui conseillent de saigner jusqu'à la défaillance. Cet excès dissout les « esprits vitaux », vapeurs de sang subtil, et détruit de cette façon le principe même de la vie. Pratiquée sans discernement, la saignée peut provoquer la mort. Il faudra donc la proscrire dans certains cas. Ambroise Paré procède lui aussi à de sévères mises en garde à l'égard de ce traitement qui abrège trop souvent la vie. Mais il l'approuve lorsque les veines sont très gonflées car, de même que « la mèche s'éteint en une lampe lors qu'il y a trop d'huile[5] », une surabondance de sang étouffe la chaleur naturelle.

Les conseils de prudence de Ficin ou de Paré ne suffiront pas à réfréner les abus qui, déjà à leur époque, affectent la saignée. Au XVIIe et au XVIIIe siècle, elle va donner lieu, de même que les autres techniques d'épuration, à bien des outrances dont témoigne la princesse Palatine : « Les docteurs ont fait dix saignées si terribles à mon cousin de La Trémoille que, quand on l'ouvrit, on n'a découvert d'autre cause à sa mort que celle-ci : il n'avait plus une goutte de sang dans les veines. Il y a deux ans, le même médecin a exécuté de la même façon la femme de ce seigneur[6]. » Ces excès sont à rapprocher de ceux suscités par l'extraordinaire engouement pour les senteurs. C'est pour en avoir abusé que Louis XIV leur devint complètement allergique[7]. En 1720, les médecins marseillais font la triste expérience de la nocivité de la saignée et leurs collègues montpelliérains, dédaigneux tout d'abord de leurs avis, doivent en reconnaître le bien-fondé. Chicoyneau et Verny, partisans des vieilles méthodes, concéderont que cette pratique n'est applicable qu'à certains malades. Cinquante-sept ans plus tard, Fournier révélera : « Toutes celles que j'ai vu employer ont été funestes et mortelles ; quelques malades y ont succombé dans le temps même qu'on la faisait, et presque tous après l'espace d'une ou deux heures, quelqu'attention qu'on eût de leur donner des cordiaux pour les ranimer et pour les soutenir[8]. » D'origine également fabuleuse[9], les parfums et la saignée ont ainsi connu un destin thérapeutique commun. Utilisés conjointement pendant des siècles, leur apogée et leur déclin contemporains soulignent les rapports étroits noués par la médecine entre deux substances apparemment étrangères : le sang et le parfum.

Aux frontières de la médecine et de la magie, une conjonction identique se rencontre dans les écrits des médecins spagiriques. La « philosophie occulte » de Cornélius Agrippa, par exemple, perpétue au XVIe siècle les recettes de l'alchimie médiévale. Liés à tout un système de sympathies énergétiques ou d'antipathies répulsives, les parfums recommandés pour bénéficier d'une conjonction planétaire favorable sont tirés, à quelques détails près, des *Secrets* du Petit Albert[10]. Le parfum à la Lune est élaboré avec la tête d'une grenouille, les yeux d'un taureau, de la graine de pavot blanc, du camphre, de l'encens, du sang menstruel ou celui d'une oie. Celui à Saturne comprend du pavot noir, de la jusquiame, de la racine de mandragore, du sang de chat et de chauve-souris. Dans le parfum à Jupiter, entrent semence de frêne, bois d'aloès, storax, benjoin, cervelle de cerf, sang de cigogne ou d'hirondelle. La faveur de Vénus se gagne avec le musc, l'ambre, les roses rouges, des cervelles de passereau et du sang de pigeon, celle de Mercure avec le mastic, des girofles, de la cervelle de renard ou de belette et le sang d'une pie. Certains commentateurs ont avancé que ces formules avaient un sens caché. Ainsi, la « tête de grenouille » renverrait à la renoncule, l' « œil de taureau » à l'œillet rouge, la « cervelle » à la cérase ou gomme du cerisier, le « sang » au sang-dragon, c'est-à-dire à la résine du dragonnier[11]. Cependant, lorsqu'il veut justifier l'efficacité de certains baumes « pour faire aimer », Agrippa présente une explication qui paraît impliquer l'utilisation effective de sang. L' « esprit » de l'homme étant constitué d'une vapeur de sang, « il est bon de composer ces emplâtres des onguents de semblables vapeurs, qui aient plus de rapport en substance avec notre esprit, l'attirent plus par leur ressemblance et le transforment[12] ». Mais que l'on fasse une lecture directe ou cryptographique de ces « parfums » destinés à se concilier la faveur des planètes ou de la personne convoitée, il est indiscutable que les matières odorantes et le sang, symbolisé ou non, concourent à leur fonction médiatrice.

D'autres illustrations de cette médiation concurrente ou conjointe peuvent aisément être trouvées dans les civilisations les plus différentes lorsqu'il s'agit d'interroger les dieux ou de solenniser les pactes entre les hommes. C'est au milieu des fumigations odorantes du laurier sacré que la prêtresse d'Apollon rendait ses oracles [13]; c'est par le rite de la main plongée dans le parfum que se scellait chez les Arabes une alliance importante [14]. A Argos, la pythie prophétisait après avoir bu le sang d'un agneau et la main plongée dans le sang avait précédé, chez les Arabes, le pacte des « Parfumés ». Que les deux substances soient si souvent impliquées dans des actes qui relèvent du sacré invite à rechercher en ce domaine une réponse à la question qui surgit alors : y aurait-il entre le sang et le parfum une correspondance plus profonde qu'une simple similitude fonctionnelle et qui permettrait d'expliquer l'importance des pouvoirs accordés à ce dernier ?

1

Le sang, l'encens et le sacré

> « Les parfums, le sacrifice et l'onction entrent et portent leur odeur partout, et ouvrent les portes des éléments et des cieux, afin que l'homme puisse voir par ces portes les secrets du Créateur. »
>
> H. C. AGRIPPA, *La Philosophie occulte*, 1531.

PRATIQUES RITUELLES

Les cultes archaïques attestent déjà de l'utilisation conjointe du sang et des parfums. Arbres, poteaux et pierres sacrés étaient fréquemment parés, encensés, oints d'huiles odorantes et du sang des victimes. En Grèce et, en particulier, en Crète, certaines pierres et certains arbres faisaient l'objet d'onctions de sang et de libations parfumées. En Inde, on suspendait les victimes animales ou humaines aux branches de l'arbre vénéré dont le tronc était enduit de substances aromatiques. La linguistique révèle l'existence de pratiques analogues en Palestine : un important site mégalithique

Le sang, l'encens et le sacré

du pays de Moab, en Judée, s'appelle El-Mareighât, « les pierres enduites », et un dolmen de Galilée porte le nom de Hajr ed-damn, « la pierre du sang[1] ». Mais cette alliance du sang et des parfums n'est pas l'apanage des manifestations religieuses les plus primitives. Elle se rencontre dans les religions de sociétés évoluées, qu'elles soient d'ailleurs polythéistes ou monothéistes. Trois exemples, empruntés aux Égyptiens, aux Hébreux et aux Aztèques, seront retenus ici. Ils mettent en évidence la connexité du sang et de l'encens, tant dans les rites sacrificiels que dans des actes solennels tels que les onctions destinées à marquer du sceau divin les prêtres ou les rois.

Le bœuf à l'égyptienne et la momie

Sur les murs du temple d'Edfou, une recette est gravée en caractères hiéroglyphiques, celle du kyphi, le parfum « deux fois bon ». Le miel, le vin, le chypre, les raisins, la myrrhe, le genêt, le stœnanthe, le séséli, le safran, le genièvre, la cardamome, la patience, le roseau, en sont les principaux ingrédients. Il faut les piler finement, les passer au crible, en prélever la partie la plus odorante, broyer le mélange en le mouillant de vin d'oasis. Plutarque lui-même a consigné cette composition raffinée, adoptée par les Grecs et les Romains[2].

Un spectacle maintenant : celui qui se déroule sur les parois du temple de Deir el-Bahari et qui retrace l'expédition envoyée par la reine Hatshepsout au pays de Pount. Cinq navires, mus chacun par trente rameurs et une voile immense, ont abordé au pays du dieu où les émissaires royaux sont accueillis par Parohou, le « Grand de Pount », entouré de sa femme, de ses enfants et de ses serviteurs. Les navires égyptiens repartent, chargés d'une cargaison précieuse : ivoire, or, singes, léopards, esclaves, myrrhe et encens. A leur arrivée, parmi les présents rapportés à la reine, ce sont surtout trente et un plants verts d'arbre à encens qui suscitent l'admiration[3].

C'est bien, avant tout, à une fonction sacrée des parfums et des aromates, offrandes destinées aux dieux, au souverain et aux morts que renvoient papyrus et bas-reliefs. La fabrication même des parfums est étroitement liée à la religion. Si la formule du kyphi apparaît à Edfou, c'est que les temples renfermaient en leurs enceintes les laboratoires dont les parfumeurs étaient des prêtres. Quotidiennement, ceux-ci offraient aux divinités trois sortes de parfums : résine le matin, myrrhe à midi et kyphi le soir. Les grandes fêtes religieuses entraînaient une consommation considérable de substances odoriférantes, présentées en de solennelles processions que mentionnent les annales de Tahutimes III, de Râ-messu III et d'Usermâât-Râ[4] : « Dans une cérémonie de ce genre, on vit figurer 120 enfants portant dans des vases d'or de l'encens, de la myrrhe et du safran, et une quantité de dromadaires chargés, les uns de 300 livres d'encens, les autres de safran, de cannelle, de cinnamome, d'iris et d'autres précieux aromates[5]. » Les effigies des dieux recevaient jusqu'à neuf onctions d'huiles parfumées les jours de fête, et une seule, le mezet, les jours ordinaires. Ces huiles étaient également utilisées pour l'onction royale qui affirmait l'identité du roi avec les dieux.

Si développé qu'il fût, l'usage des substances aromatiques dans les cérémonies religieuses n'excluait pas cependant les sacrifices sanglants. Un exemple en est fourni par le culte rendu au dieu Râ. Les hiéroglyphes de Panhy-Mery-Amen montrent le roi offrant en sacrifice, au lever du soleil, des vaches, des gommes odorantes et se purifiant ensuite avec de l'encens. Hérodote a rapporté maints détails sur la façon dont on préparait les carcasses. Avant d'être livrées aux flammes, elles étaient « farcies » de pain, de miel, de raisins, de figues, mais aussi d'encens, de myrrhe et de parfums divers[6]. Et dans le poème de Pen-Fa-Our qui figure sur les murs du temple de Karnak, c'est en ces termes que Ramsès II, allant à la bataille, rappelle au dieu Ammon les offrandes qu'il lui a faites : « Ne t'ai-je pas célébré par des fêtes éclatantes et nombreuses ?... J'ai immolé trente mille bœufs avec toutes les herbes odoriférantes et les meilleurs parfums[7]. »

Les pratiques funéraires des anciens Égyptiens attestent encore de l'extrême importance des parfums. Conçus comme l'expression intime de la divinité, ils interviennent à deux niveaux. Ils empêchent la putréfaction du défunt (condition nécessaire à sa survie après la mort) et, en lui communiquant une bonne odeur, font de lui un « Parfumé », un dieu. Ce double rôle joué par les produits aromatiques se retrouve dans les deux séquences des rituels d'embaumement : indications techniques destinées aux prêtres opérateurs et formules liturgiques d'accompagnement.

Après une longue période de traitement variant de quarante à soixante-dix jours et au cours de laquelle sont effectuées par divers spécialistes de nombreuses opérations (épilation, ablation du cerveau, éviscération, lavages au vin de palme mêlé d'épices et d'aromates, bourrage avec des sachets de natron sec et de gomme-résine pour absorber les humeurs, salage, puis rebourrage avec diverses substances pour lui redonner du volume), le cadavre reçoit toute une série d'onctions d'huiles saintes[8].

La première concerne la tête. Tout en l'oignant avec

de l'huile d'oliban d'excellente qualité, les officiants prononcent les paroles magiques qui permettent à l'encens (« celui qui divinise [9] » et émanation divine) d'opérer la subtile transmutation : « Ô Osiris N ! Pour toi est l'oliban originaire du pays d'Opone, afin de rendre ton odeur meilleure et d'en faire l'odeur du dieu. Pour toi est l'humeur issue de Rê pour rendre meilleure ton odeur... La senteur du dieu grand est ton encens ; la senteur parfaite ne se volatilisera pas sur ta momie [10]. » Vient ensuite le parfumage du corps, des épaules à la plante des pieds, par dix onctions qui régénèrent le défunt et lui confèrent l'indispensable viatique pour son voyage dans l'empire des morts : « Reçois le parfum de fête qui embellira ton corps !... Pour toi vient l'onguent au ladanum afin de créer ton corps et de stimuler ton cœur grâce à ce qui est issu de Rê. Il te permettra d'aller en paix jusqu'à la grande Douat [11] et son parfum de ladanum est ton odeur dans les nomes [12] d'en bas !... Que la sueur des dieux pénètre jusqu'à toi, que les protections de Rê s'étendent à tout ton corps, que tu puisses avoir accès au territoire saint, au sol sacré dans les nomes, que tu fasses ce que tu aimes dans les Deux Pays grâce à la divine sueur originaire du pays d'Opone [13] ! »

Pendant que les prêtres placent les entrailles dans des vases remplis d'onguents, pétrissent les chairs avec des huiles parfumées, roulent des bandelettes, les rapports organiques, charnels, humoraux que les parfums entretiennent avec les dieux, source de leurs merveilleuses vertus, sont constamment évoqués. Après lui avoir massé le dos pour l'assouplir avec une huile odorante, les embaumeurs s'adressent au mort en ces termes : « Reçois cette huile, reçois cet onguent ! Reçois l'onction de vie... Reçois la sueur des dieux, l'humeur issue de Rê, l'expectoration de Chou, la sueur qui émane de Geb, le corps divin issu d'Osiris, les liquides régénérants. »

Les rites de l'ouverture de la bouche, destinés à animer les statues royales et divines et intégrés à l'époque des pharaons thinites aux pratiques funéraires, réaffirment les pouvoirs reconstituants, purifiants, protecteurs et médiumniques des substances odoriférantes. Avant de réinsuffler le souffle vital, l'officiant principal, le prêtre-Sem, purifie le corps momifié ou la statue en appliquant sur sa bouche, ses yeux, ses bras, cinq boulettes d'encens. Les paroles prononcées renforcent la purification. Le prêtre procède ensuite à des fumigations d'encens très pur qui « lavent », « embellissent », enveloppent le mort complètement, le pénètrent de cette substance divine qui le déifie à son tour, en proférant la formule : « Salut à toi, Encens ! Salut à toi, Encens ! Salut à toi, produit engendré par Horus... Grande est ta pureté par l'encens, N, en ce tien nom de "Purifié par l'encens"... en ce tien nom de "Parfumé". » Précieuse senteur, le défunt peut désormais entrer en relation avec les dieux, s'exhaler vers leur royaume et se mêler à leurs sublimes effluves :

« Voici venir ton parfum, N, sous forme d'encens,
Voici venir vers N, votre parfum, dieux !
Voici venir vers vous, le parfum de N, dieux !
Puisse N être avec vous, dieux, puissiez-vous être avec N !
Puisse N vivre avec vous, dieux, puissiez-vous vivre avec N !
Puissiez-vous aimer N, dieux. Aimez-le, dieux[14] *! »*

Le « parfum perpétuel » et le « sang de l'alliance »

C'est aussi par le sang et le parfum que s'établit le pacte fondamental entre Yahvé et son peuple. Leur relation privilégiée se manifeste d'abord par le « sang de l'alliance » et le « parfum perpétuel ». Dans la religion hébraïque, ces deux substances médiatrices, soumises à des interdits et à des codifications strictes, sont d'ailleurs associées en maintes occasions.

Le parfum sacré que les prêtres offrent à Dieu est différent des parfums profanes. La formule en a été révélée à Moïse : « Prends des substances aromatiques : de la résine, de la chéhélet, du galbanum et de l'encens pur par parties égales ; tu en feras un parfum, une mixture parfumée, composée suivant les procédés du parfumeur, salée, pure, sainte[15]. » Il doit brûler sur l'autel des parfums, lui-même construit selon les instructions divines : « Tu feras aussi un autel pour y faire fumer le parfum. Tu le feras en bois d'acacia. Il aura une coudée de long et une coudée de large : il sera carré. Sa hauteur sera de deux coudées. Ses cornes feront corps avec lui. Tu le revêtiras d'or pur : sa face supérieure, toutes ses parois et ses cornes ; et tu l'entoureras d'une moulure d'or. Tu y adapteras deux anneaux d'or, au-dessous de la moulure, sur ses deux côtés. Tu feras ces barres en bois d'acacia et tu les revêtiras d'or[16]. »

L'huile d'onction sainte — qui sert à oindre le tabernacle, l'Arche d'alliance, les autels et tous les instruments du culte, et qui consacra Aaron et ses fils, leur conférant la prêtrise de génération en génération — est « un mélange odoriférant composé selon l'art du parfumeur[17] ». Des règles rigoureuses soulignent l'importance de ces compositions aromatiques dans le culte. Préparées par les prêtres, elles sont exclusivement réservées à Yahvé. Sous peine de mort, elles ne doivent être ni imitées, ni employées à des usages profanes. Seuls, les prêtres de la race d'Aaron peuvent offrir le parfum perpétuel sans s'exposer à mourir, comme en atteste le sort subi par Coré et ses partisans qui avaient négligé l'avertissement solennel de Moïse [18].

Le sang est le principe d'alliance originel entre Dieu et son peuple. Le pacte de sang, affirmé dans la Bible [19] et reconduit dans le Nouveau Testament [20], est renouvelé et perpétué par la pratique de la circoncision : « A l'âge de huit jours, tout mâle, parmi vous, sera circoncis, à chaque génération, qu'il soit né dans la maison, ou qu'il ait été acheté à prix d'argent : ainsi sera marquée dans votre chair l'alliance perpétuelle que je conclus avec vous [21]. » Lors des sacrifices, le sang des animaux immolés est utilisé selon des rituels que la Bible détaille avec minutie. Répandu sur l'autel, sur les corps des victimes, il est encore employé à l'aspersion des fidèles et des prêtres. Les offrandes du sang ont deux fonctions dont l'une conditionne l'autre : purifier et communiquer avec Dieu. Elles permettent d'abord l'expiation et la purification de l'offrant : « Je vous ai permis d'employer le sang sur l'autel à faire l'expiation pour vos vies, car c'est par le principe de vie qui est en lui que le sang fait l'expiation [22]. »

Le processus expiatoire se déroule par l'entremise du prêtre, soit que celui-ci porte le sang de la personne à purifier (en réalité celui d'un animal) sur l'autel, soit qu'il pratique sur elle une onction de sang. Dans le premier cas, l'âme véhiculée par le sang est débarrassée de ses souillures au contact de l'autel ; dans le second, le sang de l'onction se charge des impuretés de l'âme du pécheur [23]. Ces offrandes expiatoires étaient absolument nécessaires avant que la victime ne se consume sur l'autel. Sans elles, l'holocauste ne pouvait être agréé de Dieu [24].

Présente dans les rites de purification, la conception selon laquelle le sang, principe vital, est le véhicule de l'âme, détermine d'ailleurs des interdits et des règles impératives. La consommation en est proscrite. Ézéchiel la mettait au nombre des péchés qui avaient entraîné la destruction de Jérusalem [25]. Le Deutéronome condamnait cette pratique [26] et le Lévitique la punissait de mort : « Si quelqu'un, parmi les membres de la maison d'Israël et les étrangers en résidence au milieu d'eux, consomme le sang d'un animal quelconque, je tournerai ma face contre celui qui aura ainsi consommé du sang et je le retrancherai du milieu de son peuple, car le principe de vie de la créature vivante est dans le sang [27]. » En outre, l'animal sacrifié doit être sans défaut [28] et le prêtre qui manipule le principe de vie, exempt de toute tare physique [29]. C'est seulement si toutes ces conditions sont respectées que l'odeur de l'holocauste peut plaire à Yahvé.

C'est au pays de Moria (« mor » signifie parfum en hébreu) qu'Abraham s'apprête à offrir son fils unique à Dieu. Nombreux sont les passages de la Bible qui associent étroitement le parfum et le sang. Le récit de la consécration d'Aaron et de ses fils montre Moïse répandant sur eux l'huile d'onction et le sang des victimes : « Tu immoleras le bélier et tu prendras une partie de son sang ; tu (en) mettras sur la partie supérieure de l'oreille d'Aaron et sur la partie supérieure de l'oreille de ses fils... puis tu prendras du sang qui est sur l'autel et de l'huile d'onction et tu aspergeras Aaron et ses vêtements, ses fils et les vêtements de ses fils avec lui. Et il sera sanctifié, lui et ses vêtements ainsi que ses fils et les vêtements de ses fils avec lui [30]. » On trouve cette conjonction dans le sacrifice « hattat », prescrit dans le cas où un Juif transgressait par mégarde l'un des commandements de Yahvé[31]. Il est également remarquable que la consécration de l'autel de l'holocauste fasse appel à une onction d'huile aromatique alors que la purification annuelle de l'autel des parfums, qui ne pouvait recevoir aucun holocauste, se réalise par une onction de sang[32].

L' « eau précieuse » et le copal

La religion aztèque a poussé à son paroxysme les offrandes de sang humain. Cette pratique s'enracine dans une cosmogonie où les libations sanglantes sont indispensables à la marche de l'univers. A l'origine étaient les ténèbres. Pour éclairer le monde, les dieux se réunirent et deux d'entre eux se jetèrent dans un brasier, donnant ainsi naissance au Soleil et à la Lune. Mais les deux astres, s'étant levés au-dessus de l'horizon, restaient immobiles. Les dieux, inquiets, envoyèrent un messager questionner le soleil sur les raisons de son inertie. Pour prendre vie et poursuivre sa course, il lui fallait, répondit-il, le sang des autres dieux. Alors, tous décidèrent de se sacrifier et de nourrir de leur sang le Soleil et la Lune.

La pratique des sacrifices humains reconduit l'holocauste divin originel. C'est souvent par un aigle tenant un cœur ensanglanté entre ses serres que l'iconographie et la statuaire aztèques représentent le soleil. Il faut satisfaire sans cesse la voracité de ce prédateur assoiffé de sang pour que le monde ne retombe pas dans les ténèbres initiales.

Dans ce système, le sacrifice par arrachement du cœur, qui provoque l'épanchement le plus abondant, s'impose comme exemplaire[33]. La victime montait l'escalier conduisant au sommet du temple. Là, les prêtres la saisissaient et l'allongeaient sur la pierre sacrificielle légèrement bombée de façon à ce que la poitrine du condamné saillît. Alors que quatre d'entre eux maintenaient fermement sa tête et ses membres, le prêtre sacrificateur lui ouvrait la poitrine avec un couteau de silex et plongeait la main dans la déchirure pour arracher le cœur. Il l'offrait au soleil et le plaçait ensuite dans le vase cérémoniel. A l'aide d'un chalumeau placé dans la plaie béante de la victime, un autre officiant tirait du sang et le répandait abondamment sur le corps du supplicié. Puis, le cadavre encore chaud, jeté du haut de la pyramide, roulait jusqu'au bas des marches [34].

Le sang est encore présent dans les pratiques observées par les prêtres. Selon Sahagun, ils interrompaient leur sommeil à l'appel du cor et se faisaient des entailles aux oreilles avec de petits couteaux d'obsidienne. Ils trempaient ensuite des épines de maguey dans leurs blessures. L'effusion était proportionnelle au degré de dévotion de chacun.

Mais les rituels font également une place importante au parfum. La gomme aromatique utilisée était une résine blanche : le copal. Les prêtres l'offraient jour et nuit à l'intérieur des temples, dans des poêlons de terre cuite à long manche, ornés de sculptures et munis de grelots. Le peuple lui-même encensait matin et soir de nombreuses idoles placées dans les maisons et les cours. L'encensement était d'ailleurs pratiqué en dehors de la vie religieuse proprement dite, par exemple par les juges qui, avant leurs travaux, brûlaient du copal pour honorer les dieux et demander leur protection.

L'union du parfum et du sang apparaît étroite dans les cérémonies religieuses d'abord, mais aussi à l'occasion d'autres actes solennels. La guerre qui fournit, grâce aux captifs, l'essentiel des victimes sacrées, s'appelle « xochiyaoyotl », la « guerre fleurie ». Durant les veillées présacrificielles, les condamnés respirent des herbes aromatiques aux parfums enivrants et, avant sa mort, la victime offerte à Xilonen, déesse du maïs, va faire des offrandes d'encens en quatre lieux symboliques du calendrier aztèque. Au cours des sacrifices, cette alliance éclate constamment : « Lorsque les satrapes venaient à passer devant la déesse Xilonen, ils répandaient de l'encens sur leurs pas... On faisait monter la femme jusqu'au haut du temple. Là l'un des satrapes la prenait sur lui dos à dos ; un autre survenait qui lui coupait la tête. Immédiatement après, il lui ouvrait la poitrine et lui arrachait le cœur qu'il jetait dans une écuelle [35]... » C'est parée de guirlandes de fleurs et de « couronnes faites de cette herbe odoriférante qui s'appelle " iztauhyatl " et qui ressemble à l'encens de Castille [36] » que la femme qui doit être immolée à « Uixtociuatl », déesse du sel, marche à la mort. Ceux qui avaient pour tâche de jeter les victimes dans le brasier parfumaient les suppliciés en « leur poudrant la figure avec de l'encens qu'ils portaient dans de petites bourses, en le projetant à pleines mains [37] ».

Cette connexité se manifeste encore dans le cérémonial de l'élection du roi. L'élu tenait de la main gauche une bourse pleine d'encens et, de la main droite, un encensoir orné de têtes de mort. Sous les regards de la foule assemblée, il montait les marches du temple d'Uitzilopochtli et encensait sa statue. Ses conseillers observaient ensuite le même rituel. Puis le roi et ses ministres pénétraient dans l'édifice pour y faire pénitence et, deux fois par jour, à midi et à minuit, ils offraient du sang et de l'encens.

Dans les vestiges du grand temple de Tenochtitlan ont été retrouvés des couteaux de pierre portant, à leur base, une boule de copal. Ces objets étranges pourraient symboliser la conjonction révélée par des pratiques cérémonielles empruntées à des traditions aussi diverses que celles des Aztèques, des Juifs et des Égyptiens. L'arme, prête à faire jaillir l' « eau précieuse », exhale un parfum pénétrant. Le sang et l'encens semblent voués tout naturellement à remplir une fonction identique : établir la communication avec la divinité.

L'ODEUR DE SAINTETÉ

« Être en odeur de sainteté », « mourir en odeur de sainteté », ne sont pas des expressions purement abstraites. Les récits hagiographiques tendent à leur donner un contenu concret. Certains saints ou mystiques auraient le privilège d'émettre, de leur vivant ou après leur mort, des senteurs délicates, souvent considérées comme des manifestations tangibles d'une participation au surnaturel. « Que le corps humain puisse naturellement ne pas sentir mauvais, écrivait le pape Benoît XIV, c'est chose possible, mais qu'il sente bon, cela est en dehors de la nature... » Et cette agréable odeur, ajoutait-il, « s'il n'existe ou n'a existé aucune cause naturelle capable de la produire, on doit la rapporter à une cause supérieure et tenir le fait pour miraculeux [38] ». Plus encore que l'incorruption des chairs, la bonne odeur qui émane du cadavre scelle la sainteté. Le *Dictionnaire critique des reliques et des images* de Collin de Plancy relate qu'au XIIIe siècle furent apportés dans un couvent cistercien les restes de quelques-unes des onze mille vierges compagnes de sainte Ursule. Déposés dans le chœur de l'église, les

Le sang, l'encens et le sacré 205

ossements sacrés se mirent à dégager une odeur insupportable. Décelant une malice du diable, l'abbé adjura l'esprit immonde de se découvrir. « Tout à coup, on vit une grande mâchoire de cheval sortir du milieu de la pile de reliques ; on la jeta dehors, et à l'horrible puanteur qu'on avait sentie jusqu'alors succéda l'odeur la plus suave : de quoi les moines rendirent grâces à Dieu [39]. » La carcasse d'un saint ne peut puer si le diable ne s'y mêle et Collin de Plancy ajoute avec une ironie iconoclaste : « Cet article de foi n'est un doute que pour les impies. »

Les senteurs de l'au-delà

L'association de la bonne odeur à la sainteté n'a rien qui puisse étonner. Le saint, en effet, a un contact privilégié avec l'au-delà et, de son vivant même, se trouve, en quelque sorte, dans l'antichambre du paradis. Or, ce lieu est traditionnellement représenté comme rempli d'odeurs exquises, conception directement héritée de l'Antiquité païenne. Du Léthé, s'exhalait, selon Plutarque, « un souffle délicat et suave qui apportait des effluves étrangement voluptueux et créait une griserie semblable à celle que provoque le vin chez ceux que gagne l'ivresse. Les âmes se gorgeaient de ces parfums délicieux, s'épanouissaient et fraternisaient entre elles [40] ». Et Lucien évoque les îles parfumées où vivent les Bienheureux dans une ville d'or traversée par un fleuve de myrrhe [41]. Aucune rupture, sur ce point, entre l'éden païen et le paradis chrétien. Grégoire de Tours dépeint celui-ci comme « une vaste prairie où diffuse sans cesse un extraordinaire parfum ». Maxime y respire « un inimitable *ambroseus odor* qui se dégage des fleurs plus belles que tous les printemps ». Quant à saint Sauve, les effluves paradisiaques lui tiennent lieu de nourriture et de breuvage. Et lorsque, sur un ordre de Dieu, il doit revenir sur terre, il s'écrie en pleurant : « Le parfum m'abandonne [42]. »

Contrepoint naturel de cette représentation olfactive, l'enfer et le purgatoire, comme l'hadès antique, ne sont que fétidité et suffocation. Les îles enflammées et empuanties où coulent le sang et la boue, imaginées par Lucien, ressemblent étrangement à l'enfer décrit au XIIe siècle par le cistercien Henry de Saltrey. Son héros, le chevalier Œnus, découvre tout d'abord le purgatoire où coule un fleuve fétide et glacé et où un puits crache des flammes ; il gagne ensuite l'enfer, plus nauséabond encore, saturé de vapeurs sulfureuses. « Odeur pestilentielle » et « puanteur horrible » caractérisent également les visions infernales de sainte Thérèse et de sainte Véronique [43].

Tous les visionnaires de l'au-delà s'accordent donc sur la pestilence de l'enfer et le parfum inimitable du paradis comme si, de tous les sens, l'odorat était le plus à même d'en donner une perception concrète.

Le parfum des mystiques

« Nous sommes la bonne odeur du Christ devant Dieu », écrit Paul dans sa deuxième épître aux Corinthiens. Cette métaphore utilisée par l'apôtre peut être prise au pied de la lettre en ce qui concerne de nombreux saints et mystiques. Récits et témoignages leur attribuent fréquemment le pouvoir d'émettre des exhalaisons, pour la plupart végétales. L'examen des sources hagiographiques permet d'inférer qu'il n'existe pas une mais des odeurs de sainteté, diversement composées. D'après Hubert Larcher, celle de Lydwyne de Schiedam était constituée de sept senteurs : cannelle, fleurs coupées, gingembre, girofle, lis, rose, violette. Le Padre Pio ne pouvait en revendiquer que six, sainte Thérèse d'Avila quatre, Trévère trois, Basilissa deux. Tous ces composants forment, à l'instar des parfums profanes, de véritables bouquets. L'analogie ne se limite pas là. Comme les parfums profanes, les parfums sacrés se développent et évoluent dans le temps. Pour employer le langage des parfumeurs, on pourrait dire qu'aux notes de tête succèdent les notes de cœur, puis celles de queue. L'odeur de sainteté de Thérèse d'Avila, par exemple, évolua après sa mort. Les arômes de lis et d'iris furent suivis par ceux de violette et de jasmin. Celle de sainte Lydwyne fut également sujette à des modifications. Aux parfums de cannelle, de gingembre, de girofle, qui composaient les notes de tête, se substituèrent ceux de rose, de violette et de lis.

La bonne odeur du saint, du mystique, est donc perçue comme un témoignage de son rapport privilégié avec le divin. Elle en est, d'ailleurs, le moyen et la conséquence. La tension spirituelle et l'ascèse détachent l'être humain de son animalité et, par conséquent, des odeurs liées à la corruption. En même temps, la sublimation des besoins organiques et l'élévation d'une âme toute tendue vers un autre monde permettent de participer au parfum de la divinité. A la fois offrande à Dieu et don de Dieu, l'odeur de sainteté est, pour le commun des mortels, signe de la singularité de celui qui l'exhale. Qu'elle soit, en particulier, l'apanage d'hommes qui ont renoncé à la chair et à ses désirs souligne le premier de ses aspects. C'est, en quelque sorte, en immolant son corps que le saint se rapproche de Dieu mais, au lieu d'offrir son sang, il lui substitue le parfum d'un corps sanctifié par la pénitence.

Le sang et l'odeur de sainteté

D'un point de vue que l'on pourrait qualifier d'idéaliste, l'odeur de sainteté traduit la bonne santé d'une âme qui est parvenue à entraîner le corps dans son ascension spirituelle. Pour Gorres, par exemple, elle correspond à un affranchissement des liens somatiques. Le corps en devient même « plus agile, plus souple, plus ferme, plus fort [44] ». Cette conception ne saurait satisfaire les rationalistes pour qui d'autres explications sont susceptibles d'être proposées. Ainsi un lien a-t-il parfois été établi entre la continence et l'émission d'odeurs corporelles agréables. Certaines substances qui ne seraient pas libérées dans l'activité sexuelle auraient, sur le métabolisme, une action inhibitrice favorisant la production de ces parfums. Mais c'est surtout sur les phénomènes sanguins que s'est concentrée l'attention de la critique scientifique.

Les hagiographes eux-mêmes avaient ouvert cette voie en rapprochant le phénomène des odeurs de sainteté de celui de l'incorruption des chairs. C'est fréquemment après la mort du saint que ces parfums s'exhalent, persistant parfois pendant une très longue durée. Or, cet état d'incorruption est étroitement lié à la non-putréfaction du sang. Cette corrélation est soulignée avec force dans une relation concernant Thérèse d'Avila. Le témoin qui examine le corps insiste d'abord sur « la suave odeur qu'il répand, la fraîcheur la beauté des chairs qui semblent encore vivantes ». Puis, il observe d'un œil plus clinique : « Je me mis à le remuer et à le considérer avec attention ; je remarquai vers les épaules un endroit si coloré que je le montrai aux autres, et je leur dis qu'il y avait là du sang vif. J'y appliquai un linge qui se teignit aussitôt de sang ; j'en demandai un autre qui s'imbiba de la même manière. Cependant, la peau demeurait intacte et sans aucune marque de plaie ni de déchirure. J'appuyai mon visage sur l'épaule de notre Sainte Mère, réfléchissant à la grandeur de cette merveille, car il y avait douze ans qu'elle était morte et son sang coulait comme celui d'une personne en vie[45]. » Il n'est pas étonnant que ceux qui ont recherché une explication positiviste aux odeurs de sainteté se soient essentiellement orientés vers l'étude du sang, élément scientifiquement descriptible et observable, d'autant que les stigmates et les plaies se trouvent être ordinairement les foyers de ces senteurs agréables[46].

Aussi l'idée d'une relation entre l'odeur de sainteté et les modifications de la formule sanguine a-t-elle été fréquemment avancée. Mais l'origine de ces variations est attribuée à des raisons très diverses. Pour certains, c'est le régime alimentaire de l'ascète qui est en cause. Une alimentation exclusivement végétarienne, entrecoupée de jeûnes, purifierait le sang des sécrétions habituelles et exhalerait l'odeur végétale de la nourriture ingérée : il n'y aurait plus ou presque plus d'urée dans le sang qui renfermerait d'autres éléments que ceux qui y sont apportés par la nourriture habituelle, et comme les végétaux nourris différemment, il présenterait un autre arôme... « Ici l'odeur est produite, non plus par une foule de sécrétions, soit liquides, soit gazeuses, mais seulement par les gaz qui se trouvent dans le sang[47]. »

Ces changements dans la composition du sang résultent, selon d'autres médecins, de troubles nerveux. Des rapports entre certains cas d'hystérie et l'émission de bonnes odeurs ont ainsi été mis en évidence. Pour d'autres encore, comme le docteur Dumas, ces phénomènes proviendraient de troubles à la fois nutritifs et nerveux. Les parfums de cannelle, de girofle, d'oranger, d'ananas, de rose, de violette, de benjoin, etc., seraient dus à l'apparition, dans le sang, de liquides aromatiques dérivés d'alcools (aldéhydes, acétones) et d'éthers, lorsque les combustions sont incomplètes. Si celles-ci sont normales, tous ces corps sont brûlés, oxydés jusqu'au bout et donnent de l'eau, de l'acide carbonique et de l'urée. Mais qu'un ralentissement se produise dans la nutrition des tissus, et ces corps odorants s'éliminent par l'haleine, la sueur et par la peau : « Troubles nutritifs et troubles nerveux paraissent suffire pour nous rendre compte du phénomène qui a tant frappé les hagiographes et, comme la nutrition profonde dépend en définitive du système nerveux qui modère ou accélère les échanges, c'est sans doute chez les névropathes que l'odeur de sainteté s'est presque toujours rencontrée[48]. »

En particulier, la présence d'acétone dans le sang communiquerait à l'haleine et à l'urine des malades cette odeur agréable que les hagiographes qualifient de sainte. Les suaves arômes perdent alors tout leur mystère et les effluves floraux de Thérèse d'Avila se réduisent à ceux de l'acétonémie diabétique.

Toutes ces hypothèses ramènent l'origine des modifications sanguines génératrices d'« odeur de sainteté » à des causes somatiques ou pathologiques. Mais une autre conception, que l'on peut qualifier de psychosomatique, s'oppose à ce courant qui limite les senteurs mystiques aux émanations d'un sang purifié par l'ascèse ou, au contraire, altéré par la maladie ou une « sainte névrose ». Soutenue notamment par le docteur Larcher, elle cherche à intégrer à ce système de causes purement matérielles la dimension spirituelle. Ce dernier tente de concilier les points de vue rationnels et idéalistes et affirme le substrat chimique de ces odeurs ainsi que les dérèglements métaboliques qui les créent. Toutefois, les variations de la formule sanguine engendrant les parfums sacrés ne seraient pas réductibles à des phénomènes somatiques ou pathologiques. La vie mystique, par les profondes modifications organiques qu'elle entraîne, agirait sur le métabolisme et la composition du sang. L'extase expliquerait ces combustions incomplètes et la présence dans le milieu sanguin de ces nouvelles substances aromatiques. Les alcools, les éthers, les cétones, libérés par ces oxydations ralenties, établiraient des synthèses avec des corps contenus dans les pigments rouges du sang, permettant ainsi l'exhalaison de parfums végétaux : « En effet, il est parfaitement concevable que la vie mystique puisse avoir pour conséquence de ralentir, en certains cas, le métabolisme et notamment la combustion des sucres, d'où formation de composés odoriférants [49]. »

En dernier ressort, l'esprit agissant sur le corps déterminerait l'enchaînement des phénomènes aboutissant à la manifestation des parfums sacrés : les situations extatiques freineraient les combustions et il en résulterait une formation d'alcools et autres substances inhabituelles dans l'organisme, « de telle sorte que ce serait l'état de l'âme qui commanderait en définitive une chimie propre à la délivrer de quelques-uns de ses liens somatiques et à favoriser ainsi son envol [50] ».

Les moments d'acmé spirituelle bouleverseraient tout l'organisme qui, n'ayant plus les mêmes besoins, pourrait laisser le sang établir des synthèses plus libres, plus détachées des liens corporels, plus esthétiques, plus odorantes. Née des ferments sanguins les plus spiritueux et les plus « spirituels », l'odeur de sainteté tirerait de cette origine ses capacités très remarquables : suavité, puissance, ténacité, diffusion exceptionnelles, ainsi que des propriétés antiseptiques et anticréophagiques.

La thèse avancée par Larcher lui permet également d'expliquer certains phénomènes annexes engendrés par l'odeur de sainteté. Les alcools déversés dans le sang lors de l'extase ne seraient pas étrangers aux ivresses mystiques. Comme certaines drogues qui procurent des paradis artificiels, ils ouvriraient les portes de la perception de l'au-delà. Ces griseries olfactives illumineraient l'esprit au lieu de l'obscurcir, rendant visibles et sensibles des mondes qui restent cachés au commun des mortels. Les « visions célestes » concordantes dont firent état plusieurs des religieuses qui entouraient le lit de mort de sainte Thérèse d'Avila pourraient être reliées à ce processus. « Cependant, il faut songer à l'action possible des molécules de l'odeur de sainteté — qui était alors très violente et presque insupportable — sur le système nerveux et sur les fonctions psychiques de ces religieuses[51]. »

D'une opiniâtreté et d'une force étonnantes, l'odeur de sainteté apparaît bien comme une offrande susceptible, plus qu'aucune autre, de plaire à Dieu, puisqu'elle allie les deux éléments sacrificiels fondamentaux : le sang et le parfum.

2

Le sang et l'encens, principes de vie

> « A elles seules les odeurs préparent les mythes. »
>
> G. BACHELARD,
> *Fragments d'une poétique du feu.*

LE SANG, SYMBOLE VITAL

C'est tout naturellement que le sang a pu être considéré, dès les temps les plus reculés, comme l'essence même de la vie, conception probablement fondée sur l'observation suivante : la perte de sang entraîne une diminution de la force vitale et, trop importante, elle provoque inéluctablement la mort. Lorsque le sang s'écoule du corps, la vie s'enfuit avec lui. « Le principe de vie de la créature vivante est dans le sang », énonce le Lévitique[1]. On peut logiquement induire que cette considération « objective » a nourri l'idée selon laquelle le précieux liquide renferme l'âme ou, encore, la pensée. A l'invocation du Livre des Morts : « Salut, âme qui es dans son sang, le soleil[2] », répond l'affirmation d'Empédocle selon laquelle « le siège principal de ce qu'on nomme la pensée » est le sang qui circule dans le cœur[3].

Cette « spiritualisation » du sang explique les interdits et codifications dont il a fréquemment été l'objet. Le refus de l'ingérer se rencontre aussi bien chez les Juifs que chez les Indiens Hare et Dogrib ou chez les Malépas, tribu bantoue du nord du Transvaal. L'Ancien Testament condamne son absorption de façon catégorique : « Prends la ferme résolution de ne pas consommer le sang car le sang, c'est l'âme, et tu ne dois pas manger l'âme avec la chair[4]. »

Pour certains peuples, verser le sang libère l'âme, libération qui peut avoir des conséquences néfastes. Maints tabous visent à éviter, non seulement sa consommation, mais aussi sa perte. Frazer en a rapporté de très nombreux exemples. Les Siamois exécutaient les criminels royaux en les affamant, en les étouffant, en leur enfonçant une bûche de bois de santal odorant dans l'estomac, en les mettant dans des chaudrons et en les broyant avec des pilons de bois. Des populations très différentes recouraient à ces exécutions « blanches » dont la liste est longue. Pour éviter que le sang du capitaine Christian, mis à mort par le gouvernement de l'île de Man en 1660, ne se répandît sur le sol, on disposa des couvertures sur le lieu du supplice. Des tribus australiennes plaçaient les enfants qui allaient être circoncis sur une estrade formée de corps d'hommes vivants afin d'éviter tout contact du sang avec le sol. Le sang de l'accouchée, dans les îles Marquises et Célèbes, était recueilli pour les mêmes raisons : « Dans le sud des îles Célèbes, pendant un accouchement, une femme esclave est debout sous la maison (car les maisons sont bâties sur des pilotis au-dessus du sol) et reçoit, dans une cuvette placée sur sa tête, le sang qui coule goutte à goutte à travers le plancher en bambous. Chez les Latukas de l'Afrique centrale, on enlève soigneusement, avec une pelle en fer, la terre sur laquelle une goutte de sang est tombée lors d'un enfantement ; on la met dans un pot avec l'eau qui a servi à laver la mère et on l'enterre à une certaine profondeur, en dehors de la maison du côté gauche[5]. » Les hommes appelés « ramanga » ou « sang bleu », affectés au service des nobles chez les Betsiléos de Madagascar, avaient pour curieuse tâche de boire le sang de leur maître lorsqu'il se blessait afin que ce liquide, qui contenait son âme, ne tombât pas entre les mains de sorciers.

L'idée que le sang véhicule l'âme préside également aux rituels de la vengeance chez les Arabes antéislamiques. L'âme de la victime, échappée avec l'effusion sanguine, était condamnée à l'errance et ne pouvait réintégrer son corps tant qu'elle n'avait pu se désaltérer du sang du meurtrier. Transformée en oiseau appelé « hama », elle réclamait lugubrement vengeance. Le justicier devait cependant concilier deux exigences contradictoires : faire couler le sang de l'assassin mais en verser le moins possible pour ne pas être harcelé par l'âme de celui-ci, le sang répandu à terre demandant réparation[6].

ÉQUIVALENCE DE LA SÈVE ET DU SANG

Une équivalence primaire existe à l'évidence entre la sève et le sang, l'une étant au règne végétal ce que l'autre est au monde animal. La sève irrigue et nourrit la plante comme le sang irrigue et nourrit les tissus. Elle s'écoule du végétal blessé et son épanchement en entraîne le dépérissement. Mais, bien au-delà d'un simple parallélisme entre deux ordres séparés, la sève et le sang apparaissent très tôt, dans les représentations humaines, comme affectés d'interférences très nombreuses. Aux temps préhistoriques déjà, l'arbre fait l'objet d'un culte très important. Source de subsistance, arbre nourricier ou protecteur, il est divinité ou résidence de la divinité. Dès lors, la sève n'est pas seulement principe végétal, elle est sang et d'abord, sans doute, sang féminin. C'est ainsi que la gomme de l'acacia a été imaginée comme le sang menstruel de la déesse habitant cet arbre [7]. Cette sève-sang est chargée d'un pouvoir fécondant car, avant d'être déclarées impures, les menstrues ont pu représenter, au contraire, le sang pur contenant toutes les mystérieuses énergies de la vie [8]. Porteurs des pouvoirs occultes de la génération, sève et sang furent tous deux pensés comme des sources de vie.

Les liens étroits entre les deux substances ont entraîné, semble-t-il, un véritable processus d'identification perceptible dans de nombreuses croyances ou coutumes primitives. Lorsqu'il voulait abattre un arbre, le bûcheron basoga d'Afrique centrale, après avoir porté le premier coup de hache, appliquait sa bouche sur l'entaille et en suçait la sève. L'alliance qu'il établissait de cette façon était comparable au pacte qui scellait les liens parentaux par succion mutuelle du sang. Ainsi pactisait-il avec l'arbre qui ne pouvait en vouloir à un frère de l'abattre. L'anthropomorphisme est parfois plus marqué encore. L'assimilation de la sève au sang se prolonge dans celle du tronc au corps humain. Un exemple frappant en est donné par le châtiment cruel que les anciens Germains infligeaient à celui qui était surpris en train d'arracher l'écorce d'un arbre. Le coupable devait alors remplacer la partie manquante par de l'« écorce » humaine. On lui coupait le nombril qui était cloué à l'endroit dénudé. Puis on l'obligeait à faire le tour du tronc afin que ses entrailles s'y enroulent[9]. Frazer rapporte que, jusqu'en 1859, il existait à Nauders, au Tyrol, un mélèze sacré qui saignait à chaque entaille. La croyance populaire imaginait que le fer pénétrait dans le corps du bûcheron sacrilège aussi profondément que dans l'arbre et que la blessure de l'homme ne se fermait pas tant que le tronc ne s'était pas cicatrisé.

Une interpénétration aussi poussée du végétal et de l'humain ne traduit-elle pas une unité fondamentale entre l'arbre « animé » et la « plante de chair », la sève-sang qui circule en eux, véhiculant l'âme d'un homme ou d'un dieu? Sève et sang ne constitueraient pas des principes vitaux différents mais un principe vital unique dont les pratiques primitives, les croyances, les mythes, peuvent permettre de déceler l'existence sous-jacente. Arrivé à ce point, une objection se présente : la démarche en elle-même est-elle défendable? En ce qui concerne en particulier le recours aux mythes, les travaux de Georges Dumézil, Claude Lévi-Strauss, Jean-Pierre Vernant ou Marcel Detienne, ont délaissé la méthode classique du comparatisme global, de type frazérien, au profit d'une interprétation différenciée replaçant chaque mythe dans son contexte culturel. Toute notion d'un symbolisme universel se trouve-t-elle, dès lors, irrémédiablement condamnée? Mais il n'est pas question, ici, de décrypter tel ou tel mythe en recherchant ailleurs des héros ou des dieux analogues. Il s'agit simplement de repérer, au sein de récits mythiques, une juxtaposition élémentaire à laquelle de très nombreuses pratiques rituelles donnent déjà, par l'alliance du sang et de l'encens, une universalité difficilement contestable.

Le sang a été fréquemment pensé comme susceptible d'engendrer le végétal. Les exemples sont multiples et montrent que cette filiation du sang à la plante peut s'établir de façon indirecte ou directe. Indirecte quand le sang est assimilé à la pluie fécondante qui régénère la terre desséchée. Directe quand fleurs ou arbres jaillissent d'emblée du sang répandu.

Le rapport du sang à la pluie s'exprime parfois en termes de symbole. On le rencontre tout aussi bien dans certaines traditions orientales, par exemple dans l'ancien Cambodge ou en Chine, que dans la symbolique chrétienne. Une légende chinoise raconte que, lorsque Chéou-Sin lança des flèches dans l'outre céleste, une pluie de sang en tomba[10]. Et l'on peut lire dans la liturgie de la fête du Précieux Sang : « La merveilleuse violence de l'amour a lavé dans le sang l'Univers. Imbibée d'une telle pluie de salut, l'heureuse terre qui n'abondait qu'en épines a produit des fleurs et l'absinthe a pris le goût du nectar[11]. » Nombreux sont également les rites qui font du sang l'agent médiateur de la pluie. Là encore, les exemples peuvent être pris aussi bien dans certaines coutumes d'Indonésie, d'Australie ou d'Afrique que dans les pratiques sacrificielles de l'Amérique précolombienne[12]. A Java, on usait de la flagellation réciproque jusqu'à ce que le sang ruisselle. Les Karamundi, tribu australienne des bords du fleuve Darling, y déposaient une pâte faite de sang humain, de poudre de gypse et de poils de barbe, placée entre deux écorces. Une anecdote est significative de l'enracinement de tels usages en Abyssinie. Dans le but d'obtenir la pluie, les habitants du district d'Egghiou engageaient des combats sanglants, village contre village, qui duraient toute une semaine. L'empereur Ménélik interdit la coutume mais, l'année suivante, la pluie fit défaut et la protestation populaire fut si vive qu'il consentit à ce que les combats meurtriers reprennent, deux jours par an uniquement [13]. C'est en vertu d'une conception similaire que les victimes dédiées à Xipe Totex, « notre seigneur l'écorché », divinité aztèque de la pluie printanière et du renouveau de la nature, étaient percées de flèches pour que leur sang coulât sur le sol comme la pluie. La terre buvait ainsi l' « eau précieuse » qui la revitalisait [14].

Avec plus d'éclat encore s'affirme la relation du sang avec le végétal dans des représentations où celui-ci est directement généré par celui-là. Les exemples abondent dans la tradition égyptienne. D'un saignement de nez de Seth croissent des cèdres, du sang des rebelles massacrés, ennemis de Rê, sort la vigne et, dans *Le Conte des deux frères*, ce sont deux perséas qui poussent d'un taureau immolé [15]. Or, bien des civilisations ont intégré des éléments analogues : le sang, celui des dieux le plus souvent, mais parfois aussi de l'homme ou de l'animal, engendre la plante. Vers le milieu de l'été, on voit poindre dans les champs de minuscules fleurs rouges, celles de l'Adonis aestivalis ou « Adonis goutte de sang ». Elles attestent de l'une des composantes du célèbre mythe grec : du sang d'Adonis blessé à mort par un sanglier naquirent les anémones rouges. C'est également une jacinthe pourpre qui fleurit de celui d'Ajax portant, selon Catelan, « deux caractères qui représentaient deux lettres, A, Y, sur l'une de ses feuilles, en témoignage de la douleur qu'il ressentoit en se tuant soy mesme [16] »... L'origine du dragonnier, célèbre pour sa sève rouge, ne serait pas moins sanglante : « Du sang que le Dragon a succé des veines de l'éléphans, pour esteindre par sa froideur l'ardeur qui le brusle dans ses entrailles et lequel sang il revomit, lorsque l'éléphans tombe sur luy et qu'il l'escrase comme le récite Pline, naist et se produit és Isles Canaries, dites Fortunées... l'arbre qui porte la gomme appelée Sanguis draconis », et dont « le fruict porte la figure d'un dragon, si expressément empreinte, qu'on diroit y avoir esté apposé par un peintre [17] ». Le symbolisme chrétien a développé toute une iconographie où, des plaies du Crucifié, s'épanouissent des roses. Lien étroit également entre la fleur et le sang dans la religion aztèque : les instruments de sacrifice, couteaux de silex, lames d'obsidienne, vases destinés à contenir les cœurs humains, sont décorés de fleurs. Les sacrifiés sont désignés comme les « morts fleuris » et les manuscrits pictographiques représentent fréquemment les flots de sang fleuri qui coulent de leur poitrine [18].

La mauvaise réputation attachée à certaines plantes comme la mandragore ou l'ache a sa source lointaine dans leur filiation sanglante. Un tableau du peintre anversois Frans Francken, *L'Assemblée des sorcières*, révèle la persistance au XVIIe siècle de superstitions remontant à l'Antiquité. Dans le bois de la potence sous laquelle se déroule le sabbat, est fiché un couteau dégoulinant. Le filet de sang dessine peu à peu les contours dentelés d'une feuille d'ache. Née du sang des morts injustement condamnés, cette herbacée était censée contenir leur âme. Le sang du supplicié, bouleversé par une émotion très intense, transmettait au végétal qui se substituait à lui toute cette énergie paroxystique. La croyance en une transfusion du sang dans la sève faisant passer l'âme du condamné dans la plante est sans doute la cause des interdits qui l'ont frappée : « Les médecins grecs défendaient d'utiliser l'ache pour assaisonner les viandes, car elle était supposée provoquer un accès de haut mal. L'épilepsie étant jusqu'au XVIIe siècle considérée comme une possession, il est simple de comprendre les raisons de cette prohibition : l'âme du mort, passée dans la plante, pouvait s'emparer du convive[19]. »

L'hypothèse d'une unité fondamentale entre la sève et le sang dans les croyances anciennes se trouve confortée si, après y avoir relevé la présence fréquente d'une chaîne sang-sève, il est possible de faire une constatation identique quant à l'existence d'une chaîne sève-sang. Or, ce rapport inversé se rencontre avec une égale constance. C'est ainsi qu'on en trouve des exemples dans des cultures aussi différentes que celles des populations ouralo-altaïques et des îles Samoa. Le déluge, selon la tradition des Iouraks, fut déclenché par la chute d'un bouleau sacré qui répandit son sang en s'écroulant[20]. Les légendes de Samoa font état d'arbres qui saignent. Ainsi, celle d'un bosquet que nul n'osait abattre : « Un jour, des étrangers tentèrent de le jeter à bas, mais le sang jaillit des arbres, et les profanateurs tombèrent malades et moururent[21]. » De même, lorsque dans *La Quête du Graal* des bûcherons portent leur cognée sur l'Arbre de Vie, ils voient à leur grande terreur sourdre « des gouttes de sang vermeilles comme des roses[22] ».

Mais, s'il ne fallait retenir qu'une illustration de cette filiation de la sève au sang, ce serait sans doute celle que fournit un extraordinaire mythe maya rapporté dans le *Popol-Vuh* ou « Livre du Conseil », qui fut rédigé en langue quiché vers le milieu du XVIe siècle[23]. Défiés au jeu de paume par les divinités de Xibalba, « lieu de la disparition, de l'évanouissement », les « Maîtres Magiciens » sont descendus dans ce monde souterrain où ils sont mis à mort par traîtrise. La tête de « Suprême Maître Magicien » est placée dans un arbre, jusque-là stérile, qui se couvre alors de fruits. L'arbre est aussitôt soumis à des tabous : il est interdit d'en cueillir les fruits et, même, d'en approcher. « Dès lors, la tête de Suprême Maître Magicien ne se manifesta plus, elle ne fit qu'un avec les fruits de l'arbre appelé calebassier. »

Or, une vierge nommée « Sang », fille d'un chef de Xibalba appelé « Assemble-Sang », décide de braver les interdits. Véritable Ève maya, elle se rend au pied de l'arbre. « Sont-ce les fruits de cet arbre, pourrai-je, me perdrai-je si j'en cueille ? » La tête de Suprême Maître Magicien se met soudain à parler : « Que désires-tu ? Ces boules rondes dans les branches de l'arbre ne sont que des ossements. En désires-tu encore ? » Sang persiste dans son désir. « Très bien, étends seulement le bout de ta main. » L'adolescente s'exécute. « Alors l'ossement lança avec force de la salive dans la main tendue de la jeune fille ; celle-ci aussitôt regarda avec curiosité le creux de sa main, mais la salive de l'ossement n'était plus dans sa main. — Dans cette salive, cette bave, je t'ai donné ma postérité », dit la voix venue de l'arbre.

Quelques mois après, Sang, enceinte, est accusée de fornication. Sommée de livrer le nom de son amant, elle répond qu'elle n'a connu aucun homme. Après avoir tenu conseil, les chefs de Xibalba, « Suprême Mort », « Principal Mort » et son père, Assemble-Sang, décident qu'elle sera sacrifiée. Ils donnent l'ordre de lui arracher le cœur et de le rapporter dans une coupe. Sur le chemin de son supplice, Sang parvient cependant à convaincre les exécuteurs de son innocence. Prêts à l'épargner ceux-ci s'inquiètent : « Que mettrons-nous en échange de ton cœur ? » Sang leur enjoint alors d'inciser l'écorce d'un arbre, le dragonnier, et d'en recueillir la sève dans une coupe. « Alors le sang, la sève de l'arbre rouge, se forma en boule ; semblable à du sang, elle apparut brillante, rougeâtre, en boule dans la coupe. » Tandis que Sang fuit vers la surface de la terre, les sacrificateurs rendent compte de leur mission aux chefs de Xibalba. « Est-ce achevé ? dit alors Suprême Mort. — Achevé, ô chefs. Voici maintenant le cœur dans la coupe. — Très bien. Que je voie, dit Suprême Mort. Alors il souleva cela. La sève rougeâtre se répandit comme du sang. — Avivez bien l'éclat du feu. Mettez ceci sur le feu, ajouta Suprême Mort. Après qu'on l'eut mis sur le feu, les Xibalba commencèrent à sentir (l'odeur) ; tous commencèrent à être étourdis car véritablement agréable était le parfum qu'ils sentaient de la fumée du sang. »

La place essentielle tenue dans ce récit par deux arbres, le calebassier et le dragonnier, s'impose immédiatement à l'attention. Le calebassier se présente comme un arbre magique, arbre de la connaissance, arbre de vie et de mort. Magique, il l'est devenu quand les chefs de Xibalba y ont placé la tête de leur victime. L'arbre improductif s'est couvert de fruits parmi lesquels se confond désormais la tête de Suprême Maître Magicien. Malgré l'interdit qui les frappe, ou plutôt en raison même de cet interdit, les fruits du calebassier sont réputés délicieux. La jeune fille est irrésistiblement attirée par cet arbre « dont on parle » à Xibalba. En violant les tabous, ce n'est pas à une jouissance sensuelle qu'elle va accéder mais à la connaissance, à certains secrets. La tête-fruit qui crache sa salive dans la main de Sang va, non seulement la féconder, mais lui transmettre révélations et immunité qui lui permettront de quitter le monde souterrain pour le monde terrestre sans être soumise au passage obligé de la mort : « Monte donc sur la terre sans mourir. Qu'en toi pénètre ma parole. » Pour la vierge qui a osé l'approcher, le calebassier, arbre de mort (« Ces boules rondes dans les branches de l'arbre ne sont que des ossements », lui dit la tête de Suprême Magicien), se révèle, en fait, arbre de vie. Il l'est même à un double titre, d'abord en fécondant la jeune fille qui donnera plus tard naissance à deux enfants, ensuite en lui accordant le privilège de changer de monde sans mourir.

Magique également apparaît le dragonnier. La sève qui coule dans la coupe se gonfle, prend la forme d'un cœur humain et, lorsque Suprême Mort, soupçonneux peut-être, demande à voir de près et le prend dans sa paume pour vérifier la bonne exécution de ses ordres, il est parfaitement abusé par la sève qui coule « comme du sang ». Enfin, lorsque ce « cœur » est jeté au feu, il s'en dégage une odeur à la fois délicieuse et entêtante, qui laisse les chefs de Xibalba comme étourdis, paralysés, tandis que les sacrificateurs en profitent pour rejoindre la jeune fille qu'ils ont aidée et s'échapper avec elle à la surface de la terre.

Les rôles respectivement tenus par le calebassier et le dragonnier dans le mythe expriment de façon différente mais convergente le cheminement qui conduit de la sève au sang. Que la jeune fille soit magiquement fécondée par le jet de salive projeté dans sa paume relève d'une symbolique évidente : la salive représente le liquide séminal. Mais, issue de la calebasse, de la tête-fruit, elle est aussi suc végétal. Le passage au sang, s'il se produit de façon indirecte, n'en est pas moins effectif. Du suc fécondant la jeune fille seront engendrés deux enfants, deux êtres de sang qui puniront plus tard l'injustice des chefs de Xibalba. A la différence de ce qui vient d'être constaté avec le calebassier, la sève du dragonnier est l'objet d'une mutation directe. « Semblable à du sang, la sève sortie en échange du sang » et qui coule du tronc incisé dans la coupe sacrificielle va sauver la vie de la jeune fille.

Ainsi le mythe maya fournit-il une double illustration de cette chaîne sève-sang qui constitue le second élément de l'équivalence dont nous avons avancé le principe. Une lecture plus complète peut d'ailleurs être proposée, qui en intègre également le premier élément, à savoir la chaîne sang-sève. Si le calebassier porte un fruit magique au suc créateur, c'est parce que la tête sanglante du Magicien a été placée dans ses branches et que l'esprit du supplicié s'est incarné dans l'arbre. Ultime transformation : jeté au feu, le cœur issu du dragonnier brûle en dégageant une fumée puissamment odorante. Ainsi surgit dans le cycle du sang et de la sève un élément supplémentaire : le parfum.

LE CYCLE DU SANG ET DE L'ENCENS

L'épisode final de l'histoire de la jeune fille Sang n'est-il pas révélateur, au-delà du lien unissant le sang et la sève, d'un lien plus étroit encore entre le sang et certaines sèves dotées de propriétés aromatiques ? Ces dernières auraient-elles une vocation particulière à manifester ostensiblement l'équivalence première des principes vitaux des végétaux et des êtres de chair ? L'examen des rapports de l'encens et du sacré a déjà fourni quelques éléments qui confortent cette hypothèse. Les mythologies associent en effet fréquemment l'origine des dieux aux végétaux odorants, par leur gomme, leur bois ou leurs fleurs.

Il n'est pas indifférent qu'Adonis sorte de l'arbre à myrrhe, qu'Amon-Rê comme Brahma soient nés du lotus ou que, à l'inverse, le lotus soit sorti du sein de Vishnou, la rose de celui de la déesse Gaïa-Terre et que l'encens soit, pour les Égyptiens, la « transpiration du dieu ». Une relation privilégiée existe entre la divinité et les parfums et, d'abord, avec les baumes. Si toute sève a pu être pensée comme représentative du principe vital, celle qui exhale une bonne odeur ne présente-t-elle pas une qualité supplémentaire propre à lui conférer un caractère divin ? Un aspect de ce rapport à la divinité a été dégagé par W. Robertson Smith pour qui l'utilisation de l'encens à des fins sacrées était liée à l'idée qu'il était le sang d'une plante animée et divine [24]. Dans cette proposition, l'ordre des facteurs peut cependant être raisonnablement inversé. C'est probablement le parfum de l'encens qui a conduit à la sacralisation de l'arbre producteur. Les gommes et résines aromatiques et, plus tard, les parfums obtenus par broyage des pétales ou des fibres, ont dû apparaître comme imprimant au végétal le sceau du surnaturel.

L'encens, comme toute sève, est principe vital, mais sa vertu odorante en fait, avec le sang, le symbole le plus accompli. Dès lors, le rôle essentiel qu'il tient dans les manifestations sacrées, sa présence constante dans les rapports établis par les hommes avec les dieux et dans les pactes solennels s'expliquent. Si, très tôt, il a été associé puis parfois substitué au sang dans les sacrifices ou les serments, c'est qu'il représente, comme lui, ce que les hommes possèdent de plus précieux et tiennent des dieux eux-mêmes : la vie. L'association et la substitution de l'encens au sang ne sont que la conséquence d'une identification qui renvoie à une unité fondamentale.

QUATRIÈME PARTIE

Le nez des philosophes

« Le profil grec, loin d'être une forme purement extérieure et accidentelle, incarne l'idéal même de la beauté... Grâce à lui se trouve réalisée une conformation du visage où l'expression du spirituel occupe le premier plan. »

Hegel, *Esthétique*.

« Annaïk Labornez était un gros poupon rose et dodu. Elle avait des yeux et une bouche minuscules, son nez était si petit qu'on le voyait à peine. Et cela désolait ses parents qui, chaque jour, mesuraient le pauvre petit nez : " Y pousse pas, disaient-ils. Quel malheur ! On va être la risée de tout le pays ! " On est, en effet, persuadé, à Clocher-les-Bécasses, que l'intelligence est en proportion de la longueur du nez. Cette croyance bizarre tient sans doute à ce qu'on voit, dans le petit bourg, à l'époque des bains de mer, un grand savant, membre de nombreuses académies, qui est doué d'un appendice formidable. »

Caumery, *L'Enfance de Bécassine*.

Cette investigation comparative sur la façon dont l'odorat et les odeurs ont été perçus dans le passé et celle dont ils le sont aujourd'hui ne saurait se dispenser d'interroger les philosophes car, pendant des siècles, ils ont été aussi des savants qui réfléchissaient sur la science de leur temps. Interrogation d'autant plus légitime qu'elle se double d'un doute : les philosophes ont-ils un nez ? A en croire Nietzsche ou Michel Serres grand fut en effet leur mépris de l'olfactif. Ces affirmations sont-elles fondées ? L'odorat et l'odeur, par voie de conséquence, auraient-ils été vraiment victimes d'un discrédit général ? Si oui, quelles furent l'ampleur et les raisons de ce processus de disqualification ? C'est ce qu'il faudra rechercher, sans avoir évidemment la prétention d'épuiser tout le champ philosophique occidental, en s'appuyant sur des textes choisis en fonction de leur exemplarité.

1

Ambivalence de l'odorat et de l'odeur dans la philosophie gréco-latine

Le plus médiocre de tous nos sens pour Aristote, notre « nez », s'avère bien inférieur au flair de l'animal[1]. Théophraste partage cette opinion : chaque animal, chaque plante et même certaines choses inanimées, dégagent une odeur spécifique que nous ne percevons pas toujours alors que les animaux y sont sensibles. C'est ainsi, par exemple, que l'orge cédropolitain, réputé inodore, est si nauséabond à la jument qu'elle refuse de le manger[2]. Cette médiocrité dépend essentiellement de trois facteurs : l'imperfection de notre appareil olfactif, la fugacité naturelle des odeurs et l'emprise de l'affectivité sur l'odorat.

Nos conduits olfactifs n'ont pas les dimensions appropriées. Platon accuse les « veines » d'être trop étroites pour percevoir les corpuscules de terre et d'eau et trop larges pour ceux de feu et d'air[3]. Aristote rend responsable la largeur des « canaux » du manque de finesse de l'olfaction et de la fréquence des éternuements[4].

Au handicap d'un instrument de perception inadéquat viennent encore s'ajouter l'inachèvement et la fugacité propres à l'exhalaison, deux caractéristiques que Platon attribue à son mode de formation. L'odeur émane de corps en train de se modifier et, par là même, instables. Née d'une « condition intermédiaire », d'une mutation, l'odeur « n'a de nature qu'à moitié[5] », ce qui rend sa perception malaisée. Pour Aristote, elle ne détermine que des sensations difficilement analysables[6]. La position médiane de l'olfaction dans l'échelle des sens confère à l'odeur une nature divisée entre deux groupes de sensations. Situé à la charnière des sens de la « distance », la vue et l'ouïe qui supposent une médiation externe, et de ceux du « contact », le goût et le toucher qui s'exercent à travers la chair, milieu interne au sujet, l'odorat est ambivalent. Il appartient à un double registre sensoriel, d'où une ambiguïté qui détermine celle de son objet[7]. Encore qu'Aristote ne se prononce pas clairement sur ce point, cette dualité pourrait expliquer l'imprécision et l'évanescence de l'odeur. Lucrèce considère que c'est avant tout à celle-ci qu'il convient d'imputer la médiocrité de l'odorat humain. La déficience du sens n'est pas en cause (le flair du chien lui-même, animal qui passe pour très olfactif, n'est-il pas sujet à des défaillances?). Seule l'odeur doit être incriminée. C'est dans sa composition, son mode de production et de propagation, qu'il faut chercher les raisons de l'insuffisance de son impact. Les particules qui la composent ne peuvent franchir les obstacles : « Les odeurs, il est aisé de s'en rendre compte, sont formées de principes plus grands que ceux de la voix, puisque des murailles les arrêtent, qui laissent passer sans peine la voix et le son. Voilà pourquoi d'ailleurs, quand un objet odorant est à rechercher, on ne découvre pas aisément sa place. En effet, les émanations se refroidissent en s'attardant dans les airs, elles ne courent pas toutes chaudes faire leur rapport à l'odorat. Ainsi arrive-t-il souvent que les chiens se trompent et doivent chercher la piste[8]. » De plus, l'odeur naît et se transmet avec difficulté : « Elle chemine lentement en vagabonde, meurt en route peu à peu, se dissipant dans l'air qui l'absorbe ; car c'est avec peine qu'elle sort des profondeurs du corps où elle s'est formée. » Contrairement à la couleur qui se fixe de façon superficielle et qui se détache aisément, l'odeur gîte au cœur même des substances. Lucrèce en voit la preuve dans les parfums violents qu'exhalent les matières brisées, consumées : les corpuscules odorants s'échappent alors immédiatement sans avoir à se frayer un chemin ardu jusqu'à la surface au risque de se perdre en route. Certaines analogies entre l'odeur et l'âme se lisent en filigrane. Enfouies, cachées, toutes deux sont composées d'atomes minuscules dont la perte n'entraîne aucune modification de poids et de forme du corps. L'évasion de l'âme hors de l'enveloppe charnelle n'est pas sans rappeler celle d'une exhalaison : elle monte des profondeurs, suit les méandres des canaux internes jusqu'aux pores. Une fois à l'extérieur, elle flotte dans l'atmosphère comme un parfum. Mais la vie à l'air libre de l'une comme de l'autre est des plus brèves : l'âme sans abri qui la protège ne peut subsister ; quant à l'odeur, elle s'évanouit rapidement.

A l'imperfection de l'appareil sensoriel et à la fugacité des odeurs, Aristote ajoute une troisième explication : les liens étroits de l'olfaction et de l'affectivité. Que la perception de toute odeur s'accompagne nécessairement d'un sentiment de douleur ou de plaisir est d'ailleurs révélateur du manque de finesse de l'organe sensoriel incapable de s'abstraire de sa gangue corporelle[9]. C'est en outre ce rapport qui est considéré en général comme la raison principale de l'absence de vocabulaire olfactif. Les différentes espèces d'odeurs, affirme Platon, « se répartissent en deux types qui n'ont pas de noms parce qu'elles dérivent de formes qui ne sont ni nombreuses ni simples. La seule distinction nette qui soit entre elles est celle du plaisir et de la peine qu'elles causent [10] ». Elles ne se définissent donc que relativement et non en soi. Divisées et subjectives, les odeurs ne possèdent pas davantage, pour Aristote, d'identité propre. Elles s'apparentent aux saveurs et leur empruntent certains qualificatifs : « Les odeurs sont, elles aussi, aigres et douces, âpres, astringentes et grasses, et on peut regarder les odeurs fétides comme analogues aux saveurs amères [11]. » Mais le vocabulaire gustatif s'avère insuffisant à les dénommer toutes et le recours aux classifications affectives, constate Théophraste, est inévitable.

L'infériorité sensitive que tous ces philosophes ont reconnue à l'odorat et/ou à l'odeur a-t-elle influencé leur jugement sur la valeur cognitive, esthétique et éthique de l'olfactif?

La classification des plaisirs du nez au même titre que ceux de la vue, de l'ouïe et de la science, dans les contentements purs, c'est-à-dire détachés de toute souffrance [12], témoigne de l'estime que leur porte Platon. Seules sont valorisées les jouissances qui ne dépendent d'aucun besoin, d'aucun désir et que leur vérité et leur pureté rattachent à la sagesse et à l'intellect. L'odorat peut donc être l'instrument de joies nobles que ni le goût ni le toucher n'autorisent. Une discrimination se fait ainsi entre les sens capables de dispenser des satisfactions qui élèvent l'âme et ceux qui, source de voluptés uniquement charnelles, détournent de la connaissance et de la contemplation. Mais pourquoi les plaisirs olfactifs, désignés dans le livre IX de *La République* [13] comme les plus représentatifs de ceux que n'accompagne aucune peine, sont-ils tenus dans le *Philèbe* [14] pour moins « divins » que ceux de la vue et de l'ouïe? L'explication de cette apparente contradiction semble être la suivante : certains d'entre eux sont liés à un manque. Parfums et fleurs peuvent, en effet, flatter les passions de l'homme déréglé et contribuer à sa perte : « Quand donc les autres désirs, bourdonnant autour de l'amour, parmi les nuages d'encens, les parfums, les couronnes de fleurs, les vins et tous les plaisirs dissolus... réussissent à implanter l'aiguillon du désir en ce frelon, alors on voit ce beau chef de l'âme, escorté par la folie, se démener comme un frénétique [15]... » L'odorat et l'odeur ont donc un statut variable selon les agréments qu'ils procurent : positif quand ceux-ci sont esthétiques, négatif lorsqu'ils encouragent la concupiscence. L'association des senteurs à une scène d'orgie n'empêche pas, néanmoins, que l'accent soit mis plutôt sur leur fonction bénéfique.

La même ambiguïté se rencontre chez Aristote qui établit une distinction ontologique entre les odeurs spécifiquement « humaines » et celles qui sont « communes » à l'homme et à l'animal. La position médiane de l'odorat dans l'échelle des sens détermine deux sortes d'odeurs. Les premières, qui ne jouent aucun rôle dans la nutrition, ont une valeur absolue. Leur caractère agréable ou déplaisant ne se trouve pas soumis aux aléas de l'appétit. Elles peuvent donc être la source de délices esthétiques propres à la nature humaine, « parce que, de tous les animaux, l'homme a la perception et la jouissance des fleurs et autres substances analogues [16] ». Leur action asséchante et réchauffante sur le cerveau leur confère également une utilité physiologique : « C'est dans l'intérêt de l'homme et pour la préservation de sa santé, qu'a été produite cette espèce de l'odeur, car elle n'a aucune autre fonction que celle-là [17]. » Les émanations de la seconde espèce sont bonnes ou mauvaises par « accident », agréables, par exemple, quand on a faim, et déplaisantes dans le cas contraire. Dépendant de la subjectivité de chacun, leur valeur est relative. Dépréciées déjà ontologiquement, ces odeurs suscitent en outre une certaine réprobation. Elles sont susceptibles de flatter la luxure et la gourmandise : « Ceux qui se plaisent à l'odeur des pommes ou des roses, nous ne les appelons pas des hommes déréglés, mais nous appelons plutôt ainsi ceux qui se délectent à l'odeur d'onguents ou de mets, car les gens déréglés y trouvent leur plaisir du fait que ces odeurs leur rappellent les objets de leur concupiscence [18]. » Aristote rejoint, sur ce point, l'analyse platonicienne. Les parfums doivent éveiller des jouissances esthétiques mais non charnelles. Mais, en dépit de certains « libertinages », l'odorat fait partie des sens nobles qui ne menacent pas la tempérance et la liberté.

La distinction ontologique introduite par Aristote est reprise par Théophraste qui y ajoute une tentative de définition objective du suave et du nauséabond. La bonne odeur est en relation avec le cuit, l'imputréfiable. La mauvaise avec la terre et la pourriture. Les odeurs animales varient avec l'âge, la constitution, l'état de santé, les dépenses organiques. Plaisantes chez l'être jeune et vigoureux, elles sont désagréables lorsqu'il est vieux, malade ou en rut.

Très éloignée des conceptions à dominante ontologique et éthique, apparaît la pensée de Lucrèce. C'est la forme des atomes affectant l'odorat qui détermine la sensation fétide ou agréable. Lisses, ils s'insinuent en douceur dans les narines, rugueux et piquants, ils déchirent le tissu olfactif. Mais Lucrèce note par ailleurs l'existence d'attirances électives : « Telle odeur convient mieux à telle créature et telle à telle autre, suivant leur différence d'espèce : ainsi les abeilles sont attirées à de grandes distances par l'odeur de miel, les vautours par celle de cadavres ; là où une bête fauve a laissé sa trace, les chiens lâchés vous y conduisent ; et l'odeur humaine excite de loin le flair de l'oiseau qui sauva la citadelle des fils de Romulus, l'oie au blanc plumage[19]. » La contradiction n'est qu'apparente car Lucrèce s'inspire de la théorie atomiste d'Épicure qui fait aussi intervenir dans la perception des odeurs l' « ordre des atomes[20] » du corps réceptif. Cette conception permet de comprendre les différences spécifiques et individuelles de sensibilité olfactive. Elle explique aussi qu'un individu puisse apprécier différemment une même odeur en fonction des variations de son organisme : si une exhalaison qui lui semblait bonne est devenue repoussante, c'est qu'un changement dans l'ordre des atomes de son corps l'a rendu sensible à d'autres éléments. Enfin, en admettant l'absolue équivalence de tous les sens et leur prééminence sur la raison, Lucrèce réhabilite l'odorat. Au même titre que tous les autres, c'est un guide indispensable à la vie. Son rôle dans la nutrition, contrairement à ce qu'on observe chez Platon et Aristote, ne provoque aucune appréciation péjorative.

Ainsi se révèlent dans la pensée antique deux attitudes antagonistes. Le matérialisme d'un Lucrèce donne à l'odorat un rôle important dans la connaissance. L'idéalisme platonicien et le courant qu'il engendre lui dénient la valeur scientifique attribuée à la vue, tandis qu'Aristote, sans être « idéaliste », adopte une conception très proche de celle de Platon par sa hiérarchie sensorielle. Chez l'un comme chez l'autre, l'odorat est à la charnière des sens purs et impurs, uniquement valorisé lorsqu'il détermine un certain type de sensations. Sans entraîner un jugement totalement négatif sur l'odorat et l'odeur, ces réserves n'en contiennent pas moins les germes d'une condamnation future.

2

L'influence du christianisme dans la dévaluation de l'odorat et de l'odeur

En accentuant l'opposition entre le corps et l'esprit déjà présente dans la philosophie idéaliste grecque, le christianisme va conduire à un renforcement de la condamnation des plaisirs olfactifs. Cet antagonisme n'existait pas dans l'Ancien Testament.

Aucun mépris pour le corps et la parure dans la Bible. Le Cantique des Cantiques, pour louer la beauté « objet même du désir », utilise les métaphores les plus sensuelles et les plus raffinées. Il compare le corps des amants à des pierres, des matières et des métaux précieux, des parfums rares, des fleurs odorantes, des jardins embaumés distillant à profusion des senteurs exquises. « Ta personne est un jardin raffiné », dit la fiancée à son bien-aimé. C'est un « sachet de myrrhe », une « grappe de henné ». Ses joues sont un parterre odorant qui produit des aromates ; ses lèvres, des lis qui répandent de la myrrhe. Ses membres, son ventre, ses mains, sont faits d'or, d'albâtre, d'ivoire et couverts de saphirs, de topazes... Quant à la jeune fille, c'est un « narcisse de la plaine », un « lis des vallées », un jardin rempli de henné, de nard, de safran, de cannelle, d'aloès, d'arbres à encens[1]. Nulle censure à l'égard de ce qui met le corps en valeur et le rend désirable. Il est vrai que l'histoire mouvementée du peuple juif l'a mis fréquemment au contact des peuples orientaux chez qui l'usage des bijoux, des parfums et des onguents était particulièrement en honneur.

On trouve, par contre, dans les Évangiles une critique voilée de l'usage profane du parfum. Lorsque Marie-Madeleine, en signe de repentir, lave les pieds du Christ avec une livre de nard pur, Judas Iscariote la désapprouve en s'écriant : « Pourquoi n'a-t-on pas vendu ce parfum trois cents deniers pour le donner aux pauvres ? — Laisse-la, lui répond Jésus, elle observe cet usage en vue de mon ensevelissement[2]. » Face à la réaction indignée de l'argentier des apôtres devant un gaspillage inutile, le Christ légitime ainsi le geste de Marie-Madeleine (qui deviendra la patronne des parfumeurs) en lui donnant un sens sacré : le coûteux nard a été versé à une fin religieuse, en vue d'un rite funéraire.

La défiance vis-à-vis des parfums va trouver un appui dans les écrits de saint Paul. Tout ce qui flatte le corps élève un obstacle entre l'homme et Dieu : « Écoutez-moi : marchez sous l'impulsion de l'Esprit et vous n'accomplirez plus ce que la chair désire. Car la chair, en ses désirs, s'oppose à l'Esprit et l'Esprit à la chair ; entre eux, c'est l'antagonisme[3]. » Ce rejet de l'enveloppe charnelle conduit à celui de la parure. Saint Pierre demande son abandon : « Que votre parure ne soit pas extérieure : cheveux tressés, bijoux d'or, toilettes élégantes ; mais qu'elle soit la disposition cachée du cœur, parure incorruptible d'un esprit doux et paisible[4]. »

Une étape supplémentaire dans cette condamnation est franchie avec certains Pères de l'Église qui incitent à la mortification et jettent l'anathème sur tous les artifices de beauté liés à la prostitution et à la débauche. « Il n'y a rien de bon dans la chair[5] », déclare saint

Clément. Aussi l'homme de Dieu doit-il « mortifier les œuvres de la chair... assujettir son corps, le réduire en servitude et le châtier[6] ». Tertullien exhorte les chrétiennes à ne pas travailler à la perte de leurs frères par de vains embellissements qui portent dans les cœurs le feu de la convoitise. Il les engage même à s'enlaidir pour réfréner les élans impudiques : « Puisque donc l'empressement pour des attraits pleins de dangers met en cause à la fois notre sort et celui des autres, sachez que vous êtes désormais tenues, non seulement de repousser loin de vous les artifices calculés qui rehaussent la beauté, mais encore de faire oublier, en le dissimulant et en le négligeant, votre charme naturel, comme également préjudiciable aux yeux qui le rencontrent[7]. » Une réprobation générale englobe tous les ornements qui embellissent et amollissent le corps, ne le préparant ni à la chasteté ni à résister aux persécutions dont sont victimes les chrétiens : « Je me demande d'ailleurs si la main qu'enserre habituellement un bracelet supportera de s'engourdir dans la dureté d'une chaîne, je me demande si la jambe dont un anneau fait le charme endurera d'être serrée dans les fers. Je crains qu'une nuque encombrée d'un lacis de perles et d'émeraudes ne laisse de place pour l'épée[8]. »

Dans le monde antique finissant, la lutte contre le désir menée par les évêques a pour but de promouvoir un idéal de chasteté conçu comme la voie royale pour approcher Dieu. La morale chrétienne se présente d'ailleurs sans déguisement comme castratrice : « ... c'est nous que le Seigneur forme à sacrifier en quelque sorte et à châtrer, si j'ose dire, le monde. Nous sommes, nous, les parfaits circoncis, dans l'esprit comme dans la chair, car c'est à la fois spirituellement et charnellement que nous pratiquons la circoncision des biens du monde[9]. » Dans cette perspective, tout ce qui avantage le corps et favorise la concupiscence est proscrit. Alors que les onguents et les parfums de la courtisane grecque ne font que souligner sa position en marge des liens légitimes de l'institution matrimoniale, la femme chrétienne qui ne renonce pas à la parure, outre qu'elle ne se démarque pas de la païenne, commet un péché puisqu'elle excite la convoitise (« Fardons-nous pour perdre les autres [10] », fulmine Tertullien). Pour engager les « servantes de Dieu » à se différencier de celles « du diable », le théologien carthaginois ne craint pas d'agiter un spectre plus effrayant peut-être encore que celui de la damnation éternelle : la calvitie et la folie ! « Mauvais présage pour elles qu'une tête couleur de flamme ! De plus, elles croient embellir ce qu'elles dégradent : c'est un fait que la puissance corrosive des drogues nuit à la chevelure et que, d'autre part, l'application répétée de n'importe quel liquide, même pur, est la ruine assurée du cerveau [11]. » Non contentes de détourner toutes ces substances aromatiques de l'usage pieux auquel elles sont destinées, les chrétiennes font de leur tête un autel qu'elles inondent de parfum en l'honneur de l'esprit immonde. Au jour du jugement dernier, toutes ces coquettes s'imaginent-elles ressusciter avec leur fard, leur vermillon, leurs parfums et leurs superbes chevelures ? Les seules senteurs désormais tolérées sont celles offertes à Dieu par des âmes ferventes.

Saint Jean Chrysostome oppose le parfum délicieux du repentir et de la prière à la « fumée noire et puante [12] » qui émane des pécheurs. Une nouvelle symbolique de l'odeur est ainsi affirmée. Alors que les cœurs purs exhalent des senteurs délicates qui leur font obtenir pardon et protection, les pécheurs, malades d'une « invisible peste », dégagent des relents qui attirent le courroux divin : « Si l'on voyait dans cette ville un homme porter de rue en rue un corps mort plein de puanteur, qui ne le fuirait et n'en aurait de l'aversion? Vous êtes vous-même cet homme et c'est ainsi que vous portez partout une âme morte, rongée de vers et pleine de pourriture. Comment osez-vous, étant rempli de tant d'ordures et de saletés, entrer dans l'église de Dieu et vous présenter dans son Saint Temple? Que ne devez-vous point attendre, vous qui pouvez sans rougir aller infecter ce temple sacré de Jésus-Christ par vos puanteurs insupportables? Que n'imitez-vous cette sainte pécheresse qui parfuma les pieds du Sauveur d'une huile précieuse dont l'odeur excellente remplit toute la maison? Vous faites tout le contraire en vous présentant plein de puanteur. Il est vrai que vous ne la sentez pas [13]. »

Cette lutte contre la concupiscence, pièce maîtresse de l'éthique chrétienne, se poursuivra pendant des siècles. La répression de la volupté, condition du salut, est prônée sans relâche. Le corps parfumé, paré et désiré du Cantique des Cantiques a cédé progressivement la place à un corps mortifié qui ne doit en aucun cas exciter la convoitise. Il ne sera supportable que châtié et sans appétence. Les ascètes s'efforcent, par la continence, de devenir des offrandes odorantes. Leur parfum de sainteté, émanant d'un corps devenu inaltérable, établit ici-bas un lien avec l'au-delà. « Baume précieux qui donne l'incorruptibilité [14] », la chasteté met sur terre, au rang des bienheureux, celui qui a renoncé à vivre selon la chair. L'effort du saint ne consiste pas seulement à produire de son corps mortifié de suaves effluves, il lui faut aussi « jardiner » pour les narines divines : « Combien je m'estimerais heureux de pouvoir cultiver la fleur de votre jeunesse et d'en offrir à Dieu l'agréable parfum! » écrit saint Bernard au prévôt de Beverla. La seule odeur désormais agréée a une fonction mystique : celle de l'encens qui s'élève vers Dieu comme la prière, celle de la chair devenue incorruptible sous l'effet de la chasteté, celle immatérielle des élus et, odeur exemplaire entre toutes, celle du Christ sacrifié.

La représentation de l'odorat et de l'odeur chez saint Thomas d'Aquin est révélatrice de son souci de concilier l'aristotélisme et la foi chrétienne. Elle s'élabore à partir d'une hiérarchie des sens établie en fonction du « mode de modification » susceptible d'affecter, tant l'organe lui-même, que l'objet de sa perception [15]. La vue qui s'exerce sans aucune variation physique de l'organe est la plus parfaite, la plus universelle, la plus spirituelle de toutes les facultés. Ensuite viennent l'ouïe et l'odorat qui supposent une modification physique de l'objet. Quant au goût et au toucher, qui subissent un changement physique, et de l'organe, et de l'objet, ce sont les plus matériels de tous les sens. A mi-chemin entre les sens nobles et grossiers, l'olfaction possède un statut proche de celui qui était le sien dans la philosophie aristotélicienne. Mais elle sera capable de procurer des plaisirs d'un niveau encore supérieur, non plus simplement esthétiques mais « immatériels ». Ces jouissances olfactives ne seront accessibles qu'aux seuls élus qui bénéficieront de l'acuité nécessaire pour percevoir les senteurs les plus subtiles.

Les élus eux-mêmes répandent un parfum particulier, sublimation de l'odeur charnelle parvenue « à son dernier degré de perfection ». L'odeur des corps glorieux ne sera ni émanation ni corruption. Elle aura perdu son substrat sensible habituel. Ce genre d'exhalaison est-il concevable ? Pour convaincre les sceptiques, saint Thomas recourt à une comparaison curieuse. Il existe, dit-il, des cas où l'odeur « ne produit dans le milieu et dans l'organe qu'une impression

L'influence du christianisme

immatérielle, sans émanation qui les atteigne[16] ». Ainsi en va-t-il d'un cadavre qui, de fort loin, attire les vautours. Il ne saurait dégager d'effluves portant à de telles distances et, pourtant, les rapaces le perçoivent.

Mais la quintessence de l'odeur, c'est celle du Christ offerte à Dieu en sacrifice, parfum de la Sagesse et de la Connaissance. Le rite de l'encensement la matérialise ; encensement de l'autel d'abord, symbole de la grâce dont le Christ fut rempli comme d'un parfum agréable selon la parole de la Genèse : « Voici que le parfum de mon fils est comme le parfum d'un champ fertile », encensement des fidèles ensuite, image de cette grâce déversée sur eux ainsi qu'il est dit dans la deuxième épître aux Corinthiens : « Par nous [le Christ] répand en tous lieux le parfum de sa connaissance[17]. »

Il n'y a en définitive, dans la philosophie thomiste, ni rejet du corps ni dépréciation manifeste de l'olfactif. Mais pour Thomas d'Aquin comme pour Aristote, l'âme est « forme » du corps, autrement dit principe de vie et d'organisation de celui-ci. Aussi l'odorat et l'odeur ne sont-ils valorisés que lorsqu'ils sont épurés, spiritualisés.

3

Montaigne et les odeurs

Du XIVᵉ au XVIᵉ siècle, les représentations philosophiques du statut de l'odorat et de l'odeur sont fort peu élaborées. Durant cette période où la peste, après six siècles d'oubli, refait son apparition en Occident « avec une brutalité inouïe[1] », la réflexion sur l'olfaction est centrée sur l'interprétation de la terrible épidémie et des exhalaisons qui lui sont liées. Mais, avec Montaigne, se développe à nouveau une thématique de l'odorat et de l'odeur dans une perspective qui n'est pas toutefois immédiatement éthique.

Évoquant Du Bellay et les hommes de la Renaissance, Lucien Febvre les décrit comme « des hommes de plein air, voyant mais sentant aussi, humant, écoutant, palpant, aspirant la nature par tous leurs sens... et qui se défendaient de déterminer entre ces organes de liaison et de sécurité,

Lesquels pour présider en la part plus insigne
Sont de plus grand service et qualité plus [digne[2] »...

De ces gens qui vivaient par le corps autant que par l'esprit, Montaigne est particulièrement représentatif. Chez lui, aucun souci de séparer l'âme et la chair. Affirmant l'unité de toute la personne humaine, il cherche un équilibre entre les plaisirs sensuels et les joies spirituelles. Aucune volonté de départager sens nobles et grossiers. Même s'ils doivent être subordonnés à la raison, « ce sont nos maistres... la science commence par eux et se résout en eux. Après tout, nous ne sçaurions non plus qu'une pierre, si nous ne sçavions qu'il y a son, odeur, lumière, saveur, mesure... Quiconque me peut pousser à contredire les sens, il me tient à la gorge, il ne me sçauroit faire reculer plus arrière. Les sens sont le commencement et la fin de l'humaine cognoissance[3]... » Les *Essais* révèlent une hypersensibilité olfactive et une attention particulière aux odeurs : « J'ayme pourtant bien fort à estre entretenu de bonnes senteurs, et hay outre mesure les mauvaises, que je tire de plus loing que tout autre :

Namque sagacius unus odoror
Polypus, an gravis hirsutis cubet hircus in alis,
Quam canis acer ubi lateat sus[4]. »

(« Car, Polype, j'ai un nez d'une subtilité unique pour sentir la lourde odeur de bouc des aisselles velues, plus subtil que celui du chien qui découvre la cachette du sanglier à l'âcre senteur. »)

Cette finesse de nez se conjugue avec une aptitude remarquable de son corps à fixer les odeurs. Sa peau, et plus encore ses moustaches qu'il a « pleines », s'en « abreuvent ». « Elles accusent le lieu d'où je viens. Les estroits baisers de la jeunesse, savoureux, gloutons et gluans, s'y colloyent autrefois, et s'y tenoient plusieurs heures après. »

Montaigne relève par ailleurs la diversité des effets produits par les exhalaisons : « J'ay souvent aperçeu qu'elles me changent, et agissent en mes esprits selon qu'elles sont. » Il adhère à l'opinion selon laquelle l'utilisation religieuse de l'encens et des parfums vise à éveiller et purifier les sens pour favoriser la contemplation. Et ces constatations le conduisent à prôner le développement d'une thérapeutique des odeurs dont les médecins pourraient « tirer plus d'usage qu'ils ne font ». Mais cet esprit curieux de tout et soucieux de progrès scientifique est aussi celui d'un sensuel qui déplore de ne pas posséder l'art d'aromatiser les mets dont les cuisiniers du roi de Thunes ont le secret. C'est avec une nostalgie gourmande qu'il évoque le souvenir de leurs viandes farcies de coûteuses « drogues odoriférantes », exhalant au découpage de très suaves vapeurs qui se répandaient dans toutes les pièces du palais et jusqu'aux maisons du voisinage.

Cette extrême sensibilité olfactive a toutefois un revers : plus qu'un autre, Montaigne se trouve incommodé par la fétidité. C'est ainsi que la puanteur qui émane des marais de Venise et de la boue de Paris lui gâche l'attrait de ces deux villes. Les odeurs corporelles l'indisposent et le cas d'Alexandre le Grand dont la sueur avait, dit-on, une agréable odeur, lui semble extraordinaire. Toute émanation corporelle, en particulier celles des femmes, lui est nauséabonde. Commentant la formule de Plaute : « Mulier tum bene olet, ubi nihil olet », il affirme : « La plus parfaite senteur d'une femme, c'est ne sentir à rien, comme on dict que la meilleure odeur de ses actions, c'est qu'elles soyent insensibles et sourdes. » Associer la répression de l'odeur de la femme à la neutralité de ses actes ne traduit-il pas une certaine misogynie ? Le texte de Montaigne contient des éléments qui vont dans ce sens. En effet, ce passage est amené par un autre sur la « douceur » de l'haleine des « enfans bien sains » qui « n'a rien de plus excellent que d'estre sans aucune odeur qui nous offense ». Pas davantage l'enfant ne peut offenser par ses dires ; étymologiquement même (« infans »), il est celui qui ne parle pas. Exiger de la

Montaigne et les odeurs

femme qu'elle ne répande aucune odeur ne revient-il pas, aussi, à l'inviter au silence ? La femme ne doit rien sentir mais il ne lui est pas interdit d'user d'arômes simples et naturels à la manière des femmes scythes qui « en la plus espesse barbarie » connaissaient des raffinements extrêmes. Après s'être lavées, elles « se saupoudrent et encroustent tout le corps et le visage de certaine drogue qui naist en leur terroir, odoriferante ; et, pour approcher les hommes, ayans osté ce fard, elles s'en trouvent et polies et parfumées ». Par contre, l'usage des parfums est désapprouvé lorsqu'il sert à camoufler un manque d'hygiène, car alors, « c'est puïr que de santir bon ».

« Sentir le plus possible[5] » pour explorer l'humain, tel est le projet humaniste de Montaigne qui considère les sens, y compris l'odorat, comme des instruments précieux de connaissance et de jouissance. En contrepoint, une intolérance exacerbée à certaines odeurs, rarement exprimée par ses contemporains et quelque peu paradoxale chez un penseur qui accepte le corps et ses fonctions, ne doit pas faire oublier son « oui » inconditionnel à la vie et son amour des bonnes odeurs, amour dont on chercherait en vain l'équivalent au XVIIe siècle chez les cartésiens qui justement évacuent « tout ce qui se rattache à la vie ou à son dynamisme[6] ».

4

L'alliance de la raison et de la pensée chrétienne dans la dépréciation de l'odorat et de l'odeur au XVIIe siècle

La hiérarchie des sens adoptée par Descartes place l'odorat dans une position médiane, héritée de l'Antiquité. Moins grossier que le toucher et le goût, l'odorat n'a, toutefois, ni la subtilité de l'ouïe, ni, surtout, celle de la vue[1]. Cette appréciation est sous-tendue par une certaine représentation anatomique de l'appareil olfactif. Celui-ci apparaît comme un prolongement du cerveau avançant vers le nez et situé « au-dessous de ces deux petites parties toutes creuses que les anatomistes ont comparées aux bouts des mamelles d'une femme[2] ». Les deux nerfs qui forment l'organe olfactif ne sont pas différents de ceux du goût, sinon qu'ils sont plus déliés, plus sensibles et qu'ils sont mus par des objets plus ténus. Lorsque la « machine » humaine respire, les petites parties des corps terrestres qui voltigent dans l'air pénètrent par le nez et sont filtrées par les pores étroits de l'« os spongieux » qui ne laissent passer que les plus subtiles. Celles-ci meuvent alors les extrémités des nerfs olfactifs de différentes façons, éveillant ainsi, de façon mécanique, « divers sentiments des odeurs » dans l'âme.

Comme toutes les sensations, la sensation olfactive n'a qu'une réalité intellectuelle : couleurs, odeurs,

L'alliance de la raison...

saveurs, ne sont « rien que des sentiments[3] » qui n'ont aucune existence hors de la pensée. Tous les phénomènes de la matière perçue par les sens se réduisent alors à la diversité des figures et des mouvements des parties insensibles de l'étendue. Odeurs, sons, couleurs, saveurs, sont dus à des mouvements corporels dans les objets qui ébranlent nos nerfs. Sentir et penser représentent, pour Descartes, une même chose : « Le corps n'est pas connu par la sensation : affirmation d'une portée immense ; il n'y a pas, comme tout le platonisme l'avait admis, une réalité corporelle, objet des sens, et une réalité intelligible, objet de l'intellect ou de l'entendement[4]. »

Pas plus que les autres, la sensation olfactive ne permet d'appréhender la matière. Sous les apparences sensibles et changeantes, seule une « inspection de l'esprit » peut y parvenir. C'est ce qu'établit la fameuse analyse du morceau de cire : « Qu'est-ce donc que l'on connaissait en ce morceau de cire avec tant de distinction ? Certes, ce ne peut être rien de tout ce que j'y ai remarqué par l'entremise des sens, puisque toutes les choses qui tombaient sous le goût, ou l'odorat, ou la vue, ou l'attouchement, ou l'ouïe, se trouvent changées, et cependant la même cire demeure. Peut-être était-ce ce que je pense maintenant, à savoir que la cire n'était pas ni cette douceur de miel, ni cette agréable odeur des fleurs, ni cette blancheur, ni cette figure, ni ce son, mais seulement un corps qui un peu auparavant me paraissait sous ces formes, et qui maintenant se fait remarquer sous d'autres. » En définitive, « il ne demeure rien que quelque chose d'étendu, de flexible et de muable[5] ». L'odeur, comme toutes les qualités sensibles que Locke qualifiera de « secondes », n'appartient donc pas à la substance de la cire. Comme la couleur, la douceur et la saveur, elle fait partie de ses

« vêtements ». La valeur scientifique des informations olfactives et du témoignage sensoriel en général se trouve ainsi récusée. Ils ne servent qu'à la conservation du corps : nos sens ne nous apprennent rien sur la véritable nature des choses, mais seulement ce en quoi elles nous sont utiles ou nuisibles [6].

C'est également à une exclusion du sensible de la sphère du vrai que correspond le projet de Malebranche. Parfaitement adaptées à une finalité utilitaire, les données sensorielles n'ont aucune crédibilité sur le plan théorique : « Il est présentement très facile de faire voir que nous tombons en une infinité d'erreurs touchant la lumière et les couleurs, et, généralement, toutes les qualités sensibles, comme le froid, le chaud, les odeurs, les saveurs, le son, la douleur, le chatouillement [7]. » Les sens sont donc de « faux témoins » de la vérité [8]. Celle-ci exige une ascèse et le procès scientifique des sens conduit à leur imposer silence. En philosophe chrétien, Malebranche renforce d'ailleurs sa critique d'une mise en garde morale : ils portent le poids du péché. Avant de désobéir, Adam était averti par des plaisirs, des douleurs ou des dégoûts, de ce qu'il devait faire pour son corps. Et comme il avait un contrôle absolu sur les « mouvements corporels » qui se manifestaient en lui, il ne pouvait devenir esclave ou malheureux. Mais, la faute commise, ses sens, qui l'avertissaient respectueusement, n'eurent plus pour lui les mêmes égards et se révoltèrent. Moins étroitement unis à Dieu depuis la chute originelle, les hommes n'en reçurent plus, dès lors, la force qui leur permettait de conserver liberté et bonheur. Le péché a inversé la prééminence de l'esprit sur le corps qui, maintenant, parle plus haut que Dieu même et ne dit jamais la vérité. Troublé par la concupiscence, l'être humain n'est plus maître de son attention et doit continuellement lutter pour sortir des « ténèbres » de l'ignorance sensible et accéder à la « lumière des idées ».

La spiritualité du XVIIe siècle renforce encore le mépris des sens et la haine du désir en « systématisant les austérités[9] ». Bossuet reprend l'idée, chère à Malebranche, selon laquelle le corps est uni à l'âme pour fournir à celle-ci matière à sacrifice et met l'accent sur la nécessité de combattre la sensualité : « Ainsi le mal est en nous, et attaché à nos entrailles d'une étrange sorte, soit que nous cédions au plaisir des sens, soit que nous le combattions par une continuelle résistance... pour éviter le consentement qui est le mal consommé, il faut continuellement résister au désir qui en est le commencement[10]. » Puisque le désordre vient de la chair, tout ce qui procure des plaisirs sensuels doit être énergiquement réprouvé. Les agréments olfactifs sont des pièges d'autant plus redoutables qu'ils ne semblent pas menacer ouvertement la chasteté. Bossuet fustige cette femme des Proverbes qui respire avec délices les parfums répandus sur son lit et s'écrie : « Enivrons-nous de plaisirs et jouissons des embrassements désirés. » Ces propos montrent assez « à quoi mènent les bonnes senteurs préparées pour affaiblir l'âme, l'attirer aux plaisirs des sens par quelque chose qui, ne semblant pas offenser directement la pudeur, s'y fait recevoir avec moins de crainte, la dispose néanmoins à se relâcher, et détourne son attention de ce qui doit faire son occupation naturelle[11] ».

La séparation de l'esprit et de la chair devient l'objet d'efforts méthodiques visant à réprimer les instincts et à leur refuser les satisfactions qu'ils demandent. Aversion pour le corps qui trouvera son expression ultime au siècle suivant dans la « maxime salutaire » d'Alphonse de Liguori : « Mieux vaut souffrir que jouir ici-bas[12]. » Le fondateur de la congrégation des rédemptoristes fera une large place aux mortifications olfactives. « Quant à l'odorat, n'ayez point la vanité de vous entourer des parfums de l'ambre et des autres préparations odorantes ou de vous servir d'eau de senteur, toutes choses qui recommandent peu, même une personne du monde. Habituez-vous plutôt à supporter sans répugnance les odeurs désagréables qui souvent environnent les malades, à l'exemple des saints qui, poussés par l'esprit de charité et de mortification, se plaisent dans les infirmeries les plus infectes, comme s'ils eussent été dans un parterre rempli des fleurs les plus odoriférantes [13]. »

5

Le mouvement de réhabilitation de l'odorat chez les philosophes du XVIIIᵉ siècle

En opposition avec ce courant rigoriste et les philosophies intellectualistes, de nombreux penseurs rétablissent, au XVIIIᵉ siècle, l'importance de la sensibilité dans la connaissance. La Mettrie, par exemple, affirme que toutes les idées viennent des sens qui, seuls, peuvent éclairer la raison dans la recherche de la vérité. L'homme ne pourrait rien connaître s'il était un pur esprit : « L'âme dépend essentiellement des organes du corps, avec lesquels elle se forme, grandit et décroît[1]. » Réhabilitation totale : pour ce matérialiste, les sens sont ses plus sûrs guides, ses « philosophes ». Helvétius, également, réduit toutes les opérations de l'esprit à la sensation et l'exprime dans une formule lapidaire : « Juger est sentir[2]. » La réévaluation du corps dans la connaissance s'accompagne de bouleversements dans la hiérarchie sensorielle classique. La vue, valorisée jusqu'alors parce que plus intellectuelle, cède de son prestige au toucher, plus concret. Ces réajustements profitent à l'odorat qui jouit d'une faveur nouvelle et le célèbre exemple imaginé par Condillac est symbolique de cette considération retrouvée.

Pour démontrer que toutes les facultés sont susceptibles d'être engendrées par n'importe quelle sensation,

Condillac se propose de conférer séparément à une statue chacun des sens et, d'abord, celui qui passe pour le moins propre à participer à la science : « Nous crûmes devoir commencer par l'odorat, parce que c'est de tous les sens celui qui paraît contribuer le moins aux connaissances de l'esprit humain [3]. » Et l'effigie de marbre, ne disposant que de l'odorat, va entrer progressivement en possession de toutes les facultés : « Ayant prouvé que notre statue est capable de donner son attention, de se ressouvenir, de comparer, de juger, de discerner, d'imaginer ; qu'elle a des notions abstraites, des idées de nombre et de durée ; qu'elle connaît des vérités générales et particulières ; qu'elle forme des désirs, se fait des passions, aime, hait, veut ; qu'elle est capable d'espérance, de crainte et d'étonnement ; et qu'enfin elle contracte des habitudes : nous devons conclure qu'avec un seul sens l'entendement a autant de facultés qu'avec les cinq réunis [4]. » Ainsi la sensation olfactive renferme-t-elle toutes les facultés de l'âme et ce qui a été dit de l'odorat s'applique aux autres sens. Mais, s'ils sont équivalents quant à la génération des facultés, le toucher détient cependant un rôle particulier puisqu'il est le seul à permettre la connaissance du monde extérieur. Sans son concours, la statue dotée du seul odorat et respirant une rose « se sent odeur de rose » mais n'a aucune représentation de l'objet senti : « Elle sera donc odeur de rose, d'œillet, de jasmin, de violette, suivant les objets qui agiront sur son organe. En un mot, les odeurs ne sont, à son égard, que ses propres modifications ou manières d'être [5]. » L'olfaction doit donc être instruite par le tact. Par sa « mobilité exploratrice [6] » il apprendra à la statue que les odeurs ne sont pas de simples variations d'elle-même mais viennent des objets extérieurs.

Dans la même perspective, Diderot établit une

hiérarchie sensorielle où la souveraineté de la vue s'efface devant celle du toucher. L'odorat bénéficie de ce renversement de valeurs. Sa sensualité peut s'étaler au grand jour : « Et je trouvais que, de tous les sens, l'œil était le plus superficiel; l'oreille le plus orgueilleux; l'odorat le plus voluptueux; le goût le plus superstitieux et le plus inconstant; le toucher le plus profond et le plus philosophe[7]. » La réhabilitation des sens les plus dépréciés s'inscrit dans une proclamation de foi matérialiste où le corps et la sensation jouent un rôle de tout premier plan dans la connaissance[8]. Les sens les plus matériels sont susceptibles d'abstraction : la vue, l'odorat et le goût sont capables des mêmes progrès scientifiques. « Nos sens, distribués en autant d'êtres pensants, pourraient donc s'élever tous aux spéculations les plus sublimes de l'arithmétique et de l'algèbre, sonder les profondeurs de l'analyse, se proposer entre eux les problèmes les plus compliqués sur la nature des équations et les résoudre comme s'ils étaient des Diophantes[9]. »

Les sens jouissent de la même considération chez Rousseau puisque leur exercice détermine le développement de la raison. L'éducation sensorielle, la santé, sont les conditions essentielles d'une formation intellectuelle réussie : « Pour apprendre à penser, il faut donc exercer nos membres, nos sens, nos organes, qui sont les instruments de notre intelligence; et pour tirer tout le parti possible de ces instruments, il faut que le corps qui les fournit soit robuste et sain. Ainsi, loin que la véritable raison de l'homme se forme indépendamment du corps, c'est la bonne constitution du corps qui rend les opérations de l'esprit faciles et sûres[10]. » Dans ce rationalisme sensualiste qui accorde une importance fondamentale aux sens et au sentiment, et qui affirme la primauté du substrat corporel dans la genèse de la raison — car « tout ce qui entre dans l'entendement humain y vient par les sens » —, on n'observe nul dédain pour l'odorat. Comme « nos pieds, nos mains, nos yeux », il est l'un de « nos premiers maîtres de philosophie[11] » et prend place dans une conception inspirée de Condillac mais, surtout, de Buffon.

Ce dernier, en effet, lorsqu'il traite de l'odorat, fait une distinction très nette entre celui de l'animal et celui de l'homme. « Sens admirable », l'olfaction animale pourrait même remplacer tous les autres sens : « Organe universel de sentiment, c'est un œil qui voit les objets, non seulement où ils sont mais même partout où ils ont été ; c'est un organe de goût par lequel l'animal savoure non seulement ce qu'il peut toucher et saisir, mais même ce qui est éloigné et qu'il ne peut atteindre ; c'est le sens par lequel il est le plus tôt, le plus souvent et le plus sûrement averti, par lequel il agit, il se détermine, par lequel il reconnoît ce qui est convenable ou contraire à sa nature, par lequel enfin il aperçoit, sent et choisit ce qui peut satisfaire son appétit[12]. »

Chez l'homme, conduit par un principe supérieur de « jugement et de raison[13] », l'odorat est relégué à la dernière place d'une hiérarchie sensorielle inhabituelle où le tact vient en premier, suivi du goût, de la vue et de l'ouïe. Cette inversion complète de l'importance relative de l'odorat dans l'ordre humain et animal traduit une différence importante de finalités : « L'homme doit plus connaître qu'appéter et l'animal doit plus appéter que connaître[14]. »

Rien d'étonnant, dès lors, à ce que Rousseau, lecteur et admirateur de Buffon, se soit inspiré de cette théorie pour concevoir, à son tour, deux sortes d'odorat. L'un primitif, commun à l'animal et au sauvage, l'autre délicat, apanage du civilisé. Borné à l'appétit, l' « homme naturel », comme l'animal, ne développe que les facultés les plus nécessaires à sa protection. Mais bien qu'instinctuel et « inculte », cet odorat est perfectible. Comme l'affirmait déjà Buffon, « l'art et l'habitude[15] » concourent beaucoup à son développement. Exercé à « l'attaque et la défense[16] », le flair du sauvage est extrêmement puissant. Aussi ne faut-il pas s'étonner que « les Indiens d'Amérique sentissent les Espagnols à la piste, comme auraient pu faire les meilleurs chiens ». Au Canada, les sauvages acquièrent une telle acuité olfactive qu'ils n'ont pas besoin de ces auxiliaires pour chasser et « se servent de chiens à eux-mêmes[17] ».

Mais la puissance de leur odorat comporte néanmoins des limites que l'exercice ne parvient pas à reculer. « Livré par la nature au seul instinct[18] », l'homme naturel, comme l'animal, ne peut jouir esthétiquement des odeurs. Appliquée à des fins uniquement utilitaires, son olfaction, quoique très développée, n'en demeure pas moins fruste : « Nos sensations oiseuses, comme d'être embaumés des fleurs d'un parterre, doivent être insensibles à des hommes qui marchent trop pour aimer se promener et qui ne travaillent pas assez pour se faire une volupté du repos. Des gens toujours affamés ne sauraient prendre un grand plaisir à des parfums qui n'annoncent rien à manger[19]. » Ce n'est que dans un autre mode d'existence, celui de l'état civil, que ce sens pourra véritablement se cultiver.

Le passage de l'état de nature à l'état civil s'accompagne en effet d'un changement de l'instrument d'adaptation : l'instinct guidait l'homme naturel dans un milieu physique, la raison conduit le civilisé dans l'environnement social. Cette modification n'est pas sans incidence sur l'odorat. En s'écartant de la vie animale, l'homme civilisé en émousse l'acuité. En revanche, il le développe sur un plan qui n'était pas accessible au sauvage grâce à l'imagination. Cette faculté virtuelle chez l'homme naturel, adhérant au présent, « sans prévoyance ni curiosité[20] », n'entre en action que chez le civilisé. Ainsi, pour ce dernier, si « les odeurs par elles-mêmes sont des sensations faibles », c'est qu'elles « ébranlent plus l'imagination que les sens et n'affectent pas tant par ce qu'elles donnent que par ce qu'elles font attendre[21] ». L'évolution n'est donc pas négative : ce que l'odorat perd en force, il le gagne en raffinement sous l'effet de l'imagination.

Dans l'ordre social, cette faculté sollicite de façon si privilégiée l'olfaction qu'elle tend à se confondre avec elle. Toutes deux jouent un rôle décisif dans l'amour. Et alors que l'imagination « ne parle point à des cœurs sauvages », « bornés au seul physique de l'amour » et qui se livrent sans choix sous l'impulsion de la nature « aux ardeurs du tempérament[22] », elle concourt avec l'odorat à faire naître et entretenir le désir du civilisé : « L'odorat est le sens de l'imagination ; donnant aux nerfs un ton plus fort, il doit beaucoup agiter le cerveau ; c'est pour cela qu'il ranime un moment le tempérament et l'épuise à la longue. Il a dans l'amour des effets assez connus ; le doux parfum d'un cabinet de toilette n'est pas un piège aussi faible qu'on pense ; et je ne sais s'il faut féliciter ou plaindre l'homme sage et peu sensible que l'odeur des fleurs que sa maîtresse a sur le sein ne fit jamais palpiter[23]. » En se socialisant, l'odorat s'est intellectualisé : il favorise le rêve, le fantasme. Cependant, l'ambiguïté qui caractérise l'imagination rejaillit sur lui : tous deux peuvent conduire dans des pièges. Qu'il s'agisse en effet d'amour ou de chasse, l'odorat est un instrument de capture. Mais alors que, dans l'état de nature, il oriente la poursuite du chasseur vers son gibier, dans l'état civil, il attire l'homme dans le traquenard qui lui est tendu.

La relation privilégiée de l'odorat et de l'imagination est à l'origine de différences qualitatives importantes dans les aptitudes olfactives. Les femmes, plus imaginatives que les hommes, sont très sensibles à toutes les exhalaisons. En revanche, les jeunes enfants qui, comme les sauvages, ne possèdent la faculté d'imaginer qu'en puissance, manifestent à cet égard l'indifférence que l'on rencontre chez certains animaux, « non que la sensation ne soit en eux aussi fine et peut-être plus que dans les hommes, mais parce que, n'y joignant aucune autre idée, ils ne s'en affectent pas aisément d'un sentiment de plaisir ou de peine, et qu'ils n'en sont ni flattés ni blessés comme nous [24] ». Ce n'est qu'à l'âge de deux ou trois ans que leur odorat, stimulé par l'imagination, sortira de son « hébétement ». Cette insensibilité olfactive des petits enfants permet à Rousseau de souligner, après Hobbes [25], le caractère relatif de la « bonne » et de la « mauvaise » odeur. Si les enfants décèlent très tôt des différences d'intensité entre les odeurs, ils n'établissent aucune distinction qualitative : « la sensation vient de la nature ; la préférence ou l'aversion n'en vient pas [26] ».

Ce sont aussi les rapports du goût et de l'odorat qui déterminent l'appréciation des arômes et des relents. Les goûts, eux-mêmes fonction des modes de vie, conditionnent les odeurs qui les annoncent. L'odorat du sauvage ne serait pas affecté de la même manière que le nôtre et porterait des jugements très différents : « Un Tartare doit flairer avec autant de plaisir un quartier puant de cheval mort, qu'un de nos chasseurs, une perdrix à moitié pourrie [27]. » Et les liens très étroits entre ces deux sens devraient interdire les maladroites supercheries dont ils sont parfois l'objet lorsqu'on veut masquer le « déboire d'une médecine » pour la faire avaler à un enfant : « la discorde des deux sens est trop grande alors pour pouvoir l'abuser... un parfum très suave n'est plus pour lui qu'une odeur dégoûtante ; et c'est ainsi que nos indiscrètes précautions augmentent la somme des sensations déplaisantes aux dépens des agréables[28] ».

Comme Rousseau « qui si souvent a peint la nature avec une inimitable vérité[29] », Cabanis relève les rapports étroits de l'odorat avec le goût, l'amour et l'imagination. « Guide et sentinelle du goût », le sens olfactif est aussi celui de la sensualité : « La saison des fleurs est en même temps celle des plaisirs de l'amour : les idées voluptueuses se lient à celles des jardins, ou des ombrages odorans ; et les poètes attribuent avec raison aux parfums, la propriété de porter dans l'âme une douce ivresse. Quel est l'homme, même le plus sage, à moins qu'il ne soit mal organisé, dont les émanations d'un bosquet fleuri n'émeuvent pas l'imagination[30] ? » En dépit de références évidentes à l'*Émile*, la rupture avec le sensualisme apparaît dans la volonté de ne pas « considérer les odeurs dans leurs effets éloignés et moraux ; c'est-à-dire comme révélant, par le seul effet de la liaison des idées, une foule d'impressions qui ne dépendent pas directement de leur propre influence[31] ». Conformément à ce dessein, c'est de façon purement physiologique qu'on peut expliquer le peu de mémoire de l'odorat et les émois sensuels qu'il dispense. Les odeurs par elles-mêmes agissent puissamment sur l'ensemble du système nerveux et le disposent à toutes les voluptés, lui communiquant « ce léger degré de trouble qui semble en être inséparable ; et tout cela parce qu'elles exercent une action spéciale sur les organes où prennent leur source les plaisirs les plus vifs accordés à la nature sensible[32] ». Ainsi Cabanis, s'il associe comme Rousseau l'odorat et le désir amoureux, insiste-t-il plus nettement sur les liens entre les activités olfactive et sexuelle, aspect physiologique qui devait tout naturellement retenir l'attention d'un médecin et que Rousseau, plus sensible au côté imaginatif de l'amour, ne faisait qu'évoquer.

Homme du XVIIIe siècle, même si son œuvre essentielle, *Rapports du physique et du moral*, date de 1802, Cabanis se situe encore dans la mouvance de Condillac dont il maintient la tradition d'analyse psychologique. Mais il s'en sépare en affirmant la nécessité de rattacher l'étude des faits psychiques à la physiologie et en faisant de l'instinct le lien entre l'intellectuel et l'organique. La « bonne analyse » ne saurait isoler artificiellement les opérations des sens qui agissent conjointement et sont soumis à l'influence des organes, des viscères et du système nerveux. C'est pourquoi il faut étudier les sensations, « source de toutes les idées et habitudes morales de l'homme[33] », en relation avec tout le corps vivant et non de façon isolée. En effet, lorsqu'elle sent une rose, la statue de Condillac « devient, par rapport à elle-même, odeur de rose, et rien de plus, et cette expression, non moins exacte qu'ingénieuse, rend parfaitement la modification simple que le cerveau doit subir dans ce moment[34] ». Mais, loin de se borner à l'odorat et de ne recevoir aucune impression étrangère, la sensation olfactive réelle est beaucoup plus complexe puisque l'odorat agit, non seulement de concert avec les autres sens, mais entretient aussi des « sympathies particulières » avec le canal intestinal et les organes de la génération. Ce sont ces rapports qui permettent de comprendre l'effet de certains effluves qui soulèvent l'estomac, provoquent des vomissements effrayants et excitent ou calment les affections hystériques.

L'importance ainsi attribuée aux impressions intérieures dans le fonctionnement des facultés conduit à juger insuffisante la théorie de Condillac sur l'instinct. Alors que les condillaciens n'y voient qu'un « jugement réfléchi », Cabanis désigne par là « toutes les impulsions internes, indépendantes de l'impression externe [35] » et lui accorde un rôle fondamental. Chez les mammifères, le principal organe de la sympathie et de l'antipathie est l'odorat : « Il n'est pas douteux que chaque espèce, et même chaque individu, ne répande une odeur particulière : il se forme, autour de lui, comme une atmosphère de vapeurs animales, toujours renouvelée par le jeu de la vie : et quand cet individu se déplace, il laisse toujours sur son passage des particules qui le font suivre, avec sûreté, par les animaux de son espèce ou d'espèce différente, doués d'un odorat fin [36]. » Dès lors, on comprend l'attrait exercé par les émanations d'animaux en bonne santé car elles occasionnent des plaisirs organiques et ont des effets salutaires. Les Anciens connaissaient les bienfaits que procurent, aux vieillards languissants et aux malades épuisés par les abus sexuels, les exhalaisons vivifiantes de corps jeunes et vigoureux. David, en son grand âge, partageait sa couche avec de jolies filles et les médecins grecs, selon Galien, préconisaient, dans le traitement de diverses consomptions, de téter une nourrice saine et appétissante. C'est encore pour cette raison que l'air des étables bien tenues est recommandé dans la cure de certaines maladies.

6

Kant et Hegel : un sens antisocial et exclu de l'esthétique

Qu'il s'agisse d'établir l'importance du support organique dans la vie psychique ou le rôle théorique des sens, un intérêt nouveau pour l'odorat existe incontestablement chez les penseurs du siècle des Lumières. Mais ce mouvement de réhabilitation n'est pas unanime. Kant, en particulier, demeure en marge de ce courant.

Dans une hiérarchie sensorielle qui tient à la fois de conceptions empiristes et rationalistes, l'odorat a, selon Kant, une position ambiguë. C'est en même temps le « plus ingrat » et le « plus indispensable [1] ». « Proche parent du goût [2] », il constitue comme lui un sens du contact. Tous deux s'exercent, non de façon mécanique et superficielle comme le toucher, l'ouïe et la vue, mais de manière chimique et interne. Agissant sans aucune médiation extérieure au sujet et donc plus « subjectifs » qu' « objectifs [3] », l'odorat et le goût sont davantage au service de la jouissance que du savoir et informent peu sur les qualités des objets extérieurs.

Participant faiblement à la connaissance par expérience, l'olfaction s'oppose à la liberté et à la sociabilité, ce qui ajoute encore à son indignité. L'odeur qui pénètre dans les poumons établit en effet un contact

« encore plus intime[4] » que celui qui s'effectue entre la saveur et les cavités réceptrices de la bouche et du gosier. De plus, contrairement à l'absorption orale, délibérée, la perception olfactive se fait, la plupart du temps, de façon involontaire. Ne pouvant être évitée ou évacuée par un processus de rejet comparable au vomissement, elle s'impose à tous. « L'odorat est une sorte de goût à distance ; les autres sont contraints de participer, bon gré, mal gré, à ce plaisir ; et c'est pourquoi, contraire à la liberté, il est moins social que le goût ; quand il goûte, le convive peut choisir les bouteilles et les plats de son gré sans que les autres soient forcés de partager son plaisir[5]. »

Le « sans-gêne[6] » dont il fait preuve est d'autant plus fâcheux que « les objets de dégoût qu'il peut procurer (surtout dans les endroits populeux) sont plus nombreux que les objets de plaisir[7] ». Cette évocation très furtive des répulsions et des clivages que provoquent les effluves populaires conduit Kant à un certain pessimisme. Les désagréments de ce sens l'emportent sur ses attraits éphémères et il « ne sert à rien de le cultiver ou de l'altérer pour en tirer une délectation ». Son seul intérêt consiste à indiquer ce qu'il convient d'éviter : « En tant que condition négative du bien-être, quand il s'agit de ne pas respirer un air nocif (les émanations des fourneaux, la puanteur des marais et de la charogne) ou de ne pas prendre une nourriture avariée, ce sens n'est pas dépourvu d'importance[8]. »

Rarement jugement aussi condescendant fut porté sur l'odorat dans l'histoire de la philosophie. Cette sévérité a de quoi surprendre de la part d'un penseur hypersensible aux odeurs et qui passait quotidiennement plusieurs heures à table avec ses amis. Faut-il y voir l'attitude du moraliste aimant la convivialité mais soucieux à l'extrême du respect d'autrui ou la réaction parosmique d'un homme qui avait la réputation d'être indifférent aux parfums et aux fleurs[9]? Faut-il y voir encore la défiance du « sage » à l'égard du plus physique et du plus sensuel de tous les sens et qui, pour cette raison, se doit, comme le conseille La Metherie, « d'être extrêmement réservé sur l'usage des odeurs[10] ». Cette invite correspond à un thème qui apparaît en filigrane dans toute l'histoire philosophique de l'odorat et qui trouvera son aboutissement avec Freud et Marcuse[11], celui de la mise à l'écart d'un sens dangereux qui commande l'attrait sexuel[12]. « L'homme social, observe La Metherie, n'a pas encore perfectionné ses jouissances du côté de l'odorat comme il l'a fait pour les autres objets de ses sensations. L'art de goûter les saveurs a été porté très loin. Quelle variété dans ses mets et dans ses boissons ! La musique a varié infiniment les sons ; les plaisirs de la vue sont prodigieusement multipliés et on n'a rien fait pour multiplier les plaisirs que causent les odeurs, quoiqu'on reconnoisse que ce sont des sensations très voluptueuses. Car l'usage continuel des odeurs conduit à la volupté ; aussi ne le pardonne-t-on pas à l'homme mûr[13]. » Parfums et fleurs, tolérés en petite quantité sur les femmes honnêtes, seront donc abandonnés aux courtisanes et aux débauchés. Le médecin sensualiste partage sur ce point la méfiance de Platon et de Kant.

Sens du désir lié à la consommation, dans lequel la pensée n'intervient pas[14], l'odorat, plus explicitement encore que chez Kant, est exclu de l'esthétique par Hegel. Et c'est la place du nez dans le visage qui est à l'origine de ce rejet. Organe de liaison, cet appendice occupe en effet un emplacement stratégique entre deux parties antinomiques : l'une « théorique ou spirituelle[15] », front, yeux, oreilles où siège l'esprit, l'autre « pratique », formée principalement par l'appareil buccal et destinée plus particulièrement à la nutrition. Tout en situant le nez dans la partie utilitaire, Hegel considère qu'il appartient aux « deux systèmes ». Toute l'ambiguïté de la représentation de l'odorat provient de cette localisation : à cheval sur les zones spéculative et matérielle, le nez n'est pas souverain, rattaché, telle une province vassale, à l'entité la plus puissante.

Son annexion se traduit sur le plan anatomique. Lorsque la séparation entre le front et le nez est nettement marquée par une dépression, ce dernier apparaît comme attiré de haut en bas par l'appareil nutritif ; « le front se trouve ainsi isolé et reçoit une expression de dureté et de concentration spirituelle égoïste, inaccessible à l'expression verbale par la bouche qui devient un simple organe de nutrition et utilise le nez comme un organe subsidiaire qui, en révélant les odeurs, sert à susciter ou à stimuler un besoin purement physique [16] ». Chez l'animal, d'ailleurs, la prédominance de la partie pratique qui assure la supériorité du flair est totale et la proéminence du museau qui sert la satisfaction des besoins élémentaires donne à sa physionomie « l'expression d'une utilité pure et simple, à l'exclusion de toute idéalité spirituelle [17] ».

Le profil grec, en revanche, « forme idéale de la tête humaine [18] », se caractérise par un rapport quasi ininterrompu entre le nez et le front. Il exprime le triomphe de la pensée sur le naturel, « refoulé tout à fait à l'arrière-plan [19] ». Le nez représente ici une sorte de prolongement du front, « organe spirituel [20] », et bénéficie, de ce fait, d'un caractère et d'une expression immatériels. Cette morphologie nasale confère à l'odorat une fonction théorique et « le nez sert par ses contractions, quelque insignifiantes qu'elles soient, à exprimer des appréciations et des jugements d'ordre spirituel[21] ». Aucune rupture, aucune opposition, aucune faille dans ce visage noble, serein, réconcilié, qui incarne l'idéal de la beauté et dont « la belle harmonie résulte du passage insensible, voire continu, de la partie supérieure à la partie inférieure du visage ».

Ainsi tiraillé entre des intérêts contradictoires, n'ayant qu'une autonomie relative vis-à-vis du goût, l'odorat est finalement classé dans les sens pratiques, uniquement concernés par la matière et incapables d'une attitude esthétique désintéressée. Contrairement à la vue et à l'ouïe, qui ne s'attachent qu'à la forme des objets et les laissent intacts, il participe de la destruction : « Nous ne pouvons sentir l'odeur que de ce qui se consume déjà de lui-même[22]. » Incompatible avec les intérêts de l'art et de l'intelligence, à la charnière des sens spirituels et naturels, il ne peut acquérir quelque dignité qu'au prix d'un renoncement à son activité première et naturelle qui consiste à sentir, et cela grâce à un refoulement de ses liens avec le corps. Dans ces conditions, le rôle théorique qu'Hegel attribue à l'odorat est-il pensable autrement que dans le visage de pierre d'une statue ?

7

Deux philosophes qui ont du « nez » : Feuerbach et Nietzsche

La dépréciation de l'odorat, si manifeste chez Kant et Hegel, s'inscrit, selon Feuerbach, dans un idéalisme dont la philosophie hégélienne constitue l'« apogée ». Sa critique de la spéculation vise aussi bien l'idéalisme absolu d'Hegel, incapable d'appréhender véritablement le monde, car il n'accepte qu'à contrecœur la vérité du sensible, que le christianisme, producteur d'un idéal « castré, privé de corps, abstrait[1] ». L'un comme l'autre concourent à l'aliénation de l'homme et à sa division. Feuerbach condamne vigoureusement cette pensée appauvrie et mutilée qui se coupe du corps et des sens : « Je rejette de façon absolument radicale la spéculation absolue, immatérielle, qui se complaît en elle-même, la spéculation qui tire sa matière d'elle-même. Il y a un monde entre moi et ces philosophes qui s'arrachent les yeux de la tête pour pouvoir d'autant mieux penser ; j'ai besoin des sens pour penser[2]. »

Élève d'Hegel, mais hégélien peu « orthodoxe[3] » puisqu'il s'acheminera vers le matérialisme, Feuerbach va rompre avec le système idéaliste de son maître et s'apercevoir qu'il manque un « nez » à cette philosophie désincarnée : « mais l'individu, l'organe de l'esprit, la tête, si universelle soit-elle, sont toujours

Deux philosophes qui ont du « nez »

marqués, pointu ou camus, mince ou massif, long ou court, droit ou courbe, d'un nez déterminé[4] ». A cette pensée exsangue, « dernière grandiose tentative pour restaurer le christianisme déchu et mort par la philosophie[5] », il en oppose une autre toute charnelle qui « prend appui, non sur une philosophie sans être, couleur ni nom, mais sur une raison imprégnée du sang de l'homme[6] ». Sa représentation de l'odorat s'insère dans une conception de l'homme total qui, affirmant ses liens et ses divergences avec certains courants matérialistes, refuse cependant toute étiquette. L'humanisme de « chair et de sang » qu'il préconise dès 1843 possède des « yeux et des oreilles, des mains et des pieds[7] ». Contrairement à l'idéalisme, il revendique ses liens avec le corps et pense en harmonie avec lui : « Alors que l'ancienne philosophie commençait par la proposition : je suis un être abstrait, un être purement pensant, mon corps n'appartient pas à mon essence, la philosophie nouvelle, au contraire, commence par la proposition : je suis un être réel, un être sensible ; oui, mon corps, dans sa totalité, est mon moi, mon essence même[8]. »

La conviction que l'universalité et la liberté qui caractérisent l'humain ne sont pas le fait de la seule raison mais de l' « être total » le conduit à revaloriser les sens « les plus bas » en les hissant à la hauteur des plus élevés. Toute hiérarchie sensorielle se trouve alors abolie. L'odorat et le goût apparaissent aussi capables que la vue et l'ouïe de se dégager du besoin bestial et de s'élever à une « signification et une dignité autonomes, théoriques ». Particulièrement caractéristique de cette démarche est d'ailleurs le fait qu'elle s'accompagne d'un long plaidoyer en faveur de l'estomac, généralement considéré comme l'organe le plus trivial : « Même l'estomac de l'homme, dans tout le mépris dont nous l'accablons, n'est pas un être animal, mais un être humain parce qu'il est universel, et ne se borne pas à des aliments d'espèces déterminées. C'est justement pourquoi l'homme échappe à la rage gloutonne qui jette la bête sur sa proie. Conserve à l'homme sa tête, mais donne-lui l'estomac d'un loup ou d'un cheval : il cesse à coup sûr d'être un homme. Un estomac borné ne s'entend qu'avec une sensibilité bornée, autrement dit animale. C'est pourquoi, s'il veut entretenir avec lui des rapports moraux et rationnels, l'homme doit traiter son estomac, non comme un être bestial, mais comme un être humain. Arrêter l'humanité au seuil de l'estomac, c'est rejeter l'estomac dans la classe des animaux, c'est autoriser l'homme à manger comme une bête. » Comme l'estomac, l'odorat ne peut être qualifié d' « humain » que s'il n'est pas subordonné à des objets précis. Cette absence de détermination qui lui fait perdre de son acuité est absolument nécessaire à son humanisation. Mais ce qu'il perd en force, il le regagne en liberté et en universalité : si l'homme a moins d'odorat qu'un chien, c'est que non assujetti à quelques effluves spécifiques, il est sensible à toute espèce d'odeur. En étendant à l'odorat des privilèges réservés, selon Hegel, à l'esprit, Feuerbach le soustrait à sa dégradante animalité et lui restitue une autonomie qui lui était refusée. Loin d'être un sens n'ayant que des rapports de destruction avec les objets, il est susceptible d' « actes spirituels et scientifiques » pouvant servir la connaissance aussi bien que l'art.

Beaucoup plus radicale encore est la revalorisation de l'odorat menée par Nietzsche puisqu'elle constitue l'instrument de sa critique de l'idéalisme et du christianisme. Rejetant les frilosités de Feuerbach qui s'efforce de sauver un sens déprécié par les penseurs idéalistes et chrétiens en le spiritualisant et en l'intellectualisant,

Nietzsche revendique, au contraire, pour l'odorat en particulier et pour l'homme en général, l'animalité dont on veut les priver : « Nous ne cherchons plus l'origine de l'homme dans l' " esprit ", dans la " nature divine ", nous l'avons replacé au rang des animaux. Il est pour nous l'animal le plus fort, parce qu'il est le plus rusé ; l'esprit dont il est doué n'en est que la conséquence[9]. » La rétention de ses forces instinctuelles le conduit à sa perte et engendre la « mauvaise conscience ». Avec le sentiment de culpabilité est apparue la maladie la plus grave et la plus effrayante dont l'humanité ne s'est pas encore rétablie, « l'homme souffrant de l'homme, de soi-même : conséquence d'une séparation violente avec son passé animal, d'un saut, d'une chute dans un nouvel état, dans de nouvelles conditions d'existence, d'une déclaration de guerre contre les anciens instincts sur lesquels s'étaient appuyés jusqu'alors sa force, son plaisir et ce qu'il avait de redoutable[10] ».

La religion et la philosophie idéaliste sont violemment prises à partie. Elles concourent au développement d'idées mensongères, telle celle d'un « pur esprit » indépendant de son enveloppe charnelle. Considéré comme « le plus grand malheur de l'humanité[11] », pathologie de l'instinct, haine de la vie, le christianisme est condamné férocement. Si l'homme représente l'animal le moins réussi, le plus maladif, celui qui s'est écarté le plus dangereusement de ses instincts, la faute en incombe principalement à « une religion qui a enseigné la mécompréhension du corps !... qui fait un " mérite " d'une alimentation insuffisante ! qui combat dans la santé une espèce d'ennemi, de diable, de tentation ! — qui s'est persuadée que l'on pouvait promener une âme " parfaite " dans un corps cadavérique, et qui, pour cela, a eu

besoin de se forger une nouvelle conception de la
" perfection ", celle d'un être blafard, souffreteux,
fumeux et hébété — bref, la prétendue " sainteté " —
une sainteté qui n'est qu'accumulation de symptômes
d'un corps appauvri, énervé, incurablement ruiné [12] ! ».

Mais Nietzsche entre aussi en guerre contre les
philosophes qui méprisent le corps. Ignorants de sa
« grande raison », ils imposent une moralité illusoire,
négation de la sagesse inconnue qu'il détient : « Être un
philosophe, être une momie, figurer le " monotono-
théisme " par une mimique de croque-mort ! Et surtout
que l'on ne vienne pas nous parler du corps — cette
pitoyable idée fixe des sens ! — entaché de toutes les
fautes logiques imaginables, récusé, et même impossible, malgré l'impertinence qu'il a de se comporter
comme s'il était réel [13]. »

Schopenhauer est la cible principale de ces critiques.
Pourtant, en soutenant le primat de la volonté, c'est-à-
dire du corps [14] sur l'intellect, il prend ses distances
avec une tradition qui s'efforce de représenter l'homme
comme profondément distinct de l'animal et qui place
son essence dans la conscience. De même, en faisant de
l'odorat le sens de la mémoire « parce qu'il nous
rappelle plus immédiatement qu'aucun autre l'impression spécifique d'une circonstance ou d'un milieu, si
éloignée qu'elle soit dans le temps [15] », il s'écarte d'un
courant philosophique qui dénie à l'olfaction toute
faculté intellectuelle. Mais il privilégie les sens les plus
abstraits. La vue, le moins corporel de tous, est le plus
intelligent : c'est celui de l' « entendement [16] ». L'ouïe
est considérée de façon originale : bien que passive et
perpétuellement en guerre avec l'esprit, elle empiète
sur les prérogatives de la vue, c'est le sens de la raison
« qui pense et qui conçoit ». Et, surtout, il affirme que
les sens les plus charnels, l'odorat et le goût, sont

inférieurs. « Plus subjectifs qu'objectifs » (l'héritage kantien apparaît dans cette formule qui reprend les termes mêmes de *L'Anthropologie*), ils servent le désir insatiable, source de souffrance dont il faut s'affranchir par la négation de la volonté de vivre, du « vouloir ». L'idée que la douleur constitue le fond de toute vie détermine une morale pessimiste dont les maîtres mots sont ascétisme et chasteté.

C'est cette aversion pour le corps, partagée avec le christianisme et l'idéalisme, qui excite la vindicte de Nietzsche : « Il est incontestable que, depuis qu'il y a des philosophes (de l'Inde jusqu'à l'Angleterre, pour prendre les pôles opposés du talent philosophique), il existe une véritable irritation, une rancune contre la sensualité — Schopenhauer n'en est que l'explosion la plus éloquente et, si on a des oreilles pour entendre, la plus captivante, la plus fascinante [17]. » De cette philosophie sombre, à l' « odeur de croque-mort [18] », qui se retourne contre la vie, Nietzsche décide de prendre l' « exact contre-pied [19] ».

Au sein de la « gent philosophique [20] », Héraclite est le seul à trouver grâce aux yeux de Nietzsche. Ce traitement de faveur peut surprendre dans la mesure où le philosophe grec aboutit, lui aussi, à traiter les sens de menteurs. Mais il a l'immense mérite de ne pas avancer les accusations habituelles concernant leur inconstance. Et il semble bien que Nietzsche se soit souvenu de ce fragment héraclitéen qui établit, apparemment, un rapport entre l'olfaction et la connaissance : « Si toutes choses étaient fumée, les narines les connaîtraient [21] », lorsqu'il affirme : « Tout mon génie est dans mes narines [22]. »

Nietzsche en fait même l'instrument d'observation scientifique le plus subtil : « Le nez, par exemple, dont aucun philosophe n'a jamais parlé avec vénération et reconnaissance, le nez est même provisoirement l'instrument le plus délicat que nous ayons à notre service : cet instrument est capable d'enregistrer des différences minima dans le mouvement, différences que même le spectroscope n'enregistre pas [23]. » Mais cette apologie de l'odorat prend immédiatement une forme métaphorique puisque, se confondant avec celle de l'instinct, elle s'étend à celle de la connaissance intuitive. C'est pourquoi, au mépris de tous les contempteurs du corps pour le sens le plus animal, il répond par celui de son flair pour la raison. Les liens de l'odorat avec la sagacité, la pénétration d'esprit et la sympathie destinent ce sens à être celui du psychologue qui se guide de façon instinctive et dont tout l'art ne consiste pas à raisonner mais à subodorer. Et le « psychologue-né [24] » qu'est Nietzsche se targue d'être particulièrement bien pourvu sous ce rapport : « Je suis le premier à avoir découvert la vérité, par le seul fait que je suis le premier à avoir senti, à avoir flairé le mensonge comme mensonge [25]. » Véritable moyen de connaissance psychologique et morale, le « flair » permet de détecter la lâcheté, l'hypocrisie, la décadence, tapies dans les intimités les plus secrètes et que ni l'œil ni le raisonnement ne peuvent percer. A l'arme philosophique par excellence, la dialectique (« une arme de fortune aux mains de désespérés qui n'en ont pas d'autres [26] »), il oppose ce redoutable allié de la vérité qui sait sonder les âmes et les cœurs : « Oserai-je évoquer un dernier trait de ma nature qui, dans mon commerce avec les hommes, ne me facilite guère les choses ? Je me distingue par une sensibilité absolument déconcertante de l'instinct de propreté, de sorte que je perçois physiquement, ou que je flaire — les approches — que dis-je ? — le cœur, l'intimité secrète, les " entrailles " de toute âme... Cette sensibilité constitue chez moi de véritables antennes psychologiques qui me permettent de saisir et de palper tous les secrets : l'épaisse crasse cachée au fond de plus d'une nature, qui vient peut-être d'un sang vicié mais que recouvre le vernis de l'éducation, j'en prends conscience presque dès le premier contact. Si mes observations sont exactes, ces natures qui s'accordent mal avec mon sens de la propreté ressentent de leur côté la circonspection que m'inspire ce dégoût : cela ne les rend pas moins malodorantes[27]... »

C'est encore grâce à ce subtil outil olfactif qu'est mise au grand jour la nature maladive du civilisé castré par une morale qui lui apprend à rougir de ses instincts. Ne pouvant plus les développer librement, il les refoule et se détruit. La mutation de ce « fauve humain » en homme de la « mauvaise conscience » exhale une puanteur : celle d'un être en train de perdre sa bestialité et donc sa « volonté de puissance ». « En passe de devenir un ange (pour ne pas employer un mot plus dur), l'homme s'est attiré cet estomac gâté et cette langue chargée qui, non seulement lui ont inspiré le dégoût pour la joie et l'innocence de l'animal, mais lui ont rendu la vie même insipide — de sorte que, parfois, il se penche sur lui-même en se bouchant le nez et, avec le pape Innocent III, dresse d'un air morose le catalogue des infirmités de sa nature : " procréation impure, nutrition dégoûtante dans le sein de la mère, mauvaise qualité de la substance dont l'homme tire son développement, mauvaise odeur, sécrétion de salive, d'urine et d'excréments[28] ". »

Fin limier, Nietzsche « flaire de loin[29] » la corruption qui empuantit les morales les plus édifiantes et la décomposition de ces pensées déclinantes, l'idéalisme et le christianisme, qui fuient la réalité et se tournent vers l'au-delà : « Il suffit de lire n'importe quel agitateur chrétien, saint Augustin par exemple, pour comprendre, pour sentir à plein nez, quelle sorte de malpropres compères avaient à cette occasion pris le dessus[30]. » A maintes reprises, les effluves nauséabonds de « cette officine où l'on fabrique l'idéal » et qui « sent le mensonge à plein nez[31] » le contraignent à se « boucher le nez[32] ». La campagne contre la morale et ses fausses valeurs s'ouvre sans « la moindre odeur de poudre[33] » : ce sont des « parfums tout autres et bien plus agréables » qu'il se propose d'offrir aux « narines assez subtiles[34] ».

Sens de la vérité parce qu'il puise aux sources sûres de l'instinct animal qui confère au corps sa grande sagesse, instrument du psychologue qui traque le faux-semblant et l'illusion, l'odorat détrône dans la recherche du vrai la froide logique née d'une lutte contre l'instinct[35]. Au-delà de sa fonction première il assume donc celle d'un « sixième sens » : celui de la connaissance intuitive.

8

Freud et Marcuse :
« refoulement organique »
et « sur-répression » de l'odorat

Plus étroite encore est la relation établie par Freud entre la dépréciation de l'odorat et le développement de la civilisation puisque l'une est la condition indispensable de l'autre. Si sa démarche n'emprunte pas directement la voie philosophique, elle tend à la recouper. En 1896, dans une lettre adressée à Fliess, le père de la psychanalyse fait état de leur commun détour par la médecine et avoue nourrir, dans le « tréfonds de lui-même », l'espoir d'atteindre, par cette voie, son premier but : la philosophie. « C'est à quoi j'aspirais originellement avant d'avoir bien compris pourquoi j'étais au monde[1]. » L'effacement de l'olfaction s'inscrit dans un renoncement instinctuel général mais il concourt de façon beaucoup plus fondamentale encore que chez Nietzsche au processus civilisateur. En 1930, Freud avance l'hypothèse d'un odorat primitif, supérieur à celui du civilisé, hypothèse qui rejoint celle émise, en 1871, par Darwin. Observant la prééminence de l'odorat chez l'animal et sa médiocrité chez le civilisé, ce dernier en concluait, conformément au principe de l'évolution graduelle, que ce sens s'était transformé au cours du temps et que son infériorité actuelle provenait de son peu d'utilité. L'odorat moderne n'était que le lointain héritage d'un ancêtre chez qui ce sens prédominait[2]. Freud, lui aussi, établit un lien entre l'affaiblissement de la perception olfactive et la civilisation, mais il avance en outre toute une série de conjectures. Dans une autre lettre à Fliess du 14 novembre 1897, il écrit : « Il m'est souvent arrivé de soupçonner qu'un élément organique entrait en jeu dans le refoulement et je t'ai raconté un jour qu'il s'agissait de l'abandon d'anciennes zones sexuelles... Cette hypothèse se rattachait pour moi au rôle modifié des sensations olfactives : au port vertical, aux narines s'éloignant du sol et, par cela même, une foule de sensations antérieurement intéressantes qui, émanant du sol, devenaient repoussantes — ceci par un processus que j'ignore encore[3]. » Cette idée d'un « refoulement organique » sera développée dans *Malaise dans la civilisation*. Le rôle de l'olfaction se serait estompé lors du redressement de l'homme qui, en le soustrayant à l'importance des stimulations olfactives, aurait permis aux sensations visuelles, favorables à la durabilité du processus sexuel et à l'attachement au partenaire, de devenir prépondérantes et de prendre le relais du pouvoir excitant des odeurs menstruelles. D'intermittente, l'excitation sexuelle serait devenue régulière, rendant possible la fondation de la famille, premier pas vers la civilisation.

Chose étonnante, aucun de ces deux textes ne fait allusion à une découverte scientifique de nature à corroborer la thèse d'une régression organique de l'odorat : celle de l'organe voméronasal. Découvert pour la première fois au XVIIIe siècle chez un homme adulte, cet organe olfactif secondaire fut mis en évidence, chez les mammifères, par le Danois Ludwig Jacobson en 1809. Pour certains physiologistes contemporains comme Yveline Leroy, l'absence de cet organe chez l'homme (sauf cas rarissimes, il disparaît en effet dans les premiers mois de la vie fœtale) est liée à l'acquisition de la bipédie et au passage de l'animalité à l'humanité. L'hypothèse freudienne d'un refoulement organique de l'odorat semble ignorer les travaux de Jacobson. Mais quoi qu'il en soit, Freud relie également ce phénomène à la « verticalisation » de l'homme et à sa rupture avec l'animalité. A l'animal, la position « à quatre pattes », la discontinuité sexuelle et l'isolement ; à l'homme, la station debout, la continuité et la vie communautaire.

Dans la participation au lourd tribut qu'exige le processus civilisateur, l'odorat apparaît fortement imposé. Son affaiblissement, condition d'un non-retour à une phase antérieure du développement humain, s'accompagne d'une mise à l'écart des femmes durant leur période menstruelle. L'effet de leur odeur sur les mâles constitue en effet une menace de régression, de réapparition d'un comportement sexuel archaïque. Ainsi le dépassement du stade animal aurait-il imposé répression et exclusion, l'olfaction et la femme apparaissant comme des entraves complémentaires. Ce rôle négatif des femmes connaîtra d'ailleurs des prolongements dans les phases ultérieures du développement de la civilisation : « Elles exercent une influence tendant à le ralentir et à l'endiguer. Elles soutiendront les intérêts de la famille et de la vie sexuelle alors que l'œuvre civilisatrice, devenue de plus en plus l'affaire des hommes, imposera à ceux-ci des tâches toujours plus difficiles et les contraindra à sublimer leurs instincts, sublimation à laquelle les femmes sont peu aptes... La femme, se voyant ainsi reléguée au second plan par les exigences de la civilisation, adopte envers celle-ci une attitude hostile[4]. »

L'essor de la civilisation nécessite encore que

l'homme renonce à ses intérêts coprophiles qui le rapprochent du chien, cet « animal olfactif », amateur d'excréments. La répugnance pour les matières fécales intervient lors du développement de la propreté et c'est par le biais de l'odeur qu'elle s'avère possible : « L'impulsion à être propre procède du besoin impérieux de faire disparaître les excréments devenus désagréables à l'odorat. Nous savons qu'il en est autrement chez les petits enfants auxquels ils n'inspirent nulle répugnance. L'éducation s'emploie avec une énergie particulière à hâter la venue du stade suivant, au cours duquel les excréments doivent perdre toute valeur, devenir objet de dégoût et de répugnance, être donc répudiés. Pareille dépréciation serait impossible si leur forte odeur ne condamnait pas ces matières retirées au corps à partager le sort réservé aux impressions olfactives après que l'être se fut relevé du sol. Ainsi donc l'érotique anale succombe la première à ce " refoulement organique " qui ouvrit la voie à la civilisation [5]. »

Nécessaire au processus civilisateur, la régression de l'odorat n'est cependant pas sans danger. Les restrictions qu'elle fait subir à la libido diminuent les aptitudes de l'individu au bonheur et peuvent être la source de psychoses et de névroses. Si Freud et Nietzsche mettent en évidence la dépréciation de l'odorat dans la civilisation occidentale, la façon dont ils la considèrent diffère. Alors que le philosophe la pense d'abord par rapport à la connaissance et aux limites qu'elle lui impose, le psychanalyste l'aborde sous l'angle des restrictions qu'elle dicte à la jouissance. Mais ils se rejoignent pour relier cette dévalorisation à une répression de l'instinct et aux dommages qui s'ensuivent pour l'individu. Néanmoins, Freud lui accorde un rôle beaucoup plus décisif puisqu'il établit un rapport direct entre le point de départ du processus civilisateur et le refoulement organique du sens olfactif. Dans son sillage, Lacan déclarera même : « La répression organique chez l'homme de l'odorat est pour beaucoup dans son accès à la dimension Autre[6]. »

Cette thèse sera reprise par l'humanisme freudo-marxiste de Marcuse qui introduit toutefois une distinction supplémentaire dans l'analyse de la répression de l'odorat. C'est d'un double refoulement que celui-ci est victime : l'un, primaire, fondamental et nécessaire aux fins légitimes de la civilisation, porte sur les composantes instinctuelles coprophiles ; l'autre, secondaire et inutile, concerne les plaisirs olfactifs et sert les intérêts de la domination sociale. L'olfaction, mais aussi le goût, sont plus réprimés que les autres sens parce qu'ils font obstacle, par les jouissances physiques intenses qu'ils dispensent, à l'enrégimentement des individus et à leur exploitation : « L'odorat et le goût procurent un plaisir pour ainsi dire non sublimé, en soi (et un goût non refoulé). Ils unissent (et séparent) les individus d'une manière immédiate, en dehors de l'influence des formes généralisées et conventionnalisées de la conscience, de la morale, de l'esthétique... Le plaisir né des sens de proximité agit sur les zones érogènes du corps et ne le fait qu'au bénéfice du plaisir. Leur développement non refoulé érotiserait l'organisme à un point tel qu'il s'opposerait à sa désexualisation rendue nécessaire par son utilisation sociale comme instrument de travail aliéné[7]. »

Sens subversif menaçant à la fois l'endiguement des pulsions partielles et les impératifs d'une organisation sociale spécifique, l'odorat fournit « un bon exemple des relations réciproques entre répression primaire et sur-répression ». C'est cette dernière qui contraindrait inutilement les individus sans concourir utilement aux buts civilisateurs. S'opposant au pessimisme de Freud qui considère la répression comme l'essence même de la civilisation, Marcuse tente de penser une civilisation moins coercitive grâce à l'abolition de la sur-répression. La suppression du refoulement supplémentaire de l'odorat participerait, par conséquent, à ce mouvement de libération. Marcuse omet néanmoins d'indiquer comment elle pourrait s'effectuer sans mettre en danger le refoulement primaire de l'olfaction qui aurait permis l'évolution de l'Homme.

9

De la philosophie à la poésie : Fourier et Bachelard

Accusé par Platon et Aristote de manquer de finesse, de langage, de procurer parfois des plaisirs moins purs que ceux de la vue et de l'ouïe, considéré par Kant comme une source de désagréments, tenu pour inférieur par Schopenhauer, exclu de l'esthétique par Hegel, sens antisocial par excellence pour Georg Simmel, l'odorat a été effectivement bien maltraité par les philosophes, mais ce sombre constat doit cependant être nuancé.

Certains philosophes, peu nombreux il est vrai, se sont insurgés contre ce discrédit, ainsi les philosophes de la sensibilité et, plus tard, Fourier, Feuerbach et surtout Nietzsche. Le plaidoyer de celui-ci n'a toutefois pas trouvé beaucoup d'écho et les tentatives de réhabilitation, en dehors de celles, partielles, menées par Bachelard, n'ont pas connu de développements notables au xxe siècle. Le coup de grâce leur a sans doute été porté par la psychanalyse. En établissant un lien entre l'effacement de l'odorat et le développement de la civilisation, Freud renvoie ce sens à son animalité. La phénoménologie classique ne s'y intéresse guère. Il est révélateur que Merleau-Ponty n'en traite pas dans la *Phénoménologie de la perception*. Et Michel Serres, dans un récent ouvrage, ne peut que constater le dédain de nombreux philosophes : « Beaucoup de philosophies se réfèrent à la vue ; peu à l'ouïe, moins encore donnent leur confiance au tactile comme à l'odorat. L'abstraction découpe le corps sentant, retranche le goût, l'odorat et le tact, ne garde que la vue et l'ouïe, intuition et entendement. Abstraire signifie moins quitter le corps que le déchirer en morceaux : analyse[1]. »

Les pensées qui privilégient l'esprit, la raison, ont tendance à porter sur l'olfaction un jugement dépréciatif ; celles qui exaltent l'importance du corps expriment en général un point de vue valorisant. Encore que des points de contact se soient établis entre ces deux courants, il est manifeste que leurs représentants ont souvent conçu le statut de l'odorat de façon totalement différente. Son rôle dans la connaissance et dans l'esthétique est, pour les uns, négligeable, voire nul, alors que, pour les autres, sa participation à ces deux domaines est incontestable ou, même, primordiale. « Sens du besoin », selon Pradines, ne permettant « ni la vraie connaissance du monde, ni la vraie connaissance de soi[2] », « sens esthétique », selon Jaurès, établissant « une relation désintéressée entre nous et la vie même de cette terre dont nous sortons[3] », l'odorat a, en fait, toujours occupé dans l'échelle des valeurs sensorielles une position contestée et marquée par l'instabilité. Très souvent, il paraît constituer une question irritante, comme si l'évanescence de son objet affectait d'une relative impuissance tout effort pour l'enserrer dans un système. Difficile à saisir par des concepts scientifiques ou philosophiques, l'odeur se prête davantage aux évocations poétiques. C'est d'ailleurs sur les chemins de la poésie qu'elle conduira des philosophes aussi différents que Fourier, le « rêveur phénoménal[4] », et Bachelard, le « rêveur de mots[5] ».

De la philosophie à la poésie

Aux confins de la science, de la philosophie et de la poésie, Fourier tente une subtile synthèse. Issu de parents qui tenaient un commerce de draps et d'aromates, cet ardent défenseur du désir et de la passion a rêvé de faire des « arômes » l'objet d'une véritable science. Tenait-il de sa mère, née « Muguet », cet engouement pour les parfums et les fleurs ? Toujours est-il qu'il fallait qu'il eût toutes les variétés de chacune des espèces qu'il cultivait, et qu'il essayât tous leurs modes de culture. C'est dans une chambre transformée en serre chaude, encombrée par des plantations odorantes, n'offrant qu' « un sentier de libre au milieu, pour aller de la porte à la fenêtre[6] », qu'il élabore son « mouvement aromal ou système de la distribution des arômes connus ou inconnus, dirigeant les hommes et les animaux, et formant les germes des vents et épidémies, régissant les relations sexuelles des astres et fournissant les germes des espèces créées[7] ». Il ne craint pas d'offenser un siècle qui se pique d'être éclairé en l'accusant d'ignorer certaines sciences et de ne posséder sur d'autres que de fausses lumières. Aux savants de son temps, il propose des thèmes de recherches qui doivent ouvrir à la connaissance des horizons nouveaux[8]. Une « étrange lacune » existe dans l'exploration scientifique : le mécanisme aromal qui joue pourtant un rôle supérieur dans l'harmonie de l'univers matériel n'a jamais été l'objet d'aucune étude. « On ne connaît ni ces arômes en système régulier, ni les causes des influences qui leur sont départies, surtout en conjugaisons d'astres qui sont réglées par affinités aromales. » Liés à l'attraction et à la passion, opérant « activement et passivement » sur les créatures animales, végétales et minérales, les arômes acquièrent enfin une dignité théorique. L'importance qui leur est attribuée apparaît fondamentale puisque toute la création est conçue par « copulations aromales⁹ » des astres : au départ de tout ce qui existe, les planètes se reproduisent par jets d'arômes. Et, pour ce philosophe du désir et de l'amour, la jouissance s'associe si intimement au parfum que c'est sous la forme de « corps aromaux » voguant en tous sens sur la « coque aromale », semblable à une bulle de savon qui entoure chaque planète, qu'il envisage le séjour des âmes dans le monde céleste. Mais que sybarites, gastronomes et autres qui craignent de ne pas y trouver table mise se rassurent : l'élément subtil dont ils seront alors constitués se prêtera bien mieux aux saveurs que leur actuelle structure terreuse et aqueuse. Aussi pourront-ils, entre autres voluptés, tirer une « foule de saveurs, tant des autres planètes que de l'intérieur de la terre [10] » dont ils exploiteront les sucs. Cette vision d'un au-delà où l'odeur participe de façon essentielle au plaisir n'est pas sans affinité avec le monde lunaire imaginé par Cyrano de Bergerac, où l' « âme invisible des simples » réjouit les narines du voyageur et où l'on vit de fumées odorantes car « l'art de cuisinerie est de renfermer, dans de grands vaisseaux moulés exprès, l'exhalaison qui sort des viandes en les cuisant [11] ». La théorie du philosophe rejoint ici la rêverie du poète.

Loin de déplorer l'absence de toute recherche relative au « mécanisme aromal », Bachelard estime que les odeurs n'ont été que trop présentes dans le champ de l'investigation scientifique. Elles font partie, avec les saveurs, de ces « sensations grossières » qui jouent un rôle privilégié dans la « conviction substantialiste [12] ». Celle-ci naît lorsqu'un phénomène immédiat est pris pour le signe d'une qualité substantielle et doit être dénoncée comme caractéristique d'une mentalité préscientifique qui « étouffe toutes les questions [13] ». L'action des odeurs s'est avérée d'autant plus pernicieuse que, par leur aspect direct et intime, elles « paraissent nous apporter un sûr message d'une réalité matérielle[14] ». Les conceptions développées par de nombreux chimistes ou médecins du xviie et du xviiie siècle illustrent abondamment cette substantialisation. Ainsi, pour Macquer, la vertu des plantes réside essentiellement dans le principe de leur odeur[15]. Il s'ensuit que « maintenir l'odeur c'est garder la vertu[16] » et que la croyance en l'efficacité d'une substance est d'autant plus forte qu'elle est « signée par une odeur spécifique ». Si Charas proteste contre ceux qui veulent débarrasser le sel de vipère de son parfum désagréable, c'est qu'on lui ôterait en même temps son efficacité[17]. La théorie de l'esprit recteur, développée notamment par Boerhaave, énonce que chaque plante ou chaque animal recèle une sorte de vapeur propre à ce corps qui ne se manifeste que par la saveur et, surtout, par l'odeur. Extrêmement volatile, elle se dissipe dans l'air mais, indestructible, y conserve sa propre nature. La neige, la pluie, la rosée, la ramènent sur la terre qu'elle féconde pour redevenir suc[18] : « exhalée par les roses un soir de printemps, l'odeur revient au rosier avec la rosée du matin[19] ».

Non contente d'avoir fourvoyé tant d'esprits dans des voies éloignées de la véritable connaissance scientifique, « l'odeur peut apporter au substantialisme des assurances premières qui se révèlent par la suite comme de véritables obstacles pour l'expérience chimique[20] ». La découverte de l'ozone offre un exemple typique de ce rôle négatif. Dès 1785, Van Marum avait reconnu que l'oxygène soumis à un courant électrique devient odorant. Il en déduisit qu'il s'agissait de l' « odeur de la matière électrique », conclusion qui, longtemps, « va donner aux recherches de faux engagements substantialistes ». Cette déviation est encore accentuée par le fait que cette odeur est celle de la foudre, celle qui flotte « après les grands orages d'été, quand l'air est devenu moins lourd, plus agréable à respirer, plus balsamique... ce qui apporte une valeur cosmique à l'expérience de Van Marum[21] ». Même lorsque Schoenbein commence à entrevoir en 1840 la « véritable cause de l'odeur électrique » et s'engage dans la recherche d'une substance chimique, il tente de rapprocher le « principe odorant » de corps connus comme le chlore et le brome et lui donne le nom grec d'ozone qui signifie sentir. La survalorisation de cette substance conduira même certains médecins à chercher un rapport entre son absence ou sa présence et l'apparition ou la cessation de certaines épidémies, notamment du choléra ! Il faudra près d'un siècle de tâtonnements pour que soit menée à bien, au prix d'une lente « désensualisation », la détermination de la nature et des propriétés de l'ozone.

Si, dans la mentalité préscientifique, l'odeur apparaît comme un obstacle épistémologique, elle joue en revanche un rôle positif dans l'éveil de l'être à la conscience : « S'il me fallait revivre à mon compte le mythe philosophique de la statue de Condillac qui trouve le premier univers et la première conscience dans les odeurs, au lieu de dire comme elle : " Je suis odeur de rose ", je devrais dire : " Je suis d'abord odeur de menthe, odeur de la menthe des eaux[22]. " » La correspondance ontologique établie entre l'haleine de la plante et la vie, identifiée à un simple arôme, annonce le mythe du Phénix, mythe des aromates et de la renaissance qui, au seuil de la mort, ouvre l'œuvre ultime et inachevée[23]. « Philosophe de l'iconoclastie » qui lutte contre « un ennemi sournois : l'intuition, la vue, la forme... célèbre la sensorialité de la main... fait alliance avec le culinaire et l'odorant[24] », Bachelard accorde une extrême importance aux odeurs en raison des liens privilégiés qu'elles entretiennent avec l'imagination et la mémoire. Considérée comme « un univers en émanation, un souffle odorant qui sort des choses par l'intermédiaire d'un rêveur[25] », la rêverie permet de retrouver les odeurs où gîtent les souvenirs. C'est d'ailleurs cette capacité qui expliquerait l'aversion de Nietzsche pour les parfums, attitude surprenante chez un philosophe qui a beaucoup reproché à ses confrères leur anosmie chronique. Mais le flair dont il est si fier ne lui sert, selon Bachelard, qu'à s'écarter des impuretés et non à jouir des senteurs. Seul un air froid et vide lui procure une impression de jeunesse et de liberté : « L'imagination nietzschéenne déserte les odeurs dans la mesure où elle se détache du passé. Tout passéisme rêve des odeurs indestructibles[26]. »

Reprenant un thème cher à Proust, Bachelard fait donc des odeurs les gardiennes du passé, d'un passé arraché aux couches profondes de l'être, à la limite de la mémoire, quasi immémorial. Leurs démarches offrent des similitudes frappantes. D'une tasse de tisane où un jour d'hiver Proust trempe un morceau de gâteau, jaillit tout Combray et ses environs : « La vue de la petite madeleine ne m'avait rien rappelé... Mais, quand d'un passé ancien rien ne subsiste, après la mort des êtres, après la destruction des choses, seules, plus frêles, mais plus vivaces, plus immatérielles, plus persistantes, plus fidèles, l'odeur et la saveur restent encore longtemps comme des âmes, à se rappeler, à attendre, à espérer, sur la ruine de tout le reste, à porter sans fléchir sur leurs gouttelettes presque impalpables l'édifice immense du souvenir[27]. » Une autre fois, l'odeur du feu de bois dans l'air glacé de sa chambre, telle « une banquise invisible détachée d'un hiver ancien », le replonge dans « l'allégresse d'espoirs abandonnés depuis longtemps[28] ». Plus encore l'odorat rend possible « la commémoration de tout ce que notre être a laissé de lui-même dans des minutes passées, essence intime de nous-mêmes que nous répandons sans la connaître, mais qu'un parfum senti alors... nous rend tout à coup [29] ». Ainsi, ce qu'une odeur respirée jadis ressuscite aujourd'hui est bien autre chose qu'un passé événementiel et daté : elle libère « l'essence permanente et habituellement cachée des choses », anime notre vrai moi qui semblait mort et affranchit de l'ordre du temps [30]. De même pour Bachelard, ce que le souvenir d'une odeur réveille en nous : l'enfance réelle, vivante et « poétiquement utile [31] », ne se situe pas sur le plan des faits mais sur celui de la rêverie. Et, pour l'un comme pour l'autre, ces singulières expériences intérieures s'accompagnent d'un sentiment de félicité. Reprenant à son compte une expression d'Henri Bosco, Bachelard écrit même qu' « une vapeur de joie » monte alors de la mémoire [32].

Les deux conceptions sont cependant loin d'être identiques. Tandis que chez l'écrivain les valeurs d'intimité resurgissent de façon involontaire, grâce à une sensation fortuite (« Il en est ainsi de notre passé. C'est peine perdue que nous cherchions à l'évoquer, tous les efforts de notre intelligence sont inutiles. Il est caché hors de son domaine et de sa portée en quelque objet matériel [en la sensation que nous donnerait cet objet matériel], que nous ne soupçonnons pas. Cet objet, il dépend du hasard que nous le rencontrions avant de mourir, ou que nous ne le rencontrions pas [33] »), le philosophe entend pouvoir les convoquer à volonté par l'imagination. Il entre en lui-même, se concentre, rêve et médite, et comme « les grands rêveurs qui savent ainsi respirer le passé [34] », il sait faire exhaler souvenirs et odeurs : « Les odeurs ! premier témoignage de notre fusion au monde. Ces souvenirs des odeurs d'autrefois, on les retrouve en fermant les yeux. On a fermé les yeux jadis pour en savourer la profondeur. On a fermé les yeux, donc tout de suite on a rêvé un peu. En rêvant bien, en rêvant simplement dans une rêverie tranquille, on va les retrouver[35]. » Et les « images odorales » seront d'autant plus subtiles si imagination et mémoire sont en totale symbiose[36]. C'est donc bien au terme d'une démarche volontaire qui rejette la description et met en situation d'onirisme, dans une rêverie permettant de se « reposer » dans le passé, qu'est évoquée la maison natale, abri de songes et d'odeurs plus que corps de logis : « A quoi servirait-il, par exemple, de donner le plan de la chambre qui fut vraiment ma chambre, de décrire la petite chambre au fond d'un grenier, de dire que de la fenêtre, à travers l'échancrure des toits, on voyait la colline. Moi seul, dans mes souvenirs d'un autre siècle, peux ouvrir le placard profond qui garde encore, pour moi seul, l'odeur unique, l'odeur des raisins qui sèchent sur la claie. L'odeur du raisin ! Odeur limite, il faut beaucoup imaginer pour la sentir[37]. » Impuissance de l'analyse, de l'intelligence abstraite, à restituer l'au-delà du passé vrai, les espaces oniriques d'intimité, et à orienter vers leur secret. Inaptitude aussi des images visuelles, trop nettes, à pénétrer dans la zone d'enfance indéterminée, « sans noms propres et sans histoire[38] ». Mais l'imaginaire qui « apprend au langage à se dépasser » est à même de « décacher[39] » les mondes évanouis et d'en libérer les parfums.

Et alors que pour Proust l'impression sensorielle est nécessaire au surgissement du passé, un mot qui frappe juste et dans lequel l'odeur est restée a pour le philosophe la même puissance : « Quand en lisant les poètes, on découvre que toute une enfance est évoquée par le souvenir d'un parfum isolé, on comprend que l'odeur, dans une enfance, dans une vie, est, si l'on ose dire, un détail immense [40]. » Précieux sublimateur de la mémoire, « veilleuse dans la chambre des souvenirs », « racine du monde, vérité d'enfance », l'odeur, plus encore que dans *La Recherche* (où les sensations olfactives, le plus souvent présentes, n'ont cependant pas le privilège exclusif de la déflagration des réminiscences), est majorée. Toutefois, à la différence de Fourier qui a rêvé une science des arômes, Bachelard, épris de rigueur scientifique et de sensibilité poétique, se garde de toute confusion des genres, encore que les analyses divergent sur le point de savoir s'il a voulu établir entre elles « la plus étanche des frontières [41] » ou les réunir en une « sorte de polyphonie [42] ». Modestement, c'est à ces « grands rêveurs » que sont les poètes que « le plus philosophe des poètes, le plus poète des philosophes [43] » confie l'évocation des exhalaisons qui nous donnent « les univers d'enfance en expansion [44] ».

Conclusion

L'odeur incommode mais ne fait plus peur. L'odeur séduit mais ne guérit plus. Elle est toujours porteuse d'agrément ou de désagrément mais a perdu ses pouvoirs de vie et de mort. Ces constatations tranchées ne doivent pas néanmoins conduire à une vision simpliste de l'histoire des odeurs et de l'odorat. L'anosmie dont souffrent nos contemporains n'est pas un phénomène aussi récent qu'on se plaît à le dire. Aristote se plaignait déjà de la médiocrité du sens et de son incapacité à sentir pleinement ! Quant à la répression des odeurs dans notre société, il s'agit là encore d'un phénomène qui a des antécédents complexes. L'encensement, pour saint Thomas d'Aquin, n'a pas seulement une fonction symbolique, il sert aussi à chasser « la mauvaise odeur corporelle qui régnerait dans le lieu du culte et pourrait provoquer le dégoût[1] ». Montaigne éprouve également cette répugnance. Pour ce qui est de la volonté de désodoriser l'espace public, elle est affirmée en France dès le XVIe siècle, même s'il faudra en attendre très longtemps les effets. Mais les exhalaisons jugées désagréables ne sont pas les seules à avoir été réprimées. L'usage des bonnes senteurs à des fins sensuelles a fait l'objet de condamnations aussi bien de la part des philosophes antiques que des moralistes chrétiens. Sans doute faut-il renoncer à l'idée d'un passé olfactif globalement triomphant dans tous les éléments : environnement, perfection du sens, statut intellectuel et pouvoirs des odeurs, auraient été entraînés dans un même déclin depuis l'aube des temps modernes. La façon dont l'odorat et les odeurs ont été appréhendés par la philosophie et la médecine est révélatrice d'importants décalages qui contredisent la conception manichéenne opposant la société odoriphobe contemporaine à une ancienne société odoriphil majorant l'olfactif.

Lorsque, à la fin du XVIIIe siècle, le célèbre chimiste Fourcroy traite des odeurs, il dénonce sans ambages les errements des Anciens. Leurs ouvrages ne contiennent sur ce point « que des hypothèses, des rêves dus à leur imagination... des erreurs populaires, des faits invraisemblables dont il est impossible de tirer aucun parti ». Deux auteurs échappent à ce naufrage : Hippocrate et Galien. A cela rien d'étonnant, « les médecins sont ceux qui, dans tous les temps, ont le mieux écrit sur cet objet... L'observation de la nature a été le seul guide des bons médecins de tous les siècles sur cette matière, et telle est la raison de la supériorité manifeste de leurs écrits en ce genre, sur ceux des philosophes anciens [2] ». Faillite de la pensée philosophique et triomphe de la pensée médicale ? En réalité, si les philosophes ont accordé moins d'intérêt que les médecins à l'olfactif, leurs analyses l'emportent souvent en pertinence. Mais peu importe, ce qui est capital, c'est que la médecine ait véhiculé une mentalité différente relativement aux odeurs et à leurs capacités.

La lutte menée des siècles durant contre ce fléau terrible que fut la peste est à cet égard probante. Elle révèle l'existence d'un véritable abîme entre les conceptions anciennes et modernes. Le recours à une thérapeutique fondée sur les odeurs met en évidence l'extraordinaire crédit dont celles-ci bénéficièrent. De l'Antiquité à la fin du XIXe siècle, tout l'effort préventif et curatif reste en grande partie axé sur l'emploi et l'amélioration de procédés et de produits odorants. Partant des simples fumigations aromatiques pour aboutir aux fumigations chimiques, après avoir développé les compositions les plus complexes, les plus étranges et les plus raffinées, alternant ou mariant senteurs douces ou fortes, exhalaisons fétides, violentes ou délicates, l'arsenal antipestilentiel est avant tout fait d'odeurs. Or, comme l'a montré François Dagognet, loin d'être de négligeables curiosités, les médicaments anciens sont de « véritables infrastructures qui éclairent les ensembles sociaux[3] » en même temps qu' « une matière rationnelle ». Si cette constance dans l'application de techniques totalement inadaptées et aujourd'hui évidemment dérisoires étonne l'observateur contemporain, elle n'en répond pas moins à une logique inscrite dans les textes médicaux. Il en ressort d'abord que l'étiologie de la peste est envisagée dans un contexte olfactif, ce qui n'est pas pour surprendre car, depuis longtemps, les liens établis par la médecine antique ou médiévale entre certaines émanations et l'apparition de nombreuses maladies avaient été décelés. Mais ce que démontre surtout un examen plus approfondi, c'est que la peste elle-même a été conçue comme une odeur, point essentiel qui commande à la fois la vision de son mode d'expansion et le choix de l'aromathérapie (et de ses dérivés) comme moyen de lutte primordial et omniprésent. Que, jusqu'au XIXe siècle, des médecins aient pu croire à son efficacité et, malgré des échecs patents, lui attribuer le recul ou la fin de telle épidémie, ne s'explique que par ce concept profondément ancré dans l'héritage médical : la peste est odeur. L'étude du traitement de cette maladie offre l'illustration la plus poussée d'une démarche intellectuelle et praticienne plus générale : aux exhalaisons mortelles, on essaiera d'opposer des parfums vitaux ; les vertus curatives extraordinaires dont sont investis certains effluves sont d'abord la contrepartie naturelle de pouvoirs mortifères.

Mais, si les écrits des médecins permettent sans nul doute de suivre l'évolution des conceptions thérapeutiques, comment être assuré que les pratiques et les remèdes proposés pour les mettre en œuvre ont trouvé une application effective et ont nourri l'imaginaire social ? Un exemple des difficultés soulevées par cette question est offert par l'histoire contestée du « costume de peste » dont l'image plus ou moins déformée qui traverse maints récits relatifs à l'épidémie est évoquée par Antonin Artaud : « Sur les ruisseaux sanglants, épais, vireux, couleur d'angoisse et d'opium, qui rejaillissent des cadavres, d'étranges personnages vêtus de cire, avec des nez longs d'une aune, des yeux de verre et montés sur des sortes de souliers japonais... passent psalmodiant des litanies absurdes[4]. » L'accoutrement, créé par Charles Delorme en 1619 et, surtout, le fameux masque protecteur avec son bec rempli d'aromates ont-ils réellement été portés par ceux qui luttèrent contre le fléau, en particulier lors des pestes de Rome en 1656 et de Marseille en 1720 ? Nombreux sont les textes et les gravures qui, répandus à travers toute l'Europe, accréditèrent cette idée. Les docteurs Bertrand et Fournier, présents à Marseille, s'élèvent avec véhémence contre ces assertions « grotesques », déshonorantes pour le corps médical. Mais d'autres témoignages, comme celui de Manget, sont ambigus ou même franchement contradictoires. En définitive, il se pourrait bien, selon

Janine Bazin, que la rumeur persistante qui s'attacha au docteur Chicoyneau et à ses collaborateurs fut le résultat d'une cabale liée à la polémique entre non-contagionnistes et contagionnistes, les seconds voulant insinuer que les premiers n'avaient qu'une foi limitée dans leur propre théorie[5].

A l'inverse, les recoupements permettent souvent de conclure à la réalité des mesures préconisées. C'est le cas pour certaines méthodes de désinfection dont la violence pourrait faire douter qu'elles soient jamais entrées en application. Le « parfumage » des adultes avec des fumigations caustiques est confirmé par les témoignages des médecins qui reconnaissent le décès par suffocation de plusieurs patients et déclarent avoir eux-mêmes frôlé la mort en s'y soumettant. De la même façon, l'assainissement des rues au moyen du tir de petits canons est attesté par les dégâts causés aux immeubles (vitres brisées, lézardes, effondrements) et par les protestations qu'ils soulèvent.

Reste que l'examen et la comparaison des sources ne mènent parfois qu'à des déductions purement conjecturales. Il en est ainsi d'une pratique non pas médicale mais plutôt antimédicale, révélatrice d'une certaine notion de la contagion, celle du « graissage » à l'aide de mélanges malodorants, incorporant des déjections ou du pus de pestiféré et destinés à propager l'épidémie. De multiples textes d'origines diverses en ont fait état, l'attribuant, selon les lieux et les époques, aux lépreux, aux Juifs, aux sorciers, aux calvinistes, aux barbiers-chirurgiens désireux d'accroître leur clientèle ou à des malfaiteurs préparant leurs pillages futurs. Ces accusations motivent de fréquentes interventions des autorités, parfois pressées d'agir par les médecins eux-mêmes. En 1581, un édit royal autorise les Parisiens à tuer sur place les graisseurs pris en flagrant délit et les archives juridiques conservent les traces de quantité de procès, souvent suivis d'exécutions capitales [6]. Mais, la plupart des aveux étant obtenus sous la torture, il paraît bien difficile de faire la part entre ceux qui pourraient correspondre à des agissements véritablement criminels et ceux qui ne sont que l'exutoire des angoisses développées au sein d'un corps social terrorisé par l'épidémie.

Quoi qu'il en soit de l'application réelle des méthodes qu'elle élabore, la pensée médicale à la différence de la réflexion philosophique a donc accordé à l'olfactif une importance qui peut sembler démesurée. L'olfaction est omniprésente dans les théories comme dans les pratiques. Et ce dernier aspect est particulièrement important en raison de ses répercussions dans la vie quotidienne. De ce point de vue, les pouvoirs de l'odeur ne sont pas seulement l'affaire des médecins mais aussi celle des malades et de toute la population. Cela transparaît dans d'innombrables sources extra-médicales qui vont des *Métamorphoses* d'Ovide au *Journal de peste* de Daniel Defoe, en passant par le *Décaméron* de Boccace. Elles attestent que les croyances populaires se sont trouvées en symbiose avec la médecine.

Comment expliquer l'attitude différente des médecins et des philosophes ? La première explication est liée à une approche autre du problème. Même si de nombreux philosophes se sont, à l'exemple d'Aristote, intéressés à la biologie, même si beaucoup ont été des médecins, bien peu furent de véritables praticiens. Les philosophes se sont surtout attachés à évaluer l'aspect ontologique, cognitif, esthétique et éthique de l'olfactif, alors que les médecins ont privilégié un point de vue concret, celui des rapports de l'odeur au corps, à la santé et à la maladie. Rares sont les philosophes pour qui la démarche physiologique, lorsqu'elle existe, ne sert pas essentiellement, comme chez Platon, Aristote, Descartes ou Kant, des considérations ontologiques et morales. Plus rares encore ceux qui, comme Montaigne ou Cabanis, ont été attentifs aux effets hygiéniques et curatifs des exhalaisons sur l' « économie animale ». Il est vrai qu'en ce qui concerne Cabanis, le philosophe se doublait d'un praticien et que Montaigne se montrait préoccupé de thérapeutique. Peu soucieux de porter un jugement de valeur, les médecins ont éprouvé pour l'effluve une véritable fascination dont l'un des ressorts réside dans la « conviction substantialiste ». Analysée par Bachelard qui la désigne comme responsable de maints errements préscientifiques, elle conduit notamment à affirmer que l'odeur exprime l'essence même des choses. La démarche médicale a longtemps procédé de cette « orientation sensualiste[7] » de la science. Cela est très frappant en ce qui concerne les remèdes et, en particulier, les plantes médicinales dont la vertu a été étroitement liée à l'odeur. S'il s'agit en réalité d'une conception fort ancienne, elle fait l'objet au XVIIe et, surtout, au XVIIIe siècle de nombreuses tentatives d'explication scientifique. Éclairé, selon l'expression de Fourcroy, par « le flambeau de la physique expérimentale[8] », Boyle s'était essayé dans de nombreuses expériences rapportées dans son *De mira effluviorum subtilitate* à capter les molécules odorantes. Le chimiste Boerhaave tenta, quant à lui, de les fixer dans divers fluides, concluant que leur odeur était constituée d'un principe qu'il qualifia, selon une terminologie héritée des alchimistes, d' « esprit recteur ».

L'idée qu'il se dégage des corps, et spécialement des plantes, « une espèce de vapeur... imprégnée de ce qui constitue la nature propre du corps où elle réside[9] », oriente les travaux de très nombreux médecins et chimistes comme Venel, Roux, Baumé, Macquer, Guyton de Morveau. De nature saline ou huileuse, selon les cas, l'esprit recteur est toujours caractérisé par sa prodigieuse subtilité, sa volatilité, son expansibilité, qualités qui conduisent Macquer à soupçonner qu'il s'agit peut-être d'un gaz d'une nature particulière [10]. S'il varie en quantité et en force, certaines plantes en étant plus abondamment pourvues, il est présent même dans celles réputées les plus inodores qui donnent au bain-marie une eau répandant leur odeur spécifique. Traquer cet élément instable, le fixer le plus longtemps possible, devient un objectif majeur qu'on s'efforcera d'atteindre en distillant des huiles essentielles. Victoire éphémère car ces huiles qui « tiennent tout leur caractère spécifique du principe volatil odorant, c'est-à-dire de l'esprit recteur..., perdent toutes ces propriétés à mesure qu'il s'évapore [11] ». Ces opinions sont si solidement ancrées qu'en 1820 encore Virey peut affirmer, dans son *Histoire naturelle des medicamens, des alimens et des poisons*, que « les arômes sont appropriés à la vertu principale de chaque substance » et « qu'il y a même des médicaments qui ne consistent que dans une faculté odorante : telles les fleurs d'orange, celles de tilleul, la plupart des labiées, des aromates, des antiscorbutiques, le musc, qui perdent toute vertu en perdant toute odeur [12] ». L'esprit recteur ne s'évanouira que lentement de l'univers des scientifiques et il n'a pas cessé de hanter celui des artistes et des écrivains. N'est-ce pas lui qu'a voulu saisir le photographe Joseph Breitenbach dans l'extraordinaire série de clichés où il a réussi à matérialiser l'aura des arômes se dégageant des fleurs ? N'est-ce pas lui que veut s'approprier le héros de Patrick Süskind lorsqu'il assassine de belles jeunes filles pour recueillir la quintessence de leur être et élaborer le parfum qui rend maître du cœur des hommes ?

Conclusion

Mais le mécanisme de la substantialisation n'est pas la seule explication de la place prépondérante faite à l'odeur par la médecine de l'ère prépasteurienne. Il en est une autre qui réside dans les rapports existant entre l'odeur et le sang. Tous deux apparaissent porteurs de principes vitaux et mortels. Mauvaise, l'odeur est source de maladie, d'épidémie et de mort; bonne, elle fortifie, désinfecte, guérit. Le bon sang, le « sang vermeil », est le support de la santé et de la vie et rien n'est plus propre, selon Ambroise Paré, à conforter le cœur [13]. Mais il est susceptible de se corrompre et cette putridité interne rend l'organisme réceptif aux attaques venues de l'extérieur. C'est cette conception duelle qu'exprime Philippe Hecquet vers le milieu du XVIIIe siècle : « Le sang, il est vrai, est le trésor de vie, mais il est aussi le trésor de mort, c'est-à-dire le fond des plus cruelles maladies [14]. »

Les rapports du sang et de l'odeur ne se limitent pas, cependant, à une identité de leurs rôles antinomiques. Ceux-ci interfèrent avec une constance qui conduit beaucoup plus loin qu'à la constatation d'un simple parallélisme fonctionnel. L'étude des méthodes utilisées dans la lutte contre la peste a permis de mettre en évidence la prépondérance de l'aromathérapie mais aussi le recours conjoint à la phlébotomie. Le corps assaini et revigoré par les « parfumages » est, en même temps, débarrassé du sang superflu ou vicié grâce à la saignée. Opération double qui offre l'image d'une sorte de compensation, les arômes salvateurs venant suppléer le fluide vital défaillant. Cette représentation pourrait sembler excessive si elle ne se trouvait corroborée par de multiples indices. Tout le développement de la médecine des parfums a pour point de départ le pouvoir asséchant et anticorrupteur reconnu dès l'Antiquité à l'aromate. Élément igné et imputrescible, il combat la putridité menaçante. Fréquemment d'ailleurs, référence est faite à son utilisation dans la préparation des momies égyptiennes. Fracastor s'appuie explicitement sur cet argument lorsqu'il veut justifier l'action des préparations odorantes sur les « germes » contagieux. Mais la momie qui offre la forme la plus concrète de substitution de l'aromate au sang n'est pas seulement une référence théorique, elle devient elle-même remède. « Vraie » ou « fausse », africaine ou européenne, objet de louches trafics et de violentes polémiques, cette macabre médication sera prescrite du Moyen Âge jusqu'au milieu du XVIIIe siècle dans la cure des maux les plus divers, notamment la lèpre et la peste. Parmi les recettes que Paracelse recommande à ceux qui ne peuvent se procurer la véritable « liqueur de momie », il en est une incluant du sang humain et qui porte les noms révélateurs de « baume des baumes » ou « secret du sang ». Cette interpénétration dont la « momie » offre une représentation quasi paroxystique est à mettre en relation avec l'idée que l'efficace du sang réside dans un esprit balsamique qui, selon Nicolas de Locques, « renferme son arcane par lequel les maladies sont ôtées comme taches du drap par le savon [15] ». Un siècle auparavant, Cornélius Agrippa l'avait déjà décrit comme étant une « vapeur de sang, subtile, pure, brillante, aérée et onctueuse [16] », termes qui rappellent étrangement ceux qui caractérisent l'esprit recteur des plantes aromatiques.

La permanence du couple sang-aromate dans la théorie comme dans la pratique médicale, la complémentarité et l'interchangeabilité de ses composantes, incitent à poser la question d'une équivalence fondamentale entre les deux éléments. Cette hypothèse est d'autant plus justifiée que l'existence de ce couple se révèle dans bien d'autres domaines. Les rites religieux, l'odeur de sainteté trahissent des liens tout aussi étroits entre les deux substances. Leurs effluves mêlés s'élèvent des autels vers les cieux, tandis que sur terre, répandant sa merveilleuse odeur, le corps du saint, comme le corps momifié, « devient dispensateur de vie et de santé[17] ». De ces concordances offertes par l'histoire des religions, on retrouve sans peine les traces dans les mythes. La sève et le sang y apparaissent très souvent comme susceptibles de s'engendrer mutuellement. La sève se mue en sang ou donne naissance à des êtres de chair, le sang répandu fait jaillir des fleurs ou des arbres. La diversité des sociétés qui sécrètent ces images permet-elle d'en tirer des conclusions sans que « rôde le fantôme malicieux de Frazer[18] » ? Il ne s'agit pas ici d'interprétation comparative des mythes mais seulement d'observer que les deux principes vitaux, animal et végétal, y assurent couramment une fonction qui les rend interchangeables. Or les végétaux concernés sont, dans l'immense majorité des cas, odorants par leur sève, leur bois, leurs feuilles ou leurs fleurs, et la place faite à ceux qui produisent les résines aromatiques (encens, myrrhe, copal) semble conférer à celles-ci une vocation particulière à exprimer l'équipollence au sang. Ces constatations suggèrent qu'en associant ainsi le sang et l'encens, le discours mythique traduit une identification élémentaire. La puissance prodigieuse jadis accordée aux parfums trouve alors une nouvelle explication : celle d'une équivalence fondamentale incarnée par leur archétype. L'encens est sang, chargé comme lui des énergies mystérieuses de la vie. Parfum primordial, il a communiqué à tous les autres quelque chose de ses vertus. Malgré l'écoulement du temps et l'oubli des raisons originelles, les pouvoirs qui leur sont encore attribués aujourd'hui dans les sociétés occidentales en gardent l'empreinte estompée mais indélébile.

Si les rapports établis avec le sang contribuent à expliquer l'importance des pouvoirs reconnus à l'odeur dans les sociétés anciennes, des recherches scientifiques récentes établissent également un lien entre les pouvoirs de l'odeur et le corps. Ce n'est plus toutefois le sang qui est en cause, mais certaines sécrétions appelées phéromones. Substances odoriférès sécrétées à l'extérieur du corps, elles ont été observées chez de nombreuses espèces animales et agissent à la manière de signaux chimiques, déclencheurs de comportements sexuels, parentaux et sociaux. Or des phéromones sexuelles existant chez certains mammifères, notamment le porc et le singe, ont été isolées chez l'homme. Des expériences récentes laissent supposer que, tout comme chez les autres mammifères, ces phéromones peuvent influencer les comportements humains. Elles relancent ainsi l'intérêt pour l'olfactif : l'odorat et les odeurs occuperaient une place beaucoup plus importante que celle que nous leur accordons consciemment.

Ces découvertes ont ouvert un champ d'investigation nouveau aux parfumeurs qui ont toujours rêvé du parfum aphrodisiaque idéal. Des parfums pour séduire incluant des phéromones ont déjà été lancés aux États-Unis, en Grande-Bretagne et au Japon. Ainsi les eaux de Cologne Andron, l'une pour les femmes, l'autre pour les hommes, sont-elles présentées comme susceptibles de « produire un champ magnétique intense entre les deux sexes » et de transmettre silencieusement à notre inconscient des signaux d'appel. S'il est difficile à l'heure actuelle de vérifier la réalité de leurs prétendus effets, la publicité faite autour de ces produits nous incite à reconsidérer le rôle de l'odorat et des odeurs

Conclusion

dans notre univers. Au XVIᵉ siècle, le médecin alchimiste Cornélius Agrippa composait des « parfums pour faire aimer » avec du sang et des arômes, les parfums modernes aux phéromones gagneront-ils en efficacité ce qu'ils auront perdu en mystère ?

NOTES

Introduction

1. Empédocle, *De la nature CII* in *Les Présocratiques*, Paris, Gallimard, 1968, p. 415.
2. M. Léglise, *Une initiation à la dégustation des grands vins*, Marseille, éditions Jeanne Laffitte, 1984, p. 19.
3. A. Brillat-Savarin, *Physiologie du goût* (1825), Paris, Flammarion, 1982, pp. 50-51.
4. « Les enfants de Tours à l'école des odeurs », *Libération* du 25 avril 1985.
5. A. Holley et P. Mac Leod, « Transduction et codage des informations olfactives », *Journal de physiologie*, Paris, 1977, p. 729.
6. E. Cassirer, *La Philosophie des formes symboliques* (1923), Paris, éditions de Minuit, 1972, p. 150.
7. J.-N. Jaubert, biochimiste au C.N.R.S., interview recueillie par M. Castello, *Le Figaro* du 30 décembre 1986.
8. P. Camporesi, *La Chair impassible* (1983), traduit de l'italien par M. Aymard, Paris, Flammarion, 1986, p. 217.
9. *Idem*, p. 139.
10. D. Howes, « Le sens sans parole : vers une anthropologie de l'odorat », *Anthropologie et Sociétés*, université Laval, Québec, 1986, vol. 10, n° 3.
11. A. Corbin, *Le Miasme et la Jonquille. L'odorat et l'imaginaire social, 18e-19e siècles*, Paris, Aubier-Montaigne, 1982, p. 1.
12. D. Howes, *op. cit.*, p. 32.
13. P. Camporesi, *op. cit.*, p. 219.
14. Jean Cau, *Sévillanes*, Paris, Julliard, 1986, pp. 14-15.

15. C. Baudelaire, *L'Art romantique* (1868), Paris, Garnier-Flammarion, p. 173.
16. C. Baudelaire, « Parfum exotique » in *Les Fleurs du mal* (1840-1857), présenté par J.-P. Sartre, Paris, Gallimard, 1961, p. 37.
17. C. Baudelaire, « La chevelure » in *Les Fleurs du mal, op. cit.*, p. 38.
18. J.-K. Huysmans, *A rebours* (1884), Paris, Gallimard, 1977, p. 231.
19. Cf. G. Gusdorf, *Mémoire et personne*, Paris, P.U.F., 1950, tome I, pp. 117-118.
20. D. Sperber, *Le Symbolisme en général*, Paris, Hermann, 1974, p. 130.
21. M. Proust, *Du côté de chez Swann* (1913) in *A la recherche du temps perdu*, Paris, Gallimard, 1943, vol. 1, p. 50 ; *Sodome et Gomorrhe* (1922) in *A la recherche du temps perdu, op. cit.*, vol. 10, p. 700.
22. Hérodote, *Histoires*, texte établi et traduit par Ph.-E. Legrand, Paris, Les Belles Lettres, 1936, t. III, p. 107.
23. Cf. M. Detienne, *Les Jardins d'Adonis. La mythologie des aromates en Grèce*, Paris, Gallimard, 1972, pp. 20-21.
24. A. Erman et H. Ranke, *La Civilisation égyptienne* (1952), Paris, Payot, 1976, p. 679.
25. M. Detienne, *op. cit.*, p. 62.
26. Hérodote, *op. cit.*, t. IX, pp. 4, 6.
27. P. Camporesi, *op. cit.*, p. 197.
28. G. Bachelard, *La Terre et les rêveries du repos. Essai sur les images de l'intimité*, Paris, Corti, 1948, p. 128.

Première partie
DE LA PANTHÈRE PARFUMÉE A LA BROMIDROSE DE L'ALLEMAND : POUVOIRS ATTRACTIFS ET RÉPULSIFS DE L'ODEUR

1. L'odeur et la capture

1. Cf. L. Lévy-Bruhl, *La Mentalité primitive*, Paris, 1922, p. 352.
2. Cf. A. G. Haudricourt, « Note d'ethnozoologie : le rôle des

excrétats dans la domestication » in *L'Homme*, avril-septembre 1977, XVII (2,3), p. 125.

3. Cf. S. Petit-Skinner, « Nauru ou la civilisation de l'odorat », in *Objets et mondes*, Paris, Objets et mondes, Fr., 1976, vol. 16, n° 3 (non paginé).

4. Cf. B. Jullierat, « Mélanésie », in *Le Courrier du musée de l'Homme*, Paris, novembre 1980, n° 6 (non paginé).

5. Cf. L. Bouquiaux, « L'arbre ngbè et les relations amoureuses chez les Ngbaka », in *Langage et culture africaine*, Paris, Maspero, 1977, pp. 106-107.

6. Cf. Lucien, *Lucius ou l'âne*, traduit du grec par E. Talbot, Paris, éditions J.-C. Lattès, 1979, pp. 28-29. Apulée, *Les Métamorphoses*, traduit du latin par P. Valette, Paris, Les Belles Lettres, 1940, t. I, p. 80.

7. Lucien, *op. cit.*, pp. 76-77.

8. Relation du père du Pont, in M. de Certeau, *La Possession de Loudun*, Paris, Gallimard, 1980, p. 50.

9. Cf. F. de Rosset, *Les Histoires tragiques de notre temps...* (1620), Lyon, 1685, p. 56.

10. P. de Lancre, *L'Incrédulité et Mescréance du sortilège...*, Paris, 1622, p. 73.

11. Cf. H. Boguet, *Discours des sorciers...*, Lyon, 1602, pp. 243-244.

12. Cf. I. de Nynauld, *De la lycanthropie...*, Paris, 1615, p. 48.

13. L. Catelan, *Rare et curieux discours de la Plante appelée Mandragore; de ses espèces, vertus et usages. Et particulièrement de celle qui produit une Racine représentant la figure, le corps d'un homme : qu'aucuns croyent celle que Josephe appelle Baaras; et d'autres, les Teraphins de Laban, en l'Escriture Sainte*, Paris (s.d.), p. 31.

14. P. de Lancre, *op. cit.*, p. 72.

15. F. Azouvi, « La peste, la mélancolie et le diable, ou l'imaginaire réglé », *Diogène*, Paris, octobre-décembre 1979, n° 108, pp. 130-131.

16. J. Bodin, « Jean Bodin au lecteur salut » (non paginé) in *De la démonomanie des sorciers* (1580).

17. H. C. Agrippa, *La Philosophie occulte* (1531), La Haye, 1727, vol. I, p. 111.

18. Cf. G. Mucherey, *Magie astrale des parfums*, Paris, librairie Leymarie, 1971.

19. Cf. L. A. Roubin, « Perspectives générales de l'exposition.

Hommes, parfums et dieux » in *Le Courrier du musée de l'Homme*, novembre 1980, n° 6.

20. Cf. R. Chauvin, *Le Comportement social chez les animaux*, Paris, P.U.F., 1973, p. 63.

21. Du grec « pherein », porter, et « hormân », exciter.

22. Cf. Y. Leroy, *L'Univers odorant de l'animal*, Paris, 1987, Boubée, pp. 48-51.

23. Cf. E. Schoffeniels, *Physiologie des régulations*, Paris, Masson, 1986, pp. 74-75.

24. Cf. R. Chauvin, « Le langage des odeurs » in *Le Figaro* du 30 décembre 1985.

25. Cf. Y. Leroy, *op. cit.*, p. 97.

26. Cf. J. D. Vincent, *Biologie des passions*, Paris, éditions Odile Jacob, 1986, p. 267.

27. Cf. E. Schoffeniels, *op. cit.*, p. 75.

28. Cf. P. Langley-Danysz, « La truffe, un aphrodisiaque », *La Recherche*, septembre, 1982, n° 136, p. 1059.

29. E. Schoffeniels, *op. cit.*, p. 75.

30. A. Galopin, *Le Parfum de la femme et le sens olfactif dans l'amour*, Paris, 1886, p. 157.

31. W. Fliess, *Les Relations entre le nez et les organes génitaux de la femme* (1897), traduit de l'allemand par P. Ach et J. Guir, Paris, Le Seuil, 1977, p. 24.

32. Cf. Collet, *L'Odorat et ses troubles*, Paris, 1904, p. 51.

33. Cf. R. Jouet, « Troubles de l'odorat », *Bulletin d'oto-rhino-laryngologie*, Paris, Baillière, 1912.

34. S. Freud, *Malaise dans la civilisation* (1929), traduit de l'allemand par Ch. et J. Odier, Paris, P.U.F., 1971, p. 59.

35. Cf. J. Le Magnen, *Odeurs et parfums* (1949), Paris, P.U.F., 1961, p. 54.

36. M. Proust, *Sodome et Gomorrhe* (1922) in *A la recherche du temps perdu*, *op. cit.*, vol. 10, p. 707.

37. Pétrone, *Le Satiricon*, traduction et notes de P. Grimal, Gallimard, 1959, p. 194.

38. Cf. M. Detienne, *Les Jardins d'Adonis*, *op. cit.*, pp. 172-181, et G. Dumézil, *Le Crime des Lemniennes*, Paris, 1924, pp. 13 et suiv.

39. Rois, I, 10, 10-12 : « Elle avait apporté au roi une abondance d'aromates telle qu'il n'en vint jamais plus pareille quantité à Jérusalem. »

40. E. G. Gobert, « Tunis et les parfums », in *La Revue africaine*, Alger, 1961-1962, p. 61.

Notes 311

41. Esther, 2, 12.
42. Judith, 10, 3-4.
43. W. Shakespeare, *Antoine et Cléopâtre*, traduction par A. Rivoallan, Paris, Aubier-Montaigne, 1977, p. 89.
44. S. Petit-Skinner, *op. cit.* (non paginé).
45. Sorte d'écorce que les Nauruanes recueillent sur le rivage après une tempête. Réduite en poudre et brûlée avec des noix de coco, elle dégage une odeur pénétrante.
46. Aristote, *Problems*, Londres, Heinemann, Loeb Classical Library, vol. I, liv. XIII, 4, 907b35, pp. 307-308.
47. Théophraste, *De causis plantarum*, Leipzig, 1821, VI. 5. 2., p. 363.
48. Cf. A. J. Festugière, « Le bienheureux Suso et la panthère » in *Revue de l'histoire des religions*, Paris, P.U.F., 1977, n° 191, p. 82.
49. Elien, *On the Characteristics of Animals*, traduit du grec en anglais par A. F. Scholfield, Londres, Loeb Classical Library, 1958, V. 40, p. 335. La traduction française donnée ici est celle de Festugière (cf. A. J. Festugière, *op. cit.*, p. 82).
50. Le mot « iunx », à la fois nom propre et nom commun, possède en grec trois sens : c'est une espèce d'oiseau, très mobile, le torcol ; c'est aussi la rouelle mobile employée en magie ; c'est enfin une magicienne qui fabrique des philtres d'amour.
51. Cf. M. Detienne, *Les Jardins d'Adonis, op. cit.*, pp. 164-165.
52. Il existe, dès le ve siècle, des traductions latines de diverses versions grecques du *Physiologus*. Les plus anciens manuscrits enluminés de ce texte datent de l'époque carolingienne.
53. *Physiologus*, édité par F. Sbordone, Milan-Rome, 1936, p. 61.
54. *Idem.*
55. *Idem.*
56. Le *Bestiaire Ashmole* (du nom du célèbre collectionneur anglais Elias Ashmole, 1617-1692), conservé à la Bodleian library d'Oxford, peut être daté de la fin du xiie ou du début du xiiie siècle. Une traduction en a été donnée par Marie-France Dupuis et Sylvain Louis, Club du Livre, 1984.
57. *Bestiaire Ashmole, op. cit.*, p. 84.
58. *Idem.*
59. *Idem.*
60. *Idem.*

2. L'odeur et la discrimination

1. Cf. P. Debray-Ritzen, *Psychologie de la création, de l'art des parfums à l'art littéraire*, Paris, Albin Michel, 1979, p. 66.
2. J.-P. Sartre, *Baudelaire*, Paris, Gallimard, 1963, p. 221.
3. Cf. J. Le Magnen, *op. cit.*, p. 116.
4. Cf. A. Holley, « La perception des odeurs », in *La Recherche*, juillet-août 1975, n° 58, p. 630. R. Diatkine, « Fécondation in vitro, congélation d'embryons et mère de substitution », in *Actes du colloque génétique, procréation et droit*, Arles, Actes Sud, Hubert Nyssen éditeur, 1985, p. 282.
5. Cf. R. Chauvin, *op. cit.*, pp. 113-114.
6. Cf. H. Piéron, « Contribution à l'étude du problème de la reconnaissance chez les fourmis », *Extrait des comptes rendus du 6e congrès international de zoologie*, session de Berne, 1904, pp. 483-490.
7. Cf. G. P. Largey et D. R. Watson, « The Sociology of Odors » in *American Journal of Sociology*, 1972, vol. 77, p. 1027.
8. Cf. R. Winter, *Le Livre des odeurs*, Paris, Le Seuil, 1978, p. 50.
9. A. Galopin, *op. cit.*, p. 111.
10. Cf. B. Prus, *Lalka*, Varsovie, Governmental Publishing House, 1969, p. 68.
11. G. Simmel, *Mélanges de philosophie relativiste*, Paris, F. Alcan, 1912, p. 36.
12. E. Bloch, « Le temps de la peste, mensurations politiques, le Vormärz » (1830-1848) in *Change* (Allemagne en esquisse), Paris, éd. Seghers/Laffont, mars 1978, n° 37, pp. 96-97.
13. Dr Bérillon, « La bromidrose fétide des Allemands » in *Bulletin et mémoires de la Société de médecine de Paris*, Paris, 1915, pp. 142-145.
14. Cf. G. Deschamps, « Dégoûts... et des couleurs » in *Sporting*, 31 janvier 1917.
15. *Idem*.
16. *Idem*.
17. G. Simmel, *op. cit.*, p. 34.
18. L. Speleers, *Traduction, index et vocabulaire des textes des pyramides égyptiennes*, Bruxelles, 1934, p. 89, Pyr. 643.
19. Job, 19, 17-18 : « Mon haleine répugne à ma femme, et je suis devenu fétide aux fils de mes entrailles. »

20. Cf. L. Golding, *The Jewish Problem*, Londres, 1938, p. 59. Voir également C. Klineberg, *Race Differences*, New York, 1935, p. 130.
21. Cf. A. Corbin, *Le Miasme et la Jonquille. L'odorat et l'imaginaire social, 18ᵉ-19ᵉ siècles*, *op. cit.*, p. 170.
22. D. Champault, « Maghreb et Proche-Orient », in *Le Courrier du musée de l'Homme*, *op. cit.* (non paginé).
23. J. Dollard, *Casts and Class in a Southern Town*, New York, Doubleday, 1957, p. 381.
24. Cf. W. Brink et L. Harris, *The Negro Revolution in America*, New York, Simon and Schuster, 1969, p. 141.
25. G. Simmel, *op. cit.*, p. 34.
26. E. Gobert, *op. cit.*, p. 58.
27. M. Leenhardt, *Do Kamo*, Paris, Gallimard, 1947, p. 68.

Deuxième partie
L'ODEUR DE LA PESTE

1. J. Ruffié et J.-C. Sournia, *Les Épidémies dans l'histoire de l'homme*, Paris, Flammarion, 1984, p. 81.
2. J.-H. Baudet, *Histoire de la médecine*, Dumerchez-Naoum, 1985, p. 57.
3. Il faut signaler par exemple la préface à la traduction italienne du livre d'Alain Corbin, *Le Miasme et la Jonquille. L'odorat et l'imaginaire social, 18ᵉ-19ᵉ siècles*, où Piero Camporesi évoque brièvement certains des liens de la peste avec la corruption et l'odeur, notamment dans le domaine de la prophylaxie au XVIIᵉ siècle. Voir également J. Bazin, *L'Évolution du costume du médecin de peste en Europe de 1348 à 1720*, Paris, E.M.U., 1971.

1. Les pouvoirs mortifères de l'odeur

1. Cf. M. D. Grmek, « Les vicissitudes des notions d'infection, de contagion et de germe dans la médecine antique » in *Textes médicaux latins et antiques*, Saint-Étienne, Centre J. Palerme, 1984, p. 65.
2. Cf. Hippocrate, *De la nature de l'homme* in *Œuvres com-*

plètes, t. 6, trad. et notes par E. Littré, Paris, 1839-1861, p. 55. Cf. aussi Hippocrate, *Des vents* in *Œuvres complètes, op. cit.*, 1840, vol. 6, p. 97.

3. Cf. Lucrèce, *De la nature*, trad. A. Ernout, Paris, les Belles Lettres, 1924, vol. 2, liv. VI, p. 318.

4. Sénèque, *Questions naturelles*, trad. P. Oltamare, Paris, Les Belles Lettres, 1929, t. I, liv. II, LIII, p. 99.

5. Sénèque, *op. cit.*, liv. VI, XXVIII, p. 285.

6. Cf. Rufus d'Éphèse, *Œuvres*, publiées par Ch. Daremberg et Ch. E. Ruelle (texte grec, traduction française et témoignages latins), Paris, 1879, pp. 352-353.

7. Philon d'Alexandrie, *De aeternitate mundi*, introduction et notes par R. Arnaldez, trad. J. Pouilloux, éd. du Cerf, Paris, 1969, p. 161.

8. C. Galien, *De febrium differentiis*, éd. C. G. Kuhn, Leipzig, 1833, in *Galeni opera*, t. VII, p. 292.

9. Consultation sur l'épidémie faite par le collège de la faculté de médecine de Paris en 1348 in H. E. Rébouis, *Étude historique et critique de la peste*, Paris, 1888, p. 77.

10. Cf. Mezeray cité par J. Astruc, *Dissertation sur l'origine des maladies épidémiques et principalement sur l'origine de la peste, où l'on explique les causes de la propagation et de la cessation de cette maladie*, Montpellier, 1721, p. 44.

11. M. Ficin, *Antidote des maladies pestilentes*, Cahors, 1595, p. 11.

12. Cf. J. Fracastor, *Les Trois Livres sur la contagion, les maladies contagieuses et leurs remèdes*, trad. et notes par L. Meunier, Paris, 1893, p. 106.

13. A. Paré, *Le Vingt-quatrième Livre traitant de la peste* in *Œuvres complètes*, présentées par J. F. Malgaigne, Paris, 1840, vol. 3, p. 358.

14. Cf. Du Françoys, *Traité de la peste, de ses remèdes et préservatifs*, Paris, 1631, p. 12.

15. R. P. Maurice de Toulon, *Le Capucin charitable enseignant la méthode pour remédier aux grandes misères que la peste a coustume de causer parmi les peuples*, Paris, 1662, p. 3.

16. Cf. P. Rainssant, *Advis pour se préserver et pour se guérir de la peste de ceste année 1668*, Reims, 1668, p. 5.

17. T. Sydenham, *Médecine pratique*, traduite par A. F. Jault, Paris, 1835, p. 66 (1re édition anglaise : 1676).

18. *Idem*, p. 65.

19. F. Chicoyneau, *Lettre... à M. de la Monière, doyen du collège des médecins de Lyon*, 1721, p. 22.

20. *Idem*, pp. 15-17.

21. J. Fournier, *Observations sur la nature et le traitement de la fièvre pestilentielle ou la peste avec les moyens d'en prévenir ou en arrêter le progrès*, Dijon, 1777, p. 104.

22. Cf. J.-B. Bertrand, *Relation historique de la peste de Marseille en 1720, nouvelle édition corrigée de plusieurs fautes*, Amsterdam, 1779, p. 22 (première édition : Cologne, 1721).

23. J.-B. Goiffon, *Relation et dissertation sur la peste du Gevaudan*, Lyon, 1722, p. 46.

24. J.-B. Goiffon (J.-B. Bertrand et Michel), *Observations sur la peste qui règne à présent à Marseille et dans la Provence*, Lyon, 1721, p. 6.

25. J.-J. Manget, *Traité de la peste recueilli des meilleurs auteurs anciens et modernes et enrichi de remarques et observations théoriques et pratiques*, Genève, 1721.

26. R. Mead, *Traité de la peste* (1720) in J. Howard, *Histoire des principaux lazarets de l'Europe, accompagnée de différens mémoires relatifs à la peste, aux moyens de se préserver de ce fléau destructeur et aux différens modes de traitement employés pour en arrêter les ravages*, trad. par T. P. Bertin, Paris, an IX, p. 284.

27. *Idem*, p. 249.

28. *Idem*, p. 250.

29. P. Hecquet, *Traité de la peste où, en répondant aux questions d'un médecin de Province sur les moiens de s'en préservr ou d'en guérir, on fait voir le danger des barraques et des infirmeries forcées avec un problème sur la peste pour un médecin de la Faculté de Paris*, Paris, 1722, p. 73.

30. R. Boyle, *The General History of the Air*, Londres, 1692, p. 3.

31. J. Astruc, *Dissertation sur la contagion de la peste où l'on prouve que cette maladie est véritablement contagieuse et où l'on répond aux difficultés qu'on oppose contre ce sentiment*, Toulouse, 1724, p. 8 de la préface.

32. J. Astruc, *Dissertation sur l'origine des maladies épidémiques et principalement sur l'origine de la peste, où l'on explique les causes de la propagation et de la cessation de cette maladie*, op. cit., p. 81.

33. Cf. A. L. de Lavoisier, « Altérations qu'éprouve l'air respiré » in *Lavoisier, la chaleur et la respiration, 1770-1789*, Paris, 1892, p. 68.

34. M. E. Hales, *Description du ventilateur par le moyen duquel on peut renouveler facilement et en grande quantité l'air des mines, des prisons, des hôpitaux, des maisons de force et des vaisseaux ; où l'on fait voir son utilité, pour préserver toutes sortes de grains d'humidité et de corruption, pour les garantir des calandres, soit dans les greniers, soit dans les vaisseaux, et pour conserver plusieurs autres sortes de marchandises*, Paris, 1744, p. 68 (1re édition anglaise : 1743).

35. Duhamel du Monceau, *Moyens de conserver la santé aux équipages des vaisseaux avec la manière de purifier l'air des salles des hôpitaux et une courte description de l'hôpital Saint-Louis à Paris*, Paris, 1749, p. 52.

36. Cf. A. L. de Lavoisier, « Expériences sur la respiration des animaux et sur les changements qui arrivent à l'air en passant par leur poumon » (1777) in *L'Air et l'Eau*, Mémoires de Lavoisier, Paris, 1923, p. 62.

37. Rouland, *Tableau historique des propriétés et des phénomènes de l'air, considéré dans ses différents états et sous ses divers rapports*, Paris, 1784, pp. 110-111.

38. Cadet de Vaux, *Mémoire sur le méphitisme des puits, lu à l'Académie Royale des Sciences, le 25 janvier 1783* (s.l.n.d.), (extrait du *Journal de physique*, mars 1783), p. 4.

39. A. L. de Lavoisier, « Mémoire sur la combustion des chandelles dans l'air atmosphérique et dans l'air éminemment respirable » (1777) in *L'Air et l'Eau*, Mémoires de Lavoisier, *op. cit.*, p. 63.

40. J.-J. Ménuret de Chambaud, *Essai sur l'action de l'air dans les maladies contagieuses qui a remporté le prix proposé par la Société royale de médecine*, Paris, 1781, p. 17.

41. *Idem*, p. 25.

42. J.-J. Ménuret de Chambaud, *Essai sur l'histoire médico-topographique de Paris ou Lettres à M. d'Aumont, professeur en médecine à Valence, sur le climat de Paris, sur l'état de la médecine, sur le caractère et le traitement des maladies et particulièrement sur la petite vérole et l'inoculation*, Paris, 1786, p. 31.

43. *Idem*, p. 47.

44. M. D. Samoïlowitz, *Mémoire sur la peste qui, en 1771, ravagea l'Empire de Russie, surtout Moscou, la capitale et où sont indiqués des remèdes pour la guérir et les moyens de s'en préserver*, Paris (1783), p. XIX.

45. C. Mertens, *Traité de la peste contenant l'histoire de celle qui a régné à Moscou en 1771, ouvrage publié d'abord en latin, actuellement*

mis en français et augmenté de plusieurs pièces intéressantes par l'auteur, Paris, 1784, p. 71.

46. J.-N. Hallé, *Recherches sur la nature et les effets du méphitisme des fosses d'aisances*, Paris, 1785, p. 11.

47. A. Corbin, *op. cit.*, p. 123.

48. « Rapport fait à l'Académie Royale des Sciences le 17 mars 1780 par MM. Duhamel, de Montigny, Le Roy, Tenon, Tillet et Lavoisier, rapporteur », *Mémoires de l'Académie des Sciences*, 1780, Lavoisier, *Œuvres*, t. III, pp. 492-493.

49. « Rapport des commissaires chargés, par l'Académie, de l'examen du projet d'un nouvel Hôtel-Dieu » par MM. de Lassone, Daubenton, Tenon, Lavoisier, Laplace, Coulomb, d'Arcet, Bailly, rapporteur, *Mémoires de l'Académie des Sciences*, 1786, Lavoisier, *Œuvres*, t. III, p. 647.

50. P. A. Garros, *Défense du gymnase devant la justice et les hommes éclairés*, an IV, p. 48.

51. Hales, *La Statistique des végétaux et l'analyse de l'air. Expériences nouvelles lues à la Société Royale de Londres, ouvrage traduit de l'anglais par M. de Buffon*, Paris, 1735, p. 221.

52. B. Langrish, *The Modern Theory and Practice of Physic*, Londres, 1738 (2e édition).

53. E. Pingeron, « Lettre sur les agrémens de la vie champêtre » traduite de l'anglois et tirée du *Sentimental Magazine* du mois de juin de l'an 1773 in *Recueil de différens projets tendans au bonheur des citoyens*, Paris, 1789, pp. 146-147.

54. J. B. T. Baumes, *Essai d'un système chimique de la science de l'homme*, Nîmes, 1798, p. 27.

55. J. H. Pott, *Des éléments ou essai sur la nature, les propriétés, les effets et l'utilité de l'Air, de l'Eau, du Feu et de la Terre*, Paris, 1782, vol. 1, p. 43. Voir aussi sur ce point A. Corbin, *op. cit.*, p. 93.

56. A. F. de Fourcroy, « Extrait d'un mémoire sur les propriétés médicinales de l'air vital » (lu dans la séance publique de la Société Royale de Médecine, après la Saint-Louis 1789, par M. de Fourcroy), *Annales de chimie ou recueil de mémoires concernant la chimie et les arts qui en dépendent*, Paris, 1790, IV, p. 93.

57. J. B. T. Baumes, *op. cit.*, p. 92.

58. « Rapport des mémoires et projets pour éloigner les tueries de l'intérieur de Paris » par MM. Daubenton, Tillet, Lavoisier, Laplace, Coulomb, d'Arcet, Bailly, rapporteur, *Mémoires de l'Académie des Sciences*, 1787, Lavoisier, *Œuvres*, t. III, p. 585.

59. « Rapport sur le projet de M. Boncerf relatif au dessèche-

ment des marais », *Extrait des mémoires de la Société Royale de Médecine*, Paris, 1790, p. 9.

60. Jacques Guillerme note à ce propos que « sous le couvert du méphitisme, une confusion a perduré entre la viciation de l'air par le chimisme respiratoire et sa souillure par toute sorte d'émanations ». Cf. J. Guillerme, « Le malsain et l'économie de la nature », *Dix-huitième siècle*, 1977, n° 9, p. 66.

61. Cf. Prus, *Rapport à l'Académie Royale de Médecine sur la peste et les quarantaines fait au nom d'une commission, accompagné de pièces et documents et suivi de la discussion dans le sein de l'Académie*, Paris, 1846, p. 25.

62. Cf. « Discussion dans le sein de l'Académie de Médecine, séance du 14 juillet 1846, opinion de M. Pariset », in Prus, *op. cit.*, pp. 935 et suiv.

63. Voir à ce sujet R. Dubos, *Louis Pasteur, franc-tireur de la science*, traduit de l'anglais par E. Sussauze, Paris, P.U.F., 1955, p. 300 (1re édition anglaise : 1950).

64. F. Laurent, *Copies de mémoires présentés à S.M.I. Napoléon III, empereur des Français*, Montmédy, 1858, p. 25.

65. *Idem*, p. 16.

66. Cf. Hippocrate, *Des vents, op. cit.*, p. 97.

67. Ainsi les œuvres de Diodore de Sicile, Tite-Live, Appien, Denys d'Halicarnasse, Platon, Aristote, Sénèque, Plutarque, Marc Aurèle, Pline, Varron, Columelle, Lucrèce, Virgile, Vegèce. Cf. M. D. Grmek, « Les vicissitudes des notions d'infection, de contagion et de germe dans la médecine antique » in *Textes médicaux latins et antiques*, Saint-Étienne, Centre J. Palerme, 1984, p. 61.

68. Cf. Aristote, *Problems*, traduction anglaise de W. S. Hett, Londres, Loeb Classical Library, 1970, VII, 8-9, p. 177.

69. Ovide, *Les Métamorphoses*, traduction G. Lafaye, Paris, Les Belles Lettres, 1928, liv. VII, p. 47.

70. M.D. Grmek, *op. cit.*, p. 55.

71. J. Pigeaud, *La Maladie de l'âme. Étude sur la relation de l'âme et du corps dans la tradition médico-philosophique antique*, Paris, Les Belles Lettres, 1981, p. 215.

72. Thucydide, *La Guerre du Péloponnèse*, trad. J. de Romilly, Paris, Les Belles Lettres, 1962, liv. II, LI, p. 35.

73. V. Nutton, « The seeds of disease : an explanation of contagion and infection from the Greeks to the Renaissance » in *Medical History*, 1983, 27, p. 1.

74. Cf. M.D. Grmek, *op. cit.*, p. 64.

75. C. Galien, *De febrium differentiis*, *op. cit.*, p. 279.//
76. C. Galien, « Ad pisonem de theriaca », in *Galeni opera*, *op. cit.*, t. XIV, p. 280.//
77. Selon M. D. Grmek, si « la notion d'infection acquiert une dimension nouvelle donnant lieu dans la pratique à des mesures d'isolement, dans la littérature médicale, son explication reste embarrassée, souvent en proie au conflit entre la rationalité et la pensée magique. Pour s'en rendre compte, il suffit de parcourir le *Compendium de epidemia...* Pas un mot sur la contagiosité de la peste ». M. D. Grmek, « Le concept d'infection dans l'Antiquité et au Moyen Âge. Les anciennes mesures sociales contre les maladies contagieuses et la fondation de la première quarantaine à Dubrovnik (1377) » in *Rad. Jug. Akad*, Zagreb, 1980, vol. 384, p. 26.//
78. *Consultation sur l'épidémie faite par le collège de la Faculté de médecine de Paris en 1348*, *op. cit.*, pp. 130-132.//
79. O. de La Haye, *op. cit.*, p. 140.//
80. Cité par L. A. J. Michon, in *Documents inédits sur la grande peste de 1348*, Paris, 1860, p. 93.//
81. G. Boccace, *Le Décaméron*, traduction de l'italien par J. Bourciez, Paris, Garnier, 1952, p. 9.//
82. Cf. Guy de Chauliac, *La Grande Chirurgie composée en l'an 1363, revue avec des notes, une introduction sur le Moyen Age, la vie et les œuvres de Guy de Chauliac*, Paris, Alcan, 1890, p. 171.//
83. M. Ficin, *op. cit.*, p. 11.//
84. M. de Montaigne, « Des senteurs », in *Essais* (1560-1595), Paris, Les Belles Lettres, 1960, p. 244.//
85. J.-N. Biraben, « L'épidémiologie n'est plus ce qu'elle était », *Traverses*, septembre 1984, n° 32, p. 75. Il faut préciser toutefois que Fracastor conçoit ces germes vivants à la manière d'un ferment.//
86. J. Fracastor, *op. cit.*, p. 94.//
87. *Idem*, p. 113.//
88. *Idem*, pp. 31-32.//
89. A. Paré, *Le Vingt-quatrième Livre traitant de la peste* in *Œuvres complètes*, *op. cit.*, p. 351. Voir aussi N. Goddin, *La Chirurgie militaire à tous les chirurgiens et à tous ceux qui veulent suyvre un camp en temps de guerre. Avec un recueil d'aucuns erreurs des chirurgiens vulgaires adjousté par ledit Goddin*, trad. du latin par J. Blondel, Anvers, 1558, p. 2.//
90. A. Paré, *op. cit.*, p. 359.//
91. *Idem*, pp. 380-381.//
92. *Idem*, p. 378.

93. J. de Lampérière, *Traité de la peste, de ses causes et de sa cure*, Rouen, 1620, pp. 82-84 : « La simple vient d'une qualité maligne et délétère, conceue en l'air par les mauvaises influences d'en haut ou expirations d'en bas... laquelle par une antipathie spécifique et inexplicable nous tue à la façon des poisons ou venins sans aucune apparence extérieure... La commune est celle, laquelle par l'entremise des esprits infectés infecte les humeurs et les parties, causant une putréfaction insigne avec marques extérieures. La première est la vraye peste. La seconde peste contagieuse... En la première, il se faut plustost garder de l'air que des hommes, en la seconde, plustost des hommes que de l'air. »

94. Cf. F. Citoys, *Advis sur la nature de la peste et sur les moyens de s'en préserver et guérir*, Paris, 1628, pp. 1 et 7-8.

95. Cf. F. Robin, *Advis sur la peste recogneu en quelque endroit de la Bourgogne avec chois des remèdes propres pour la préservation et guerison de ceste maladie*, Dijon, 1628, p. 27.

96. A. Kircher, *Scrutinium physico-medicum contagiosae luis, quae dicitur pestis*, Rome, 1658, cité par Manget, *op. cit.*, pp. 44-45.

97. C. Manget, *op. cit.*, p. 45.

98. N. Hodges, *Loimologia or an account of the plague in London in 1665 with precautionary direction against the like contagion, to which is added an essay on the different causes of pestilential diseases, and how they become contagious with remarks on the infection now in France, and the most probable means to prevent its spreading here by J. Quincy*, Londres, 1721, p. 64.

99. D. Jouysse, *Examen du livre de Lampérière sur le sujet de la peste*, Rouen, 1622, p. 290.

100. D. Defoe, *Journal de l'année de la peste*, Paris, Gallimard, 1982, p. 303. Ce récit fut rédigé en 1722 par Daniel Defoe à partir de nombreux témoignages d'observateurs de la peste en 1665, l'auteur n'ayant que cinq ans à cette époque.

101. *Idem*, p. 286.

102. *Idem*, p. 310.

103. *Idem*, p. 309.

104. *Idem*, pp. 303-304.

105. J.-B. Goiffon, *Relation et dissertation sur la peste de Gevaudan*, Lyon, 1722, pp. 96-97.

106. *Idem*, p. 77.

107. Astruc, *Dissertation sur la contagion de la peste où l'on prouve que cette maladie est véritablement contagieuse et où l'on répond aux difficultés qu'on oppose contre ce sentiment*, Toulouse, 1724, p. 127.

108. Gaudereau, *Relation des différentes espèces de peste que reconnoissent les Orientaux. Des précautions et des remèdes qu'ils prennent pour en empêcher la communication et le progrès. Et de ce que nous devons faire à leur exemple pour nous en préserver et nous en guérir*, Paris, 1721, p. 68.

109. R. Mead, *op. cit.*, p. 294.

110. *Idem*, p. 309.

111. J. Fournier, *op. cit.*, p. 94.

112. C. Manget, *op. cit.*, p. 353.

113. J.-B. Goiffon (Bertrand et Michel), *op. cit.*, p. 8.

114. Cf. J. Astruc, *Dissertation sur la contagion de la peste où l'on prouve que cette maladie est véritablement contagieuse et où l'on répond aux difficultés qu'on oppose contre ce sentiment, op. cit.*, pp. 33-35 et 44-45.

115. *Idem*, pp. 51-52.

116. *Idem*, pp. 41-42.

117. *La Contagion de la peste expliquée et les moyens de s'en préserver*, Marseille, 1722, pp. 9-10.

118. Cf. sur ce point, M. Foucault, *Les Mots et les Choses. Une archéologie des sciences humaines*, Paris, Gallimard, 1966, pp. 32-40.

119. J. Howard, *Histoire des principaux lazarets de l'Europe, accompagnée de differens mémoires relatifs à la peste et suivie d'observations ultérieures sur quelques prisons et hôpitaux, ainsi que de remarques additionnelles sur l'état présent de ceux de la Grande-Bretagne et de l'Irlande*, Paris, an VII, p. 95.

120. Cf. J.-J. Ménuret de Chambaud, *Essai sur l'action de l'air dans les maladies contagieuses, qui a remporté le prix proposé par la Société royale de médecine, op. cit.*, p. 57.

121. J. A. F. Ozanam, *Histoire médicale générale et particulière des maladies épidémiques contagieuses et épizootiques qui ont régné en Europe depuis les temps les plus reculés jusqu'à nos jours*, Paris, Lyon, 1835 (1re édition : 1817-1823), p. 55.

122. *Idem*, p. 73.

123. Prus, *op. cit.*, pp. 941-942.

124. *Idem*, p. 693.

125. Discussion dans le sein de l'Académie de médecine, séance du 14 juillet 1846, opinion de M. Pariset in Prus, *op. cit.*, p. 948.

126. Cf. H. Mollaret et J. Brossollet, *Yersin ou le vainqueur de la peste*, Paris, Fayard, 1985, pp. 144-145.

127. Cf. A. Proust, *Essai sur l'hygiène internationale, ses applications contre la peste, la fièvre jaune et le choléra asiatique*, Paris, 1873, p. 160.

128. M. Rouffiandis, « Théories chinoises sur la peste » in *Annales d'hygiène et de médecine coloniales*, Paris, 1903, p. 342.

129. Cf. M. Dupire, « Contagion, contamination, atavisme. Trois concepts Sereer ndut (Sénégal) », *L'Ethnographie*, Paris, 1985-2, pp. 123-139.

130. C. Bernand, « Idées de contagions dans les représentations et les pratiques andines » in *Bulletin d'ethnomédecine*, Paris, mars, 1983, n° 20, p. 12.

131. *Idem*, p. 13.

132. Cf. M. Ficin, *op. cit.*, p. 78.

133. Lucrèce, *De la nature*, trad. H. Clouard, Paris, Garnier, 1964, p. 228.

134. Diemerbroeck, cité par C. Manget, *op. cit.*, p. 35.

135. Cf. *Le Vray Combat et la victoire contre la peste contenant notables remèdes tant pour éviter le mal que pour remédier quand on se sent frappé. Le tout bien approuvé et expérimenté par des personnes doctes*, Paris, 1631, p. 7.

136. J.-P. Papon, *De la peste ou les époques mémorables de ce fléau et les moyens de s'en préserver*, Paris, an VIII (1800), vol. 1, p. 115.

137. Cf. J. Fournier, *op. cit.*, p. 19.

138. Cf. Lévitique, 26, 25-26 ; Deutéronome, 28, 21-22 ; Jérémie, 29, 17-19 ; Exode, 9, 2-4 ; Samuel, 24, 15-16 ; Ézéchiel, 5, 12-13. Ovide, *Les Métamorphoses*, *op. cit.*, VII, 523 et sq. Sénèque, *Œdipus* in *Seneca's Tragedies* with an English translation by F. J. Miller, Londres, Heinemann, 1917, v. 55 et sq, v. 1057. Sophocle, *Œdipe roi* in *Théâtre complet*, traduction par R. Pignarre, Paris, 1964, Garnier-Flammarion, pp. 106-107.

139. « Un des premiers règlements sur la peste (Gap 1565) » in P. L. Sarlat, *Contribution à l'histoire de la thérapeutique de la peste*, Marseille, 1936, p. 57.

Parmi les très nombreux textes qui identifient la peste à une punition divine, voir entre autres exemples :

O. Ferrier, *Remèdes, préservatifs et curatifs de la peste*, Lyon, 1548, p. 4 : « Ceux qui ont étudié et mieux examiné les affaires, aucun l'ont appelée Verge de Dieu. »

Nostradamus même évoquerait au XVIe siècle ce lien entre la peste et l'idée de châtiment dans son célèbre quatrain, souvent appliqué par la suite à la grande peste de Marseille de 1720 :

Notes

> « La grande peste de cité maritime
> Ne cessera que mort ne soit vengée,
> De juste sang par pris damné sans crime,
> De la grand dame par feinte n'outragée. »

Cf. *Les Oracles de Michel de Nostredame dit Nostradamus*, centurie II, 53, texte de Pierre Rigaud (Lyon 1558) avec les variantes de Benoist Rigaud (Lyon 1568), Paris, éditions Jean de Bonnot, Paris, 1976, p. 69.

140. D. Defoe, *op. cit.*, pp. 54-55.

141. *Idem*, p. 56.

142. « Mandement de l'évêque de Marseille du 22 octobre 1720 » in J.-P. Papon, *Relation de la peste de Marseille en 1720 et de celle de Montpellier en 1629, suivie d'un avis sur les moyens de prévenir la contagion et d'en arrêter les progrès, publié par ordre du gouvernement*, Montpellier, 1820, p. 40.

143. J. Fournier, *op. cit.*, p. 10.

144. Lucrèce, *op. cit.*, p. 228.

145. *Idem*, p. 229.

146. M. de Toulon, *op. cit.*, p. 57.

147. J. Fournier, *op. cit.*, p. 99.

148. *Idem*, p. 19.

149. *Idem*.

150. Nom donné aux personnes qui ramassent les cadavres.

151. J. Fournier, *op. cit.*, p. 18.

152. Cf. J.-P. Papon, *op. cit.*, pp. 43-44.

153. J.-J. Rousseau, *Discours sur l'origine et les fondements de l'inégalité parmi les hommes* (1754), Paris, Garnier-Flammarion, 1971, p. 196.

154. Thucydide, *op. cit.*, p. 39.

155. *Idem*.

156. Cf. Boccace, *op. cit.*, p. 10.

157. M. de Montaigne, *Essais* (1560-1595), Paris, Garnier, 1958, tome 3, p. 293.

158. S. Pepys, *Journal*, trad. de R. Villoteau, Paris, Mercure de France, 1985, p. 213.

159. J. Fournier, *op. cit.*, pp. 15-16.

160. « Mandement de l'évêque de Marseille du 22 octobre 1720 » in J.-P. Papon, *op. cit.*, p. 42.

161. J. Fournier, *op. cit.*, p. 14.

162. Saint Jean Chrysostome, *Homélies ou sermons*, Paris, 1665, pp. 360-361.

163. Cité par A. Corbin, *op. cit.*, p. 276.

2. Les pouvoirs curatifs de l'odeur

1. C. Galien, *Ad pisonem de theriaca, op. cit.*, p. 281.
Ce remède doit son nom à sa propriété de combattre les effets des morsures des bêtes sauvages (« thèrion » désigne, chez les Grecs, depuis Homère, toute sorte de bête féroce ou sauvage). Il aurait été inventé par Mithridate et vulgarisé par Andromaque, médecin de Néron. Galien en donna une formule qui subit par la suite des modifications mais qui comprit toujours de la chair de vipère et une soixantaine de plantes préparées sous forme d'électuaire. Sa préparation donnera lieu, à l'époque de la Renaissance, à de véritables cérémonies publiques. Jusqu'au XIXe siècle, la thériaque sera considérée comme une panacée.

2. Cf. Rufus d'Éphèse, *Œuvres, op. cit.*, p. 439.
3. Cf. C. Galien, *De febrium differentiis, op. cit.*, p. 294.
4. Cf. A. Souques, « Mahomet, les parfums et les cosmétiques colorants », extrait de *La Presse médicale,* Paris, 13-16 mars 1940, n° 25-26, pp. 5-6.
5. J. Michot, « L'Épître d'Avicenne sur le parfum » in *Bulletin de philosophie médiévale,* Louvain, 1978, vol. 20, n° 20, p. 56. D'origine iranienne, Avicenne était aussi un parfumeur. Il inventa l'alambic qui permettait l'extraction des huiles volatiles des fleurs. Il fut sans doute le premier à fabriquer l'eau de roses. Son influence fut très grande jusqu'au XVIIIe siècle.
6. *Consultation sur l'épidémie, op. cit.*, p. 131.
7. Olivier de La Haye, *op. cit.*, p. 80.
8. *Idem*, p. 82.
9. *Idem.*
10. Le collège de la faculté de Paris indique comment les confectionner et les utiliser. Cf. *Consultation sur l'épidémie, op. cit.*, p. 135.
11. Olivier de La Haye, *op. cit.*, p. 80.
12. *Idem*, p. 79.
13. *Idem*, p. 138.
14. Cf. E. Launert, *Scent and Scent Bottles,* Londres, Barrie and Jenkins, 1974, p. 39.
15. *Consultation sur l'épidémie, op. cit.*, p. 137.
16. Olivier de La Haye, *op. cit.*, p. 146.
17. *Consultation sur l'épidémie, op. cit.*, pp. 137-139.

18. A. Paré, *Traicté de la peste, de la petite verolle & rougeolle*, Paris, 1568, p. 44.
19. *Consultation sur l'épidémie, op. cit.*, p. 119.
20. Olivier de La Haye, *op. cit.*, p. 115.
21. Cf. M. Ficin, *op. cit.*, pp. 76 et suiv.
22. *Idem*, p. 74.
23. Emplâtres.
24. *Idem*, p. 55.
25. *Idem*, p. 16. La peur des bains aboutira, d'ailleurs, à la fermeture des étuves au XVIe siècle (cf. G. Vigarello, *Le Propre et le Sale. L'hygiène du corps depuis le Moyen Age*, Paris, Le Seuil, 1985, p. 42).
26. *Idem*, p. 80.
27. *Idem*, p. 55.
28. Sur ce rôle de « nettoiement » tenu par les parfums, cf. G. Vigarello, *op. cit.*, pp. 97-102.
29. M. Ficin, *op. cit.*, p. 80.
30. J. Fracastor, *op. cit.*, p. 228.
31. *Idem*, p. 228.
32. *Idem*, p. 245.
33. *Idem*, p. 238.
34. *Idem*, p. 231.
35. Cf. A. Paré, *Discours à sçavoir de la mumie, des venins, de la licorne et de la peste*, Paris, 1582, p. 36.
36. J. Fracastor, *op. cit.*, p. 240.
37. Ambre jaune.
38. A. Paré, *op. cit.*
39. A. Paré, *Réplique d'Ambroise Paré, premier chirurgien du Roy, a la response faite contre son Discours de la licorne* (1582) in *Œuvres complètes*, présentées par J. F. Malgaigne, Paris, 1841, p. 518.
40. A. Paré, *Discours à sçavoir de la mumie, des venins, de la peste, op. cit.*, p. 37.
41. *Idem*, p. 37.
42. O. Ferrier, *Remèdes, préservatifs et curatifs de peste*, Lyon, 1548, p. 52.
43. H. de la Cointe, *Rapport des médecins d'Amiens sur les ayriements qui se doivent faire des maisons et meubles infectés en la dite ville*, Amiens, 1634, p. 45.
44. *Idem*, pp. 44-45.
45. M. E. Alvarus, *Sommaire des remèdes tant préservatifs que curatifs*, Toulouse, 1628, p. 27. Cette coutume, qui consistait à se

protéger de la peste grâce au bouc, n'était pas dénuée de fondement : son odeur, ainsi que celle d'autres animaux (bœuf, cheval, chèvre, chameau), repousse les puces et les poux qui transportent et transmettent les germes de la peste bubonique. Il en va de même de l'arôme de certaines huiles d'olives, de noix, d'arachides. Cf. J.-N. Biraben, *Les Hommes et la Peste en France et dans les pays européens et méditerranéens*, Paris-La Haye, Mouton, 1975-1976, vol. 1, p. 15.

46. H. de la Cointe, *op. cit.*, pp. 43 et suiv.

47. Cf. A. Sala, *Traité de la peste*, Leyde, 1617, pp. 21 et suiv.

48. Cf. F. Ranchin, *Traité de la peste* in *Opuscules ou traités divers et curieux en médecine*, Montpellier, 1640, p. 237. Le castoréum est une excrétion sébacée du castor.

49. Du François, *Traité de la peste, de ses remèdes et préservatifs*, Paris, 1631, p. 69.

50. J. de Lampérière, *op. cit.*, pp. 135 et suiv.

51. D. Jouysse, *op. cit.*, p. 205.

52. D. Jouysse, *op. cit.*, p. 168.

53. Cf. J. de Lampérière, *op. cit.*, p. 165.

54. D. Jouysse, *op. cit.*, p. 267.

55. *Idem*, p. 268.

56. J. de Lampérière, *op. cit.*, p. 412.

57. *Idem*, p. 413.

58. D. Jouysse, *op. cit.*, pp. 289 et suiv.

59. Maurice de Toulon, *Traité de la peste et des moyens de s'en préserver... abbrégé et réimprimé avec d'autres remèdes tirés d'ailleurs par les soins du Père André François de Tournon, capucin*, Lyon, 1720, p. 26.

60. Désinfection.

61. *Idem*.

62. *Idem*.

63. Cf. J.-N. Biraben, *Les Hommes et la Peste en France et dans les pays européens et méditerranéens*, *op. cit.*, pp. 177-178.

64. Le capitaine de la santé était l'exécuteur des arrêts rendus par le conseil de la santé créé à partir de 1577 pour maîtriser l'épidémie en mettant en place tout un ensemble de procédures. Il avait sous ses ordres des lieutenants et des soldats et dirigeait les commissaires et les dizainiers chargés de faire fermer les maisons infectées et de mettre à l'écart les malades. Chaque « dizainier » surveillait dix maisons et faisait sortir, tous les

matins, leurs habitants pour constater qu'aucun d'entre eux n'était absent, donc victime du fléau.

65. A. Baric, *Les Rares Secrets ou remèdes incomparables, préservatifs et curatifs, contre la peste des hommes et des animaux, dans l'ordre admirable intérieur et extérieur du désinfectement des personnes, des animaux et des estables*, Toulouse, 1646, pp. 65 et suiv.

66. Baric, *op. cit.*, p. 46.

67. F. Ranchin, *op. cit.*, pp. 273 et suiv.

68. *Idem*, p. 262.

69. Cf. A. Corbin, *op. cit.*, p. 82.

70. J.-B. Bertrand, *op. cit.*, pp. 372 et suiv.

71. M. D. Samoïlowitz, *op. cit.*, p. 275.

72. Cf. M. D. Samoïlowitz, *Mémoire sur l'inoculation de la peste avec la description des trois poudres antipestilentielles*, Strasbourg, 1782, p. 29.

73. *Idem*, p. 29.

74. Cf. J.-B. Bertrand, *op. cit.*, pp. 73-74.

75. C. Mertens, *op. cit.*, p. 123.

76. Cette préparation aromatique aurait permis à quatre voleurs de pénétrer dans une maison contaminée sans attraper la peste.

77. J. Fournier, *op. cit.*, p. 201.

78. J. Fournier, *op. cit.*, p. 203. Cette tenue s'inspire du célèbre costume imaginé par le médecin de la cour, Charles Delorme. A l'occasion de l'épidémie de 1619, il créa un habit de maroquin couvrant tout le corps pour faire écran à la pestilence. Un peu plus tard, un masque de cuir, muni d'yeux de cristal et auquel était attaché un long nez rempli de substances aromatiques filtrant l'air respiré, fut ajouté. Cet accoutrement extravagant fit couler beaucoup d'encre mais ne fut, selon J. Bazin, vraisemblablement jamais porté. Cf. J. Bazin, *op. cit.*, p. 159.

79. Cf. F. Ranchin, *op. cit.*, p. 240.

80. J. Fournier, *op. cit.*, p. 181.

81. *Idem*, pp. 173 et suiv.

82. M. D. Samoïlowitz, *Mémoire sur l'inoculation de la peste...*, *op. cit.*, pp. 34 et 35.

83. Marcorelle (de), *Avis pour neutraliser à peu de frais les fosses d'aisances, afin d'en faire la vidange sans inconvénient et sans danger*, Narbonne, 1782, p. 4.

84. Janin de Combe-Blanche, *L'Antiméphitique ou Moyens de détruire les exhalaisons pernicieuses et mortelles des fosses d'aisances,*

l'odeur infecte des égouts, celle des hôpitaux, des prisons, des vaisseaux de guerre, etc., Paris, 1782, pp. XXIV-XXV.

85. *Idem*, p. 24.

86. L. B. Guyton de Morveau, *Traité des moyens de désinfecter l'air, de prévenir la contagion et d'en arrêter les progrès*, Paris, 1801, p. 65.

87. Mais malgré un succès d'estime certain (Lavoisier le recommande en 1780 pour désinfecter les prisons), Guyton de Morveau déplore en 1801 que ce procédé efficace et peu coûteux, qui lui avait permis de désinfecter les caveaux de Saint-Étienne à Dijon, soit resté dans « un oubli absolu » et que la vieille routine des fumigations aromatiques ait toujours cours dans les lazarets, les hôpitaux et les prisons. Le nouveau désinfectant inventé par Guyton de Morveau, qui inaugurait, selon A. Corbin, la « révolution olfactive », ne se développera en fait qu'à partir du Consulat (cf. A. Corbin, *op. cit.*, p. 122).

88. Guyton de Morveau, *op. cit.*, p. 295.

89. Cf. F. Dagognet, *La Raison et les Remèdes. Essai sur l'imaginaire et le réel dans la thérapeutique contemporaine*, Paris, P.U.F., 1964, pp. 73 et 76.

90. Cf. L. de Serre, *Les Œuvres pharmaceutiques du Sr Jean de Renou, conseiller et médecin du Roy à Paris; augmentées d'un tiers en cette seconde édition par l'Auteur, puis traduites, embellies de plusieurs figures nécessaires à la connaissance de la médecine et pharmacie et mises en lumière*, Lyon, 1626, p. 433.

91. Il s'agit probablement de l'invasion de l'Égypte par les Arabes au VIIe siècle après J.-C. Cf. L. Reutter de Rosemont, *Histoire de la pharmacie à travers les âges*, Paris, 1931, t. I, p. 541.

92. L. de Serre, *op. cit.*, p. 433.

93. L. Guyon, *Les Diverses Leçons divisées en cinq livres contenant plusieurs histoires, discours et faits mémorables, recueillis des autheurs grecs, latins, français, italiens, espagnols*, Lyon, 1625, pp. 22 et 23.

94. Cf. W. R. Dawson, « Mummy as a Drug » in *Proceedings of the Royal Society of Medicine*, 1928, 21, p. 35.

95. L. Reutter de Rosemont, *op. cit.*, p. 543.

96. P. Belon, *Les Observations de plusieurs singularitez et choses mémorables trouvées en Grèce, Asie, Judée, Égypte, Arabie et autres pays estranges, rédigées en trois livres*, Paris, 1553, p. 118.

97. J. Cardan, *De la subtilité, et subtiles inventions, ensemble les causes occultes et raisons d'icelles*, traduit du latin en françois par Richard le Blanc, Paris, 1556, p. 359 (1re édition : 1550).

98. A. Paré, *Discours de la mumie in Œuvres complètes, op. cit.*, vol. 3, pp. 479 et suiv.

99. Cf. L. Guyon, *op. cit.*, pp. 24-25.

100. J. Cardan, *op. cit.* p. 359.

101. A. Paré, *op. cit.*, p. 482.

102. *Idem*, p. 482.

103. *Idem*, p. 482. Voir aussi la très légère variante de l'édition de 1579, p. 481, note 2.

104. A. Paré, *Discours de la mumie et de la licorne, op. cit.*, p. 469.

105. A. Paré, *Discours de la mumie, op. cit.*, p. 482.

106. L. Reutter de Rosemont, *op. cit.*, t. 1, p. 575.

107. Cf. B. Caesius, *Mineralogia*, Leyde, 1636, p. 369.

108. Cf. La Martinière, *L'Heureux Esclave ou relation des aventures du sieur de la Martinière...* Paris, 1674, p. 119.

109. J. de Renou, *op. cit.*, p. 433.

110. *Idem*, p. 434.

111. P. Pomet, *Histoire générale des drogues traitant des plantes et des animaux et des minéraux...* Paris, 1694, liv. I, p. 7. Cf. aussi N. Lémery, *Traité universel des drogues...*, Paris, 1698, p. 509.

112. P.A.T.B. Paracelse, *Les XIV livres où sont contenus en Épitome ses secrets admirables...* traduits du latin au françois par C. de Sarcilly, Paris, 1631, p. 15.

113. P.A.T.B. Paracelse, *La Grande Chirurgie (1536) traduite en françois de la version latine de Josquin d'Alhem...*, Lyon, 1593, pp. 147 et suiv.

114. Cf. D. Becker, *Medicus Microcosmus*, Londres, 1660, p. 293.

115. Cf. L. Pénicher, *Traité des embaumements selon les Anciens et les Modernes avec une description de quelques compositions balsamiques et odorantes*, Paris, 1699, p. 250.

116. *Idem*, pp. 252-253.

117. *Idem*, p. 263.

118. L. Pénicher, *op. cit.*, pp. 270-271.

119. Cf. M. de Sevelinges, « Observation sur les effets de la Momie d'Égypte, par M. de Sevelinges, docteur en médecine à S. Étienne en Foretz », *Journal de Médecine, Chirurgie, Pharmacie*, Paris, sept. 1759, pp. 224-227. Cf. aussi M. Mareschal de Rougères, « Lettre de M. Mareschal de Rougères, maître en chirurgie à Plancoët en Bretagne, contenant quelques observations sur les effets de la Momie », *Journal de Médecine, Chirurgie, Pharmacie*, Paris, mai 1767, pp. 466-469.

120. Cf. *Dictionnaire raisonné universel de Matière Médicale*, Paris, 1773, p. 161.
121. Cf. Prus, *op. cit.*, pp. 221-222.
122. Articles 614 et 615 du règlement précité in Prus, *op. cit.*, p. 221.
123. « Réponse de M. le docteur Clot-Bey aux questions posées par le Ministère anglais en 1839 » in Prus, *op. cit.*, p. 388.
124. Aubert-Roche observe néanmoins que ce produit s'est révélé totalement inefficace dans le traitement de la fièvre jaune, du choléra et du typhus. Cf. L. Aubert-Roche, *De la peste ou typhus d'Orient*, Paris, 1843, p. 37.
125. *Idem.*
126. Cf. *Procès-verbaux de la Conférence sanitaire internationale*, Vienne, 1874, p. 506.
127. Cf. A. Vaillandet, *De l'encens dans la pustule maligne et les maladies charbonneuses de la peau*, Besançon, 1859, p. 23.
128. H. Vincenot, *La Vie quotidienne des paysans bourguignons au temps de Lamartine*, Paris, Hachette, 1976, p. 149.
129. F. V. Raspail, *Histoire naturelle de la santé et de la maladie chez les végétaux et chez les animaux en général, et en particulier chez l'homme, suivie du formulaire d'une nouvelle méthode de traitement hygiénique et curatif*, Paris, 1843, t. 2, p. 520.
130. *Idem* (édition de 1860), t. 3, p. 65.
131. *Idem* (édition de 1846), t. 2, p. 182.
132. *Idem* (édition de 1843), t. 2, p. 523.
133. *Idem*, p. 526.
134. *Idem.*
135. *Idem*, p. 452.
136. J.-J. Virey, *Histoire naturelle des médicamens, des alimens et des poisons, tirés des trois règnes de la nature*, Paris, 1820, p. 61.
137. Cf. T. de Bordeu, *Recherches sur les maladies chroniques* (1775) in *Œuvres complètes*, précédées d'une notice sur sa vie et sur ses ouvrages par M. le chevalier Richerand, Paris, 1818, p. 979.
138. Brieude, « Mémoire sur les odeurs que nous exhalons, considérées comme signes de la santé et de la maladie » in *Histoire de la Société de Médecine et de Physique médicale pour la même année*, Paris, 1789, t. X.
139. A. J. Landré-Beauvais, *Séméiotique ou traité des signes des maladies* (1806), Paris, 1813, pp. 419-432. Pour toute cette partie de l'histoire des odeurs, voir A. Corbin, *op. cit.*, pp. 41-50.
140. H. Cloquet, *Osphrésiologie ou traité des odeurs, du sens et des*

Notes 331

organes de l'olfaction, avec l'histoire détaillée des maladies du nez et des fosses nasales et des opérations qui leur conviennent, Paris, 1821, p. 35.

141. E. Monin, *Les Odeurs du corps humain* (1885), Paris, 1903, p. 10.

142. *Idem*, p. 16.

143. *Idem*, p. 5.

144. *Idem*, p. 8.

145. Cf. D. Laporte, *Histoire de la merde*, Paris, éditions Christian Bourgois, 1978, p. 46. Dominique Laporte montre bien la concomitance de cette double émergence : laver la langue, laver la ville. L'édit de Villers-Cotterêts paraît le 15 août 1539, la *Défense et illustration de la langue française* en 1549.

146. Cf. A. Paré, *Traicté de la peste, de la petite vérolle et rougeolle, op. cit.*, p. 51.

147. E. Gourmelen, *Advertissement et conseil à Messieurs de Paris tant pour préserver de la peste, comme aussi pour nettoyer la ville et les maisons qui ont été infectes*, Paris, 1581, p. 7.

148. *Idem*, p. 27.

149. Cf. *Traité de la peste avec remèdes certains et approuvés pour s'en préserver et garantir. Nouvellement faict par le collège des maîtres chirurgiens de Paris*, Paris, 1606, pp. 12 et suiv.

150. Jeux de hasard.

151. P. L. Sarlat, « Un des premiers règlements sur la peste (Gap 1565) » in *Contribution à l'histoire thérapeutique de la peste*, Marseille, 1936, pp. 57 et suiv.

152. L.-S. Mercier, *Tableau de Paris* (1781), nouvelle édition revue et augmentée, Amsterdam, 1782-1788, t. V, pp. 294 et suiv.

153. Cf. M. Foucault, *Surveiller et punir*, Paris, Gallimard, 1975, pp. 199-206. Cf. aussi R. Baehrel, « Epidémie et terreur : histoire et sociologie » in *Annales historiques de la Révolution française*, Paris, 1951, pp. 112-146. R. Baehrel compare les mesures qui furent prises dans les villes pestiférées à celles qui eurent cours sous la Terreur.

154. Cf. Guillaume de Nangis, *Chronique latine de 1113 à 1300*, avec *La Continuation de cette chronique de 1300 à 1368*, publiée par H. Géraud, Paris, 1843, pp. 31-35.

155. Du latin « putida », puante.

156. Cf. A. Mizaud, *Singuliers secrets et secours contre la peste souventefois expérimentés et approuvés*, Paris, 1562, p. 7 : « No loger pres de peaulsiers, corroieurs, chandeliers, chairctutiers, ravau-

deurs, pelletiers, frippiers, revendeurs, savetiers, repetasseurs et semblables immundes, ords et viles artisans. »

157. *Traité de la peste avec remèdes certains et approuvés pour s'en préserver et garantir. Nouvellement faict par le collège des maistres chirurgiens de Paris*, Paris, 1606, p. 13.

158. A. Sala, *Traité de la peste*, Leyde, 1617, p. 33.

159. Cf. « Avis des médecins d'Agen à Messieurs les consuls qui sont en charge la présente année mil six cens vint-neuf » in A. Magnen, *La Ville d'Agen pendant l'épidémie de 1628 à 1631*, Agen, 1862, pp. 27-28.

160. Cf. V. Laval, *Des grandes épidémies qui ont régné à Nîmes*, Nîmes, 1876, p. 117.

161. Cf. M. de Toulon, *op. cit.*, p. 115.

162. P. Hecquet, *op. cit.*, pp. 245 et suiv.

163. J. Howard, *op. cit.*, p. 101.

164. Ces termes sont ceux utilisés par Garnier. Cf. J. Garnier, *Une visite à la voirie de Montfaucon*, Paris, 1844, p. I.

165. L. Roux, *De Montfaucon, de l'insalubrité de ses établissements et de la nécessité de leur suppression immédiate*, Paris, 1841, pp. 18 et suiv.

166. *Idem*, pp. 12-13.

167. *Idem*, pp. 25 et suiv.

168. A Corbin, *op. cit.*, p. 168.

Troisième partie
LE SANG ET L'ENCENS

1. O. Ferrier, *Remèdes, préservatifs et curatifs de la peste*, Lyon, 1548, pp. 20-21.

2. J. Fournier, *Observations sur la nature et le traitement de la fièvre pestilentielle ou la peste avec les moyens d'en préserver ou arrêter le progrès*, Dijon, 1777, p. 13.

3. Cf. A. Paré, *Discours de la licorne* in *Œuvres complètes*, *op. cit.*, vol. 3, p. 510.

4. M. Ficin, *Antidote des maladies pestilentes* (1477), Cahors, 1595, pp. 41 et suiv.

5. A. Paré, *Traicté de la peste, de la petite vérolle et de la rougeolle*, *op. cit.*, p. 124.

6. *Correspondance de Madame, duchesse d'Orléans* (1843), Paris, 1890, t. 2, p. 94.

7. Cf. Saint-Simon, *Mémoires*, Paris, Hachette, 1884, t. 4, p. 352.
8. J. Fournier, *op. cit.*, p. 130.
9. Selon une légende dont Pline se fait l'écho, ce serait l'hippopotame qui, en pratiquant sur lui-même la saignée, en aurait donné l'idée aux hommes. Une autre tradition rapporte que : « Revenant de la guerre de Troie, l'illustre frère de Machaon fut jeté par une tempête sur les côtes de Carie ; il y fut recueilli par un pâtre, qui, apprenant la condition du naufragé, s'empressa de le conduire vers le roi de cette province, Damaethus, dont la fille venait de faire une chute grave ; elle était tombée du haut de son palais. Podalire, en saignant les deux bras de la princesse, réussit à lui conserver la vie ; ce fut du moins l'opinion du père, qui, pour récompense, lui donna sa fille en mariage et la Chersonèse en dot. » Cf. A. Dechambre, *Dictionnaire encyclopédique des sciences médicales*, Paris, 1878, p. 146. Sur l'origine fabuleuse des parfums, voir *supra*, pp. 17 et suiv.
10. Cf. Albert le Grand, *Secrets merveilleux de la Magie naturelle et cabalistique du Petit Albert, traduit exactement sur l'Original latin, intitulé : Alberti Parvi Lucii, Libellus de mirabilibus Naturae Arcanis. Enrichi de figures mystérieuses et la manière de les faire*, nouvelle édition corrigée et augmentée, Lyon, 1729, pp. 87-90.
11. Cf. P. V. Piobb, *Formulaire de haute magie*, Paris, 1937, p. 243.
12. H. C. Agrippa, *La Philosophie occulte* (1531), La Haye, 1727, vol. I, p. 115.
13. J. Frazer, *Le Rameau d'or* (1890-1915), Paris, Robert Laffont, 1981, p. 241.
14. Cf. W. Atallah, « Un rituel de serment chez les Arabes Al-Yamin Al-Gamus » in *Arabica*, 1973, vol. 20, n° 1, p. 70.

1. Le sang, l'encens et le sacré

1. Cf. S. Mayassis, *Architecture, religion, symbolisme*, vol. 1, Athènes, B.A.O.A., 1964, p. 115.
2. Cf. W. Kaufman, *Le Grand Livre des parfums*, Paris, éd. Minerva Vilo, 1974, p. 35.
3. Cf. A. Erman et H. Ranke, *La Civilisation égyptienne, op. cit.*, pp. 682-683.
4. *Idem*, p. 679.
5. Larousse, *Grand Dictionnaire du XIXe*, Genève, 1982, article « parfum ».

6. Cf. Hérodote, *Histoires, op. cit.*, liv. II, XL.
7. Cf. L. Reutter de Rosemont, *Histoire de la pharmacie à travers les âges, op. cit.*, t. I, p. 23.
8. Cf. L. V. Thomas, *Le Cadavre. De la biologie à l'anthropologie*, Paris, éditions Complexe, 1980, pp. 142-152.
9. A. Erman, *La Religion des Égyptiens* (1907), Paris, Payot, 1982, p. 210.
10. Cf. J.-C. Goyon, *Rituels funéraires de l'ancienne Égypte. Le rituel de l'embaumement. Le rituel de l'ouverture de la bouche. Les Livres des respirations*, Paris, éditions du Cerf, 1972, p. 43.
11. *Le Livre des morts* décrit le monde des morts à l'image de l'Égypte. Il est partagé par un long fleuve. La « Douat » est divisée en douze régions correspondant aux douze heures de la nuit. Les morts en sortaient sur la barque solaire pour resplendir avec Râ lorsqu'il ressuscitait aux premières heures du jour. Cf. L. Dérobert, H. Reichlen, J.-P. Campana, *Le Monde étrange des momies*, Paris, Pygmalion, 1975, p. 23.
12. Terme emprunté aux Grecs par les historiens modernes pour désigner les grandes circonscriptions du territoire égyptien.
13. Cf. J.-C. Goyon, *op. cit.* pp. 45 et suiv.
14. *Idem*, p. 165.
15. Exode, 30, 34-36.
16. Exode, 30, 1-11.
17. Exode, 30, 23-25.
18. Nombres, 16, 40-41.
19. Exode, 24, 5-8.
20. Marc, 14, 22-25.
21. Genèse, 17, 9-15. Cf. aussi Exode, 4, 25-26.
22. Lévitique, 16, 14-15.
23. Cf. R. Dussaud, *Les Origines cananéennes du sacrifice israélite*, Paris, P.U.F., 1941, p. 79.
24. Cf. R. K. Yerkes, *Le Sacrifice dans les religions grecque et romaine et dans le judaïsme primitif*, Paris, Payot, 1955, pp. 71-72.
25. Ézéchiel, 33, 25.
26. Deutéronome, 12, 16, 23.
27. Lévitique, 17, 10-11.
28. Lévitique, 22, 17-26.
29. Lévitique, 21, 16-24.
30. Exode, 19, 15-22. Cf. aussi Lévitique, 8, 1-7.
31. Lévitique, 4, 5-8.
32. Exode, 29, 36-37 et 30, 10.

33. Cf. C. Duverger, *La Fleur létale. Économie du sacrifice aztèque*, Paris, Le Seuil, 1979, p. 165.
34. Cf. Fray Bernardino de Sahagun, *Histoire générale des choses de la Nouvelle Espagne* (1547-1590), traduit de l'espagnol par D. Jourdanet et R. Siméon, Paris, F. Maspero, 1981, p. 100.
35. F. Bernardino de Sahagun, *op. cit.*, pp. 106-107.
36. Cf. C. Duverger, *op. cit.*, p. 134.
37. F. Bernardino de Sahagun, *op. cit.*, p. 103.
38. Cf. G. Dumas, « L'odeur de sainteté » in *La Revue de Paris*, novembre 1907, p. 534.
39. J. Collin de Plancy, *Dictionnaire critique des reliques et des images*, Paris, 1821, vol. 2, pp. 358-359.
40. Plutarque, *Œuvres morales*, Paris, Les Belles Lettres, 1974, t. VII. p. 167.
41. Lucien, *Histoire vraie* in F. Bar, *Les Routes de l'autre monde*, Paris, P.U.F., 1946, p. 148.
42. Cf. M. Aubrun, « Caractères et portée religieuse des " Visiones " en Occident du VIe au XIe siècle », in *Cahiers de civilisation médiévale*, Poitiers, 1980, p. 117.
43. Cf. J. Goubert et L. Christiani, *Les Plus Beaux Textes de l'au-delà*, Paris, La Colombe, 1950, p. 316.
44. Cf. H. Larcher, *Le sang peut-il vaincre la mort?*, Paris, Gallimard, 1957, p. 196.
45. Bollandistes, *Acta Sanctorum*, 1643, n° 1047. Voir aussi H. Larcher, *op. cit.*, p. 27.
46. Cf. H. Larcher, *op. cit.*, p. 196.
47. M. Charbonnier, *Maladies et facultés des mystiques*, 1874, pp. 43-44.
48. Cf. G. Dumas, *op. cit.*, p. 544.
49. G. Dumas, *op. cit.*, p. 205.
50. *Idem*, p. 221-222.
51. H. Larcher, *op. cit.*, p. 222.

2. Le sang et l'encens, principes de vie

1. Lévitique, 17, 11.
2. S. Mayassis, *Le Livre des morts de l'Égypte ancienne est un livre d'initiation*, Athènes, B.A.O.A., 1955, p. 325.
3. Empédocle in *Les Présocratiques*, *op. cit.*, p. 416.
4. Deutéronome, 12, 23.
5. J. G. Frazer, *op. cit.*, p. 625.

6. Cf. J. Chelhold, *Le Sacrifice chez les Arabes*, Paris, P.U.F., 1955, p. 103.
7. Cf. W. Robertson Smith, *The Religion of the Semites*, Londres, 1927, p. 133.
8. Cf. L. E. de Païni, *La Magie et le Mystère de la femme*, Paris, 1928, p. 271.
9. Cf. J. G. Frazer, *op. cit.*, p. 274.
10. Cf. M. Granet, *La Civilisation chinoise* (1929), Paris, Albin Michel, 1968, pp. 223-225.
11. « Extrait de la liturgie de la fête du Précieux Sang » in *Triades* (Le Mystère du sang), Paris, 1953, n° 4, p. 4.
12. Cf. E. Porée-Maspero, *Études sur les rites agraires des Cambodgiens*, Paris-La Haye, Mouton, 1967, pp. 276-279. J. Soustelle, *La Vie quotidienne des Aztèques à la veille de la conquête espagnole*, Paris, Hachette, 1980, p. 132. C. Duverger, *op. cit.*, pp. 164-165.
13. Cf. J. G. Frazer, *op. cit.*, p. 15.
14. Cf. J. Soustelle, *op. cit.*, p. 132.
15. Cf. G. Maspero, « Le conte des deux frères » in *Les Contes populaires de l'Égypte ancienne*, Paris, Maisonneuve et Larose, 1967, p. 25.
16. L. Catelan, *Rare et curieux discours de la Plante appelée Mandragore...*, *op. cit.*, p. 8.
17. *Idem*, p. 6.
18. Cf. Codex Fejervary Mayer pl. 4 in C. Duverger, *op. cit.*, p. 225.
19. Cf. M. Meurger, « Stella Nocens, essai sur *L'Assemblée des sorcières* de Frans Francken au Kunsthistorisches Museum de Vienne » in *Anagram*, Paris, Maisonneuve et Larose, 1981, n° 9, p. 90.
20. Cf. U. Harva, *Les Représentations religieuses des peuples altaïques*, Paris, Gallimard, 1959, p. 99.
21. J. G. Frazer, *op. cit.*, p. 275.
22. *La Quête du Graal*, Paris, Le Seuil, 1965, p. 256.
23. Cf. G. Raynaud, *Le Popol-Vuh, les dieux, les héros et les hommes de l'ancien Guatemala d'après le Livre du Conseil*, Paris, Maisonneuve et Larose, 1980, pp. VIII et IX.
24. Cf. W. Robertson Smith, *op. cit.*, p. 427.

Quatrième partie
LE NEZ DES PHILOSOPHES

1. Ambivalence de l'odorat et de l'odeur dans la philosophie gréco-latine

1. Cf. Aristote, *De sensu,* in *Parva Naturalia,* trad. J. Tricot, Paris, Vrin, 1951, p. 21.
2. Cf. Théophraste, *Enquiry into Plants and Minor Works on Odours and Weather Signs,* texte grec et traduction anglaise en regard de B. Einarson et G. K. K. Link, Londres, Loeb Classical Library, 1976, p. 331.
3. Cf. Platon, *Timée,* in *Œuvres complètes,* trad. L. Robin et M. J. Moreau, Paris, Gallimard, 1950, p. 491.
4. Cf. Aristote, *Les Problèmes,* trad. J. Barthélemy-Saint-Hilaire, Paris, 1891, n° 18, p. 267.
5. Cf. Platon, *Timée, op. cit.,* p. 491.
6. Cf. Aristote, *De l'âme,* trad. J. Tricot, Paris, Vrin, 1934, p. 122.
7. Cf. Aristote, *De sensu, op. cit.,* p. 37.
8. Lucrèce, *De la nature des choses,* trad. H. Clouart, Paris, Garnier-Flammarion, 1964, p. 136.
9. Cf. Aristote, *De l'âme, op. cit.,* p. 122.
10. Platon, *Timée,* trad. E. Chambry, Paris, Garnier-Flammarion, 1969, p. 444.
11. Aristote, *De sensu, op. cit.,* p. 32.
12. Cf. Platon, *Philèbe,* in *Œuvres complètes, op. cit.,* p. 610.
13. Cf. Platon, *La République,* in *Œuvres complètes, op. cit.,* p. 1193.
14. Cf. Platon, *Philèbe, op. cit.,* p. 611.
15. Platon, *La République,* trad. E. Chambry, Paris, Les Belles Lettres, 1934, liv. IX, p. 50.
16. Aristote, *De sensu, op. cit.,* p. 34. Cf. aussi Aristote, *Éthique à Nicomaque,* trad. J. Tricot, Paris, Vrin, 1979, p. 162.
17. Cf. Aristote, *De sensu, op. cit.,* p. 34.
18. Aristote, *Éthique à Nicomaque, op. cit.,* pp. 161-162.
19. Cf. Lucrèce, *op. cit.,* p. 135.
20. Cf. M. Conche, *Épicure, lettres et maximes,* Villers-sur-Mer, éd. de Mégare, 1977, p. 30.

2. L'influence du christianisme dans la dévaluation de l'odorat et de l'odeur

1. Cantique, 1-8.
2. Jean, Évangile, 12, 1-8.
3. Paul, Épître aux Galates, 5, 16-19.
4. Pierre, Première épître, 3, 3-5.
5. Clément Romain, *Les Deux Épîtres aux vierges* (vers 96), Paris, 1853, p. 141.
6. *Idem*, p. 143.
7. Tertullien (160-235 ?), *La Toilette des femmes*, traduction de M. Turcan, Paris, éd. du Cerf, 1971, pp. 101-103.
8. *Idem*, p. 167.
9. *Idem*, p. 143.
10. *Idem*, p. 101.
11. *Idem*, p. 117.
12. Jean Chrysostome (344-407), *Homélies ou sermons*, Paris, 1665, p. 361. Ce thème se trouve déjà chez Paul (cf. 2 Co., 2, 15-17).
13. *Idem*, p. 362.
14. Bernard de Clairvaux (saint), (1091-1153), *Lettres*, présentées par Ch. Melot, Dijon, 1847, p. 102.
15. Thomas d'Aquin (saint), *Somme théologique (1266-1274). L'âme humaine*, trad. J. Webert, Paris, Tournai, Rome, éd. La Revue des jeunes, 1928, p. 180.
16. Cf. Thomas d'Aquin, *Somme théologique. La Résurrection*, trad. par J. D. Folghera, notes et appendice par J. Webert, Paris, Tournai, Rome, éd. La Revue des jeunes, 1938, pp. 181-182.
17. Cf. Thomas d'Aquin, *Somme théologique. L'Eucharistie*, trad. A. M. Roguet, Paris, Tournai, Rome, éd. La Revue des jeunes, 1967, pp. 260-261.

3. Montaigne et les odeurs

1. J.-N. Biraben, *Les Hommes et la Peste en France et dans les pays européens et méditerranéens*, op. cit., vol. I, p. 48.
2. Cf. L. Febvre, *Le Problème de l'incroyance au XVIe siècle*, Paris, Albin Michel, 1962, pp. 461-462.
3. Cf. M. de Montaigne, *Essais* (1580-1595), Paris, P.U.F., 1965, notes de P. Villey, liv. II, chap. XII, pp. 587-588.

4. *Idem*, p. 315.
5. P. Moreau, *Montaigne*, Paris, Hatier, 1966, p. 52.
6. F. Dagognet, *La Maîtrise du vivant*, Paris, Hachette, 1988, p. 29.

4. L'alliance de la raison et de la pensée chrétienne dans la dépréciation de l'odorat et de l'odeur au XVIIe siècle

1. Cf. R. Descartes, *Les Principes de la philosophie* (1644) in *Œuvres et Lettres*, présentées par A. Bridoux, Paris, Gallimard, 1953, p. 657.
2. R. Descartes, *Traité de l'homme* (1664) in *Œuvres et Lettres*, *op. cit.*, p. 827.
3. R. Descartes, *Sixièmes réponses* (1641) in *Œuvres et Lettres*, *op. cit.*, p. 542.
4. E. Bréhier, *Histoire de la philosophie moderne*, Paris, P.U.F., 1960, p. 72.
5. R. Descartes, *Deuxième méditation* (1641) in *Œuvres et Lettres*, *op. cit.*, pp. 280-281.
6. Cf. R. Descartes, *Sixième méditation*, in *Œuvres et Lettres*, *op. cit.*, p. 333.
7. N. Malebranche, *De la recherche de la vérité où l'on traite de la nature de l'esprit et de l'homme et de l'usage qu'il en doit faire pour éviter l'erreur dans les sciences* (1678), édité par G. Rodis-Lewis, Paris, Vrin, 1962, t. I, liv. I, X, p. 129.
8. N. Malebranche, *Entretiens sur la métaphysique et sur la religion. Entretiens sur la mort* (1696), édité par A. Robinet, Paris, Vrin, 1965, t. XII, liv. IV, XV, p. 100.
9. Cf. O. Arnold, *Le Corps et l'âme*, Paris, Le Seuil, 1984, p. 139.
10. J. B. Bossuet, *Traité de la concupiscence* (1693-1694), Paris, 1879, p. 8.
11. *Idem*, pp. 13-14.
12. A. M. de Liguori (saint), *Un aide dans la douleur*, Paris, 1877, p. 305. Ce prédicateur et théologien napolitain, né en 1696 et mort en 1787, élabora un système de théologie morale connu sous le nom d' « équiprobabilisme ».
13. A. M. de Liguori, *La Véritable Épouse de J.-C.*, Paris, 1877, p. 235.

5. Le mouvement de réhabilitation de l'odorat chez les philosophes du XVIIIᵉ siècle

1. J. O. de La Mettrie, *Histoire naturelle de l'âme* (1745), Oxford, 1747, p. 349.
2. C. A. Helvétius, *De l'homme, de ses facultés intellectuelles et de son éducation* (1772), Liège, 1774, p. 135.
3. E. B. de Condillac, *Traité des sensations* (1754) in *Œuvres philosophiques*, Paris, P.U.F., 1947, p. 222.
4. *Idem*, p. 239.
5. *Idem*, p. 224.
6. F. Dagognet, préface au *Traité des animaux* de Condillac, Paris, Vrin, 1987, p. 10.
7. D. Diderot, *Lettres sur les sourds et muets* (1751) in *Premières Œuvres*, vol. 2, Paris, Éditions sociales, 1972, p. 99.
8. Cf. D. Diderot, *Lettre sur les aveugles à l'usage de ceux qui voient* (1749) in *Œuvres*, Paris, Gallimard, 1951, p. 819.
9. D. Diderot, *Lettre à Mademoiselle de la Chaux* (1751) in *Correspondance (1713-1757)*, édition établie, annotée et préfacée par G. Roth, Paris, éditions de Minuit, 1955, pp. 118-119.
10. J.-J. Rousseau, *Émile ou De l'éducation* (1762) in *Œuvres complètes*, Paris, Gallimard, 1969, t. IV, p. 370.
11. *Idem*, p. 370.
12. G. L. Leclerc (comte de Buffon), *Histoire naturelle des animaux* (1753) in *Œuvres philosophiques*, présentées par J. Piveteau, Paris, P.U.F., 1954, p. 331.
13. *Idem*, p. 415.
14. *Idem*, p 325.
15. *Idem*, p. 326.
16. J.-J. Rousseau, *Discours sur l'origine et les fondements de l'inégalité parmi les hommes* (1754) in *Œuvres complètes*, op. cit., t. III, p. 140.
17. J.-J. Rousseau, *Émile ou De l'éducation*, op. cit., pp. 416-417.
18. J.-J. Rousseau, *Discours sur l'origine et les fondements de l'inégalité parmi les hommes*, op. cit., p. 142.
19. J.-J. Rousseau, *Émile ou De l'éducation*, op. cit., p. 416.
20. J.-J. Rousseau, *Discours sur l'origine et les fondements de l'inégalité parmi les hommes*, op. cit., p. 144.
21. J.-J. Rousseau, *Émile ou De l'éducation*, op. cit., p. 415.

22. J.-J. Rousseau, *Discours sur l'origine et les fondements de l'inégalité parmi les hommes*, op. cit., p. 158.
23. J.-J. Rousseau, *Émile ou De l'éducation*, op. cit., p. 416.
24. *Idem*, p. 416.
25. Cf. T. Hobbes, *Éléments du droit naturel et politique* (1649-1658), trad. L. Roux, Lyon, éd. Hermès, 1977, p. 141.
26. J.-J. Rousseau, *Lettre du 15 décembre 1763 au Prince de Wurtemberg* in *Lettres philosophiques*, Paris, Vrin, 1974, p. 123.
27. J.-J. Rousseau, *Émile ou De l'éducation*, op. cit., p. 416.
28. *Idem*, p. 418.
29. P. J. G. Cabanis, *Rapports du physique et du moral* (1802) in *Œuvres complètes*, Paris, P.U.F., 1956, p. 226.
30. *Idem*, p. 228.
31. *Idem*.
32. *Idem*.
33. J. Cazeneuve, *Œuvres complètes de Cabanis*, introduction, p. XXVIII.
34. P. J. G. Cabanis, op. cit., p. 555.
35. E. Bréhier, *Histoire de la philosophie moderne*, Paris, 1981, P.U.F., t. III, p. 537.
36. P. J. G. Cabanis, op. cit., pp. 570-571.

6. *Kant et Hegel : un sens antisocial et exclu de l'esthétique*

1. E. Kant, *Anthropologie du point de vue pragmatique* (1798), trad. M. Foucault, Paris, Vrin, 1979, p. 40.
2. *Idem*, p. 39.
3. *Idem*, p. 37.
4. *Idem*, p. 40.
5. *Idem*.
6. E. Kant, *Critique de la faculté de juger* (1790), trad. A. Tremesaygues et B. Pacaud, Paris, Vrin, 1979, p. 157.
7. E. Kant, *Anthropologie du point de vue pragmatique*, op. cit., p. 40.
8. *Idem*, pp. 40-41.
9. Cf. I. E. Borowski, R. B. Jachmann, E. A. Wasianki, *Kant intime*, traduction de l'allemand par J. Mistler, Paris, Grasset, 1985, p. 52.
10. J. C. de La Metherie, *De l'homme considéré moralement, de ses mœurs et de celles des animaux*, Paris, an XI (1802), vol. 2, p. 294.
11. Cf. *infra*, pp. 277 et suiv.

12. Cf. *supra*, pp. 260-261, l'analyse physiologique de Cabanis.
13. J. C. de La Metherie, *op. cit.*, p. 294.
14. Cf. G. W. F. Hegel, *Esthétique* (1832), trad. S. Jankélévitch, Paris, Flammarion, 1979, t. I, pp. 66-69.
15. *Idem*, t. III, p. 140.
16. *Idem*, p. 139.
17. *Idem*, pp. 137-138.
18. *Idem*, p. 136.
19. *Idem*, p. 140.
20. *Idem*, p. 138.
21. *Idem*, p. 139.
22. *Idem*, t. I, p. 192.

7. *Deux philosophes qui ont du « nez » : Feuerbach et Nietzsche*

1. L. Feuerbach, « Leçons sur l'essence de la religion dans son rapport à *L'Unique et sa propriété* » in *La Nouvelle Critique*, avril 1955, p. 29.
2. L. Feuerbach, « L'essence du christianisme dans son rapport à *L'Unique et sa propriété* » (1841) in *Manifestes philosophiques*, trad. L. Althusser, Paris, P.U.F., 1960, p. 207.
3. F. Engels, *Ludwig Feuerbach et la fin de la philosophie classique allemande* (1888), Paris, Éditions sociales, 1979, p. 41.
4. L. Feuerbach, « Contribution à la critique de la philosophie d'Hegel » (1839), in *Manifestes philosophiques, op. cit.*, p. 15.
5. L. Feuerbach, « Principes de la philosophie de l'avenir » (1843), in *Manifestes philosophiques, op. cit.*, p. 159.
6. *Idem*, p. 194.
7. L. Feuerbach, « L'Essence du christianisme », *op. cit.*, p. 208.
8. L. Feuerbach, « Principes de la philosophie de l'avenir », *op. cit.*, pp. 196 et suiv.
9. F. Nietzsche, *L'Antéchrist* (1888) in *Œuvres philosophiques complètes*, textes établis par G. Colli et M. Montinari, traduction de C. Heim, I. Hildenbrand et J. Gratien, Paris, Gallimard, 1971, p. 239.
10. F. Nietzsche, *La Généalogie de la morale* in *Œuvres philosophiques complètes, op. cit.*, p. 276.
11. F. Nietzsche, *Le Crépuscule des idoles* (1888), traduction de J. C. Hémery, in *Œuvres philosophiques complètes, op. cit.*, p. 142.

12. F. Nietzsche, *L'Antéchrist*, *op. cit.*, pp. 215-216.
13. F. Nietzsche, *Le Crépuscule des idoles*, *op. cit.*, pp. 75-76.
14. Cf. A. Schopenhauer, *Le Monde comme volonté et comme représentation* (1819), trad. A. Burdeau, Paris, P.U.F., 1966, p. 143 : « La volonté de vivre, c'est le corps. »
15. *Idem*, p. 704.
16. *Idem*, pp. 699-700.
17. F. Nietzsche, *La Généalogie de la morale*, *op. cit.*, p. 297.
18. F. Nietzsche, *Ecce homo* (1888), trad. J. C. Hémery, in *Œuvres philosophiques complètes*, *op. cit.*, p. 286.
19. F. Nietzsche, *La Volonté de puissance*, *op. cit.*, p. 114.
20. F. Nietzsche, *Le Crépuscule des idoles*, *op. cit.*, p. 76.
21. J. Bollack et H. Wismann, *Héraclite ou la séparation*, Paris, éd. de Minuit, 1972, fragment 7, p. 77.
22. F. Nietzsche, *Ecce homo*, *op. cit.*, p. 333.
23. F. Nietzsche, *Le Crépuscule des idoles*, trad. H. Albert, Paris, Denoël, 1970, p. 29.
24. F. Nietzsche, *Par-delà le bien et le mal* (1886) in *Œuvres philosophiques complètes*, *op. cit.*, p. 194.
25. F. Nietzsche, *Ecce homo*, *op. cit.*, p. 333.
26. F. Nietzsche, *Le Crépuscule des idoles*, *op. cit.*, p. 72.
27. F. Nietzsche, *Ecce homo*, *op. cit.*, p. 255-256.
28. F. Nietzsche, *La Généalogie de la morale*, trad. H. Albert, Paris, Gallimard, 1964, p. 92.
29. F. Nietzsche, *Ecce homo*, *op. cit.*, p. 287.
30. F. Nietzsche, *L'Antéchrist*, *op. cit.*, p. 230.
31. F. Nietzsche, *La Généalogie de la morale*, trad. H. Albert, *op. cit.*, p. 62.
32. *Idem*, p. 63.
33. F. Nietzsche, *Ecce homo*, *op. cit.*, p. 302.
34. *Idem*.
35. Cf. F. Nietzsche, *Le Crépuscule des idoles*, *op. cit.*, p. 71.

8. Freud et Marcuse : « refoulement organique »
et « sur-répression » de l'odorat

1. S. Freud, *La Naissance de la psychanalyse. Lettres à Wilhelm Fliess, notes et plans (1887-1902)*, publiés par M. Bonaparte, A. Freud, E. Kris (1956), traduits de l'allemand par A. Berman, Paris, P.U.F., 1969, p. 125.

2. Cf. C. Darwin, *La Descendance de l'homme et la sélection naturelle* (1871), Paris, 1881, p. 15.
3. S. Freud, *La Naissance de la psychanalyse*, *op. cit.*, p. 205.
4. S. Freud, *Malaise dans la civilisation*, *op. cit.*, p. 55.
5. *Idem*, p. 50.
6. J. Lacan, *L'Identification*, Séminaire, 1961-1962 (inédit).
7. Cf. H. Marcuse, *Éros et civilisation, contribution à Freud* (1955), traduit de l'anglais par J. G. Nény et B. Fraenkel, Paris, éditions de Minuit, 1963, p. 47.

9. *De la philosophie à la poésie : Fourier et Bachelard*

1. M. Serres, *Les Cinq Sens*, Paris, Grasset, 1985, p. 23.
2. M. Pradines, *Traité de psychologie générale (1943-1950)*, Paris, P.U.F., 1958, p. 513.
3. J. Jaurès, *De la réalité du monde sensible*, Paris, 1891, p. 198.
4. Cf. S. Oleszkiewicz-Debout, *Le Dictionnaire des philosophes*, Paris, P.U.F., 1984, vol. 1, p. 948.
5. G. Bachelard, *Fragments d'une poétique du feu*, Paris, P.U.F., 1988, p. 75.
6. C. Pellarin, *Vie de Fourier* (1839), Paris, 1871 (5e édition), pp. 32-33.
7. C. Fourier, *Théorie des quatre mouvements et des destinées générales*, (1808), in *Œuvres complètes*, Paris, éd. Anthropos, 1966-1970, t. 1, p. 30.
8. Cf. C. Fourier, « Traité de l'Association domestique-agricole » in *Théorie de l'Unité universelle* (1822), *Œuvres complètes*, *op. cit.*, t. IV, vol. 1, pp. 31 et suiv. Fourier propose quatre sciences nouvelles : l'Association industrielle, l'Attraction passionnée, le Mécanisme aromal, l'Analogie universelle.
9. Cf. C. Fourier, *Théorie de l'Unité universelle*, *op. cit.*, t. IV, 3, p. 242.
10. C. Fourier, « Sommaires et annonce du traité de l'Unité universelle » in *Théorie de l'Unité universelle*, *op. cit.*, t. II, vol. 1, p. 192.
11. Cyrano de Bergerac, *Histoire comique des états et empires de la Lune* (1649) in *Voyages fantastiques aux états et empires de la Lune et du Soleil*, Paris, éditions L.C.L., 1967, p. 29.
12. G. Bachelard, *La Formation de l'esprit scientifique : contribution à une psychanalyse de la connaissance objective*, Paris, Vrin, 1938, p. 115.

13. *Idem*, p. 102.
14. *Idem*, p. 115.
15. Cf. Macquer, *Éléments de chymie pratique*, Paris, 1751, vol. 2 p. 54.
16. G. Bachelard, *La Formation de l'esprit scientifique...*, *op. cit.*, p. 116.
17. Cf. Charas, *Nouvelles Expériences sur la vipère*, Paris, 1669, p. 168.
18. Cf. H. Boerhaave, *Éléments de chymie*, traduits du latin par J. N. S. Allamand, Leyde, 1752, t. 1, p. 494.
19. G. Bachelard, *La Formation de l'esprit scientifique...*, *op. cit.*, p. 117.
20. *Idem*, p. 118.
21. G. Bachelard, *Le Matérialisme rationnel*, Paris, P.U.F., 1952, p. 220.
22. G. Bachelard, *L'Eau et les Rêves. Essai sur l'imagination de la matière*, Paris, Corti, 1940, p. 10.
23. La menthe comme le phénix sont sous le signe du feu et de l'arôme. (Cf. G. Bachelard, *La Poétique de la rêverie*, Paris., P.U.F., 1960, p. 121 : « le feu de la menthe ». Voir aussi G. Bachelard, *Fragments d'une poétique du feu*, *op. cit.*, p. 75 : « Avec le Phénix posé sur son nid d'aromates, brûlant sur son bûcher de plantes odoriférantes, nous tenons un élément du mythe des odeurs. »)
24. F. Dagognet, *Gaston Bachelard, sa vie, son œuvre, avec un exposé de sa philosophie*, Paris, P.U.F., 1965, p. 51.
25. G. Bachelard, *L'Eau et les Rêves. Essai sur l'imagination de la matière*, *op. cit.*, p. 11.
26. G. Bachelard, *L'Air et les Songes. Essai sur l'imagination du mouvement*, Paris, Corti, 1943, p. 158.
27. Marcel Proust, *Du côté de chez Swann* (1913) in *A la recherche du temps perdu*, *op. cit.*, vol. 1, p. 72.
28. M. Proust, *La Prisonnière* (1923) in *A la recherche du temps perdu*, *op. cit.*, vol. 11, p. 33.
29. M. Proust, *Jean Santeuil*, Paris, Gallimard, 1952, t. II, p. 306.
30. M. Proust, *Le Temps retrouvé*, t. II, p. 16.
31. G. Bachelard, *La Poétique de l'espace*, Paris, P.U.F., 1957, p. 33.
32. G. Bachelard, *La Poétique de la rêverie*, *op. cit.*, p. 122.
33. M. Proust, *Du côté de chez Swann*, *op. cit.*, vol. 1, p. 68.
34. G. Bachelard, *La Poétique de la rêverie*, *op. cit.*, p. 119.

35. *Idem*, p. 118.
36. *Idem*, p. 121.
37. G. Bachelard, *La Poétique de l'espace*, op. cit., p. 31.
38. G. Bachelard, *La Poétique de la rêverie*, op. cit., p. 118.
39. G. Bachelard, *Fragments d'une poétique du feu*, op. cit., p. 64.
40. G. Bachelard, *La Poétique de la rêverie*, op. cit., p. 123.
41. P. Quillet, *Le Dictionnaire des philosophes*, op. cit., vol. 1, p. 187.
42. F. Dagognet, *op. cit.*, p. 63.
43. F. Verhesen cité par M. J. Lefebvre, « De la science des profondeurs à la poésie des cimes » in *Critique*, Paris, janvier 1964, p. 28.
44. G. Bachelard, *La Poétique de la rêverie*, op. cit., p. 120.

Conclusion

1. Thomas d'Aquin (saint), *Somme théologique. L'Eucharistie*, op. cit., p. 260.
2. A. F. de Fourcroy, *L'Art de connaître et d'employer les medicaments dans les maladies qui attaquent le corps humain*, Paris, 1785, tome I, pp. 261-262.
3. F. Dagognet, *La Raison et les Remèdes. Essai sur l'imaginaire et le réel dans la thérapeutique contemporaine*, Paris, P.U.F., 1952, p. 25.
4. A. Artaud, « Le théâtre et la peste », *La Nouvelle Revue*, Paris, octobre 1934, n° 253, p. 490. Artaud mêle ici des éléments disparates : le vêtement de toile cirée préconisé notamment par Lampérière et le masque à bec inventé par Delorme. Ce masque complétait en réalité une tenue protectrice faite de maroquin.
5. Cf. J. Bazin, *op. cit.*, p. 159.
6. Voir Monique Lucenet, *Les Grandes Pestes en France*, Aubier, 1985, p. 124.
7. G. Bachelard, *La Formation de l'esprit scientifique...*, op. cit., p. 117.
8. A. F. de Fourcroy, *op. cit.*, p. 261.
9. H. Boerhaave, *Elemens de chimie* (1732), traduit du latin par J. N. S. Allamand et augmenté par P. Tarin, Paris, 1754, t. 1, p. 156.
10. Cf. A. F. de Fourcroy, *Elemens d'histoire naturelle et de chimie* (1782), Paris, 1786, t. 4, p. 77.
11. P. J. Macquer, *Dictionnaire de chimie contenant la théorie et la*

Notes

pratique de cette science, son application à la physique, à l'histoire naturelle, à la médecine et à l'économie animale, Paris, 1766, t. I, p. 592.

12. J. J. Virey, *Histoire naturelle des medicamens, des alimens et des poisons*, Paris, 1820, pp. 49-50.

13. A. Paré, *Discours de la licorne, op. cit.*, p. 509.

14. P. Hecquet, *La Médecine, la chirurgie et la pharmacie des pauvres*, Paris, 1740.

15. N. de Locques, *Les Vertus magnétiques du sang. De son usage interne et externe pour la guérison des maladies*, Paris, 1664, p. 45.

16. H. C. Agrippa, *op. cit.*, t. I, p. 115.

17. P. Camporesi, *op. cit.*, p. 7.

18. L. de Heusch, préface au livre de M. Douglas, *De la souillure*, traduit de l'anglais par A. Guérin, Paris, F. Maspero, 1981, p. 9 (1re édition Londres : 1967).

TABLE

Introduction 7

Première partie
De la panthère parfumée à la bromidrose de l'Allemand : pouvoirs attractifs et répulsifs de l'odeur

1. L'odeur et la capture 23
   L'odeur, la chasse et la pêche 23
   Odeur, magie, possession et protection 26
   L'odeur et la séduction 30

2. L'odeur et la discrimination 43
   L'odeur et la reconnaissance de l'autre 44
   L'odeur et le refus de l'autre 47

Deuxième partie
L'odeur de la peste

1. Les pouvoirs mortifères de l'odeur 58
   L'origine de la peste 58
   La propagation de la peste 90
   La peste : une puanteur venue de l'enfer 113

2. Les pouvoirs curatifs de l'odeur 120
   Les feux d'Hippocrate et la thériaque 121
   Le règne de l'aromate 123
   De l'arsenic dans le parfum 129
   Recherche sur le principe actif des bonnes odeurs 135
   La désinfection au canon 139
   Heur et malheur de la thérapeutique traditionnelle. Disparition de la momie 153
   L'inquiétude des osphrésiologues 169
   Répugnances olfactives, refoulement social 177

Troisième partie
Le sang et l'encens : recherche sur l'origine des pouvoirs du parfum

1. Le sang, l'encens et le sacré — 192
   Pratiques rituelles — 192
   L'odeur de sainteté — 204

2. Le sang et l'encens, principes de vie — 213
   Le sang, symbole vital — 213
   Équivalence de la sève et du sang — 215
   Le cycle du sang et de l'encens — 225

Quatrième partie
Le nez des philosophes

1. Ambivalence de l'odorat et de l'odeur dans la philosophie gréco-latine — 230

2. L'influence du christianisme dans la dévaluation de l'odorat et de l'odeur — 237

3. Montaigne et les odeurs — 244

4. L'alliance de la raison et de la pensée chrétienne dans la dépréciation de l'odorat et de l'odeur au XVIIe siècle — 248

5. Le mouvement de réhabilitation de l'odorat chez les philosophes du XVIIIe siècle — 253

6. Kant et Hegel : un sens antisocial et exclu de l'esthétique — 263

7. Deux philosophes qui ont du « nez » : Feuerbach et Nietzsche — 268

8. Freud et Marcuse : « refoulement organique » et « sur-répression » de l'odorat — 277

9. De la philosophie à la poésie : Fourier et Bachelard — 283

Conclusion — 293
Notes — 307

Achevé d'imprimer le 5 octobre 1988
sur presse Cameron
dans les ateliers de la SEPC
à Saint-Amand-Montrond (Cher)
pour le compte des Éditions François Bourin

N° d'Édition : 26. N° d'Impression : 5719-1706.
Dépôt légal : octobre 1988.

ISBN 2-87-686-016-3

Imprimé en France